新工科·普通高等教育机电类系列教材

机电一体化技术及应用

编著　王　丰　王志军　王鑫阁
　　　杨　杰　贺　静
主审　郗安民

机械工业出版社

本书以机械技术为基础、以机电有机结合为重点，论述机电一体化系统层面的知识，强调机电一体化系统必须具备的整合性和集成性。

本书按机电一体化基础、相关技术、典型应用三条主线展开编写，分为3篇，共8章，主要包括基础篇（绪论）、共性关键技术篇（机械技术、伺服传动技术、传感检测技术、计算机控制技术、系统总体技术、可靠性和抗干扰技术）、应用与思政篇（机电一体化技术应用典型示例）。

本书可作为高等院校机械设计制造及其自动化专业和机械电子工程专业本科生及研究生教材，也可供从事相关技术工作的工程技术人员参考。

图书在版编目（CIP）数据

机电一体化技术及应用/王丰等编著. —北京：机械工业出版社，2022.10（2024.6重印）

新工科·普通高等教育机电类系列教材

ISBN 978-7-111-71282-4

Ⅰ.①机…　Ⅱ.①王…　Ⅲ.①机电一体化-高等学校-教材　Ⅳ.①TH-39

中国版本图书馆CIP数据核字（2022）第133530号

机械工业出版社（北京市百万庄大街22号　邮政编码100037）

策划编辑：刘小慧　　　　责任编辑：丁昕祯　章承林　徐鲁融

责任校对：郑　婕　王　延　封面设计：张　静

责任印制：单爱军

北京虎彩文化传播有限公司印刷

2024年6月第1版第2次印刷

184mm×260mm·13.75印张·340千字

标准书号：ISBN 978-7-111-71282-4

定价：39.80元

电话服务　　　　　　　　网络服务

客服电话：010-88361066　　机　工　官　网：www.cmpbook.com

　　　　　010-88379833　　机　工　官　博：weibo.com/cmp1952

　　　　　010-68326294　　金　书　网：www.golden-book.com

封底无防伪标均为盗版　　机工教育服务网：www.cmpedu.com

前　言

随着电子技术和计算机信息技术的快速发展，机械工业正由传统的机械设计制造向智能制造的方向发展。机电一体化技术打破了以往传统学科的划分，将精密机械技术、检测传感技术、伺服传动技术、计算机控制技术和系统总体技术等相关技术有机融合，在智能制造领域中的地位和作用日益凸显。目前，很多高校的机电类专业普遍开设了机电一体化方面的相关课程，以适应国家和社会对机电一体化复合人才的需求。

在 2016 年 12 月召开的全国高校思想政治工作会议上，习近平总书记强调，要坚持把立德树人作为中心环节，把思想政治工作贯穿教育教学全过程，实现全程育人、全方位育人，努力开创我国高等教育事业发展新局面。因此，学科体系、教学体系、管理体系及教材体系都必须有效衔接和贯穿立德树人的教育理念。

为了适应新时代新形势下全新教学模式的需要，本书不但重视知识体系的先进性、知识架构的合理性，而且在既体现课程思政特色又遵循适量适度原则方面进行了积极的努力和有益的尝试。结合本课程的学科特点和知识内容，密切关注我国智能制造领域的最新发展以及与专业相关的社会热点问题，挖掘出 30 余个思政案例，分别设置在第 1 章的"机电一体化技术的典型应用领域"、第 8 章的"机电一体化技术应用典型示例"以及各章的"习题与思考题"中。这些"习题与思考题"（1.8~1.11、2.20、2.21、3.14、3.15、4.15、4.16、5.11、5.12、6.11、7.17、7.18、8.1~8.6）既是思政案例，又可作知识拓展之用，不但使学生了解行业发展的最新成就，而且可以激发其思想的碰撞，延展其知识与思维的广度和深度，从而实现思想政治教育与知识体系的有机融合，以及知识传授、能力培养与价值引领的有机统一。

本书按机电一体化基础、相关技术、典型应用三条主线展开编写，脉络分明，利于读者对机电一体化技术有清晰、全面的了解和掌握。全书分为 3 篇，共 8 章，包括基础篇（第 1 章绪论）、共性关键技术篇（第 2 章机械技术、第 3 章伺服传动技术、第 4 章传感检测技术、第 5 章计算机控制技术、第 6 章系统总体技术、第 7 章可靠性和抗干扰技术）、应用与思政篇（第 8 章机电一体化技术应用典型示例）。

参加本书编著工作的有王丰、王志军、王鑫阁、杨杰、贺静，全书由王丰统稿和定稿。第 1、7 章由杨杰编写，第 2~5、8 章由王丰编写，第 6 章由王志军、王鑫阁和贺静共同编写。此外，研究生赵小青为本书的图表制改付出了很多努力。

全书由北京信息科技大学郗安民教授主审，在此表示衷心的感谢！

在编写过程中，编著者参阅了大量相关书籍和学术论文，书中部分资料来源于互联网，编著者在此对相关作者一并表达诚挚的谢意。由于机电一体化涉及的学科较多，受编著者的水平和经验所限，书中难免存在疏漏之处，恳请各位读者和专家批评指正。

编著者

目　录

第 3 篇　应用与思政篇

第1篇

基础篇

第1章 绪 论

1.1 机电一体化的含义及主要内容

机电一体化是以大规模集成电路（LSI）和微型电子计算机为代表的微电子技术向机械工业渗透过程中逐渐形成的一个概念，是各种相关技术有机结合的一种形式。它打破了传统的机械工程、电子工程、信息工程、控制工程等学科的划分，形成了一种将多种相关技术融为一体的学科，并逐渐发展为机械工程领域的重要分支。

"机电一体化"一词起源于日本，是日本的《机械设计》杂志副刊于 1971 年提出的。它的词首取自于"Mechanics"（机械学），词尾取自于"Electronics"（电子学），拼合成了一个日本造的英语词汇"Mechatronics"，通常译为"机电一体化"或"机械电子学"。

关于机电一体化的含义有很多，如在最早提出这一概念的日本，研究机电一体化技术的先驱——东京大学名誉教授渡边茂指出："机电一体化是机械工程中采用微电子技术的体现"；1984 年日本《机械设计》杂志副刊中指出："机电一体化就是利用微电子技术，最大限度地发挥机械能力的一种技术"；富士通法纳克公司技术管理部长小岛利夫指出："机电一体化是将机械学与电子学有机结合而提供的更为优越的一种技术"；1981 年日本振兴协会经济研究所指出："机电一体化乃是在机械的主功能、动力功能、信息功能和控制功能中引入微电子技术，并将机械装置与电子装置用相关软件有机结合而构成系统的总称"。美国是机电一体化产品开发和应用最早的国家。1984 年，美国机械工程师协会（ASME）的一个专家组在提交给美国国家科学基金会的报告中提出了关于"现代机械系统"的定义——"由计算机信息网络协调与控制的，用于完成包括机械力、运动和能量流等动力学任务的机械和（或）机电部件相互联系的系统"。该定义所涉及的现代机械系统实质上是指机电一体化系统。

机电一体化的定义之所以会有这么多种表述，是由于提出者对机电一体化的认识不同，因而各自的出发点和着眼点也不同，而且社会生产和科学技术的发展也不断赋予机电一体化以新的内容。

从技术层面讲，机电一体化是按系统工程的观点，将机械技术、伺服传动技术、传感检测技术、计算机控制技术等相关共性关键技术（将分别在第 2~6 章中详细介绍）进行有机地综合，以实现机电系统整体最优化的技术和方法。其中，"有机地综合"表明机电一体化并非将相关的多学科技术简单地拼凑在一起，而是体现相互交叉、渗透复合的设计思想；"整体最优化"则凸显了机电一体化的基本目标，即机电一体化系统应从整体上（包括功能、效率、能耗、精度、可靠性、适应性等方面）达到综合最优化的效果。

随着国民经济和科学技术的不断发展，机电一体化的应用越来越广泛，其发展也越来越迅速，因此又有了"光机电一体化""机电仪一体化""机电液一体化"等提法，这也表明了多学科先进技术间交叉与融合越来越普遍。

机电一体化主要包括技术和产品两方面内容：机电一体化技术主要包括技术原理和使机电一体化产品（或系统）得以实现、使用和发展的技术；机电一体化产品主要是指机械系统和微电子系统有机结合，从而具有更强的功能和更优的性能的新产品。归纳起来，机电一体化产品分为机械电子化产品和机电有机结合产品两大类。

机械电子化产品是在机械产品的基础上采用微电子技术，使产品在质量、性能、功能、效率、节能等方面有所提高，甚至使产品结构发生质的变化，具有新的功能，属于机电一体化产品的初级形式。这类产品种类很多，又可细分为：①机械本身的主要功能被电子元件取代的产品，如自动照相机，它采用微型电动机驱动电子快门，以自动曝光、自动对焦和自动卷片机构取代机械式照相机的机械功能；②机械式信息处理机构被电子元件取代的产品，如电子钟表，它利用石英振子、液晶显示及微电子驱动电路取代机械式钟表的齿轮、发条、游丝，使其计时精度和走时持续时间大幅度提高；③机械式控制机构被电子式机构取代的产品，如凸轮机构被微机控制系统代替的自动缝纫机；④采用微电子技术而使控制功能增强的产品，如银行自动柜员机（ATM）和数控机床。

机电有机结合产品是指机械技术与电子技术相融合的产品，如工业机器人和自动售货机等。此类产品开辟了仅靠机械技术或仅靠电子技术都无法达到的新领域，属于机电一体化产品的高级形式。

1.2　机电一体化系统（产品）的基本组成

物质、能量和信息是工业三大要素。机电一体化系统不但和普通机械系统一样要处理物质流和能量流，而且还要处理信息流，其结构、组成及工作过程都是围绕着这三方面进行的。其中，物质是机电一体化系统需要处理的对象（如原料和毛坯等），能量是系统处理物质过程中所需要的动力（如电能、液压能、气动能等），而信息则用来控制系统如何利用能量对物质进行处理（如各种操作指令和控制指令等）。信息的处理过程尤为复杂，且功能强大，可以使整个系统具有更好的柔性，这一点最为显著地体现了机电一体化系统与普通机械系统的区别。

虽然机电一体化系统的形式多种多样，结构繁简有别，功能也各有不同，但是概括起来，一个较为完善的机电一体化系统应包括机械本体、动力部分、检测装置、控制器和执行元件五大组成部分，如图 1-1 所示。各部分之间通过接口实现物质、能量和信息的传递和交换，从而有机融合成

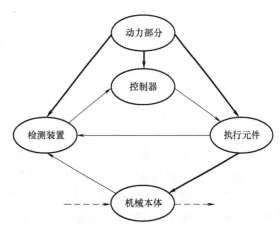

图 1-1　机电一体化系统的基本组成

一个完整的系统。

图 1-1 中的虚线、粗实线和细实线分别表示系统中的物质流、能量流和信息流，箭头则表示各自的流向。控制器、检测装置和执行元件均需要来自于动力部分的能量，而机械本体、检测装置、控制器和执行元件之间会产生信息的流动。能量通过执行元件作用于机械本体，实现对物质的处理，而这一过程必须在控制器的控制下才能得以完成。下面将详细介绍机电一体化系统五大组成部分的主要功能。

1. 机械本体

机械本体包括传动机构、支承部件、执行机构及机座（或机架、机身、基座）等几大部分。其中，传动机构是将动力源产生的运动和动力传递给执行机构的中间装置；支承部件为执行机构提供良好的导向和支承作用，从而保障机械系统中的各个运动部件能够安全、准确地完成特定方向的运动；执行机构是在操作指令的要求和动力源的带动下完成预定操作任务的装置；机座是机械系统的基础部件，用来支承其他零部件并承受其全部重量和工作载荷，并起到保证各零部件之间相对位置的基准作用。

机械本体的主要功能是使构造系统的各组成部分按照一定的时间和空间关系布置在一定的位置上，并保持特定的关系。为了充分发挥机电一体化的优势，机械本体在结构形式、制造材料、加工工艺、几何尺寸等方面必须适应高精度、高可靠性和轻量小巧化等要求。

2. 动力部分

动力部分包括电源、液源和气源等，其功能是按照机电一体化系统的功能要求为系统提供能量和动力，从而保证系统的正常运行。机电一体化的显著特征之一是用尽可能小的动力输入获得尽可能大的动力输出。

3. 检测装置

检测装置包括各类传感器、变换器、仪器仪表等，用于检测在运行过程中系统本身和外界环境的各种参数和状态的变化，将其转变为可识别的信号，并传送给控制器，经过信息处理后生成相应的控制信息。因此，检测装置是实现机电一体化系统自动控制的关键环节。机电一体化系统对检测装置的要求是检测精度高、抗干扰能力强、体积小、便于安装和维护、价格低廉。

4. 控制器

控制器是机电一体化系统的核心部分，通常由电子电路（逻辑电路、A/D 与 D/A 转换、I/O 接口）和微型计算机（单片机、PLC 或数控装置）组成。控制器对来自各传感器的检测信息和外部输入命令进行处理，按照一定的程序发出相应的控制信号，通过输出接口送往执行元件，从而控制整个系统有目的地运行，并达到预期的控制目标。机电一体化系统要求控制器具有较快的信息处理速度、较强的抗干扰能力、较好的可靠性、完善的自诊断功能，以实现信息处理智能化。

5. 执行元件

执行元件一般采用电气式（如电动机、电磁铁）、液压式（如液压缸、液压马达）、气动式（如气缸、气动马达）机构，将输入的各种形式的能量（电能、液压能、气压能）转换成机械能，以驱动机械本体的运动，完成驱动或操作功能。由于执行元件的动作需要较大的驱动功率，且往往不能受控制器输出的控制信号直接驱动，因此在执行元件与控制器之间需要相应的驱动器或驱动电路。机电一体化系统要求执行元件效率高、响应速度快、维修方便，对外部环境中水、油、温度、尘埃等都能很好地适应，尽可能实现产品的组件化、标准化和系列化。

本书在阐述机电一体化技术应用时（如 1.3 节和第 8 章），尽量列举具备上述五大构成要素的产品，因此并未涉及诸如智能手机、共享单车、扫码器、激光陀螺仪、激光准直仪等实例。

1.3　机电一体化技术的典型应用领域

目前，机电一体化已渗入到国民经济和社会生活的方方面面，与人们的日常生活和工作的联系越来越密切。机电一体化的应用领域即机电一体化产品的服务对象领域，包括工业生产、交通运输、储存销售、社会服务、家庭日用、科学研究、民用、国防装备等。机电一体化应用领域及典型产品见表 1-1。

表 1-1　机电一体化应用领域及典型产品

应用领域	典　型　产　品
工业生产	工业机器人(图 1-2)，计算机数控机床(CNC)，虚拟轴机床，电火花线切割机床，立式车铣中心(图 1-3)，柔性制造系统(FMS)，数字化工厂(DF)，计算机集成制造系统(CIMS)，光电跟踪切割机，模块化生产加工系统(MPS)，自动导引车(AGV)(图 1-4)
交通运输	轿车[无级变速装置、防抱死制动系统(ABS)、电子点火装置、安全气囊]，自动驾驶出租车(图 1-5)，飞机(图 1-6)，高速列车(图 1-7)
储存销售	仓储机器人(图 1-8)，自动化立体仓库，自动售货机，自动售票机
社会服务	配送机器人(图 1-9)，送餐机器人(图 1-10)，办公自动化设备(复印机、打印机、传真机、扫描仪)，医疗器械(CT 机、X 射线机、核磁共振仪、微创手术机器人)，金融服务(ATM、智慧柜员机)，文教、体育、娱乐用机电一体化产品[教育机器人、答题卡自动阅卷机、娱乐机器人、足球机器人、电子玩具、虚拟现实体验中心(图 1-11)、4D 影院、智能跑步机]
家庭日用	智能炒菜机器人，扫地机器人，擦玻璃机器人，全自动洗碗机，全自动洗衣机
科学研究	三坐标测量机(图 1-12)，扫描隧道显微镜，3D 打印机(图 1-13)，三维激光扫描仪
民用	自动旋转门，音乐喷泉，自动化立体车库
国防装备	雷达跟踪系统，电磁炮
航空航天	各种航天器(空间探测器、宇宙飞船、航天飞机)(图 1-14)
海洋探测	深潜载人探测器(图 1-15)

图 1-2　上海通用汽车凯迪拉克工厂里的工业机器人

图 1-3　特大型组合式立式车铣中心

图 1-4 上海洋山深水港自动化码头的自动导引车 AGV

图 1-5 百度 Apollo 自动驾驶出租车 Robotaxi

图 1-6 国产大飞机 C919

a)

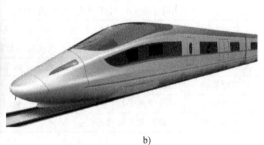

b)

图 1-7 高速列车

a) 时速 600km 的高速磁悬浮试验样车 b) 时速 350km 的高速货运动车组

图 1-8 天猫 Geek+仓储机器人

图 1-9　进驻浙江大学的阿里物流
配送机器人"小蛮驴"

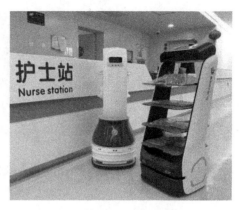

图 1-10　新冠肺炎疫情期间武汉
方舱医院里的送餐机器人

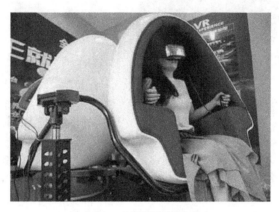

图 1-11　虚拟现实体验中心

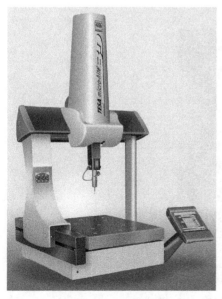

图 1-12　三坐标测量机

图 1-13　3D 打印机

a)

b)   c)

图 1-14 航天器

a）嫦娥五号月球探测器　b）中国未来空间站　c）美国毅力号火星探测器

图 1-15 "奋斗者"号万米级全海域深潜载人潜水器

1.4 机电一体化技术的发展趋势

如前所述,机电一体化是机械、电子、光学、控制、计算机、信息等多学科的交叉融合,它的发展和进步依赖并促进相关技术的发展和进步。机电一体化技术的发展趋势主要体现在以下几个方面。

1. 智能化

智能化是目前机电一体化的一个重要发展方向。人工智能在机电一体化技术中的研究日益得到重视,机器人和数控机床的智能化就是其重要应用。智能机器人通过视觉、触觉和听觉等各类传感器检测工作状态,根据实际变化过程反馈信息并做出相应的判断和决定。数控机床的智能化则体现在利用多种传感器对切削前后和加工过程中的各种参数进行监测,并通过计算机系统做出判断,自动对异常现象进行调整与补偿。随着制造自动化程度的提高,出现了智能制造系统(Intelligent Manufacturing System,IMS)来模拟人类的制造活动,其目的在于取代或延伸制造过程中人的部分脑力劳动,并对人类专家的制造智能进行收集、存储、完善、共享、继承和发展。

概括地讲,机电一体化的智能化就是将人工智能、神经网络、模糊控制等现代控制理论和技术应用到机电一体化系统(或产品)中,使其具有一定的智能,以期达到更高的控制目标。

2. 轻量化和微型化

对于机电一体化产品而言,除了机械主体部分,其他部分均涉及电子技术,电子设备正朝着小型化、轻量化、多功能、高可靠度方向发展,因此机电一体化产品中具有智能、动力、运动、感知特征的组成部分也逐渐向轻量化、小型化方向发展。

机电一体化微型化的研究领域之一是微电子机械系统(Micro Electro Mechanical System,MEMS),即利用集成电路的微细加工技术,将机构及其驱动器、传感器、控制器及电源集成在一个多晶硅上,整个尺寸缩小到几毫米甚至几百微米。科学家预言,MEMS 将在工业、农业、航天、军事、生物医学、航海及家庭服务等各个领域中广泛应用,其发展将促使现有的某些行业或领域发生深刻的技术革命。

3. 标准化和模块化

标准化和模块化极大地促进了机电一体化新产品的开发,是机电一体化发展的重要趋势。机电一体化产品中普遍使用的产品单元(如驱动单元、运动控制单元等)可以进行模块化设计和生产。在新产品研发过程中,用户选择标准模块,不但可以降低产品的开发成本,提高产品的可靠性,而且还可以使产品的研制周期大为缩短。

4. 系统化

系统化一方面表现为机电一体化系统的体系结构进一步采用开放式和模式化的总线结构,系统可灵活组态,任意组合;另一方面表现为通信功能大大加强,除了 RS-232 外,机电一体化系统(或产品)中常用的通信接口还有 RS-422 和 RS-485 等。

分布式数控(Distributed Numerical Control,DNC)是机电一体化系统化的一个典型应用,也是未来制造业的发展方向。

5. 绿色化

机电一体化的绿色化主要是指产品使用时不污染生态环境，报废后能回收利用。随着生活水平的不断提高和社会的不断发展，保护环境、回归自然的理念越来越深入人心，因此绿色产品的概念应运而生。绿色产品是指在其设计、制造、使用和销毁的生命过程中，要符合特定的环境保护和人类健康的要求，力求对生态环境无害或危害极小，而资源利用率最高。设计绿色的机电一体化产品顺应时代的要求，具有光明的发展前景。

6. 人格化

未来的机电一体化更加注重产品与人之间的关系。机电一体化的人格化包括两层含义：①机电一体化产品的最终使用对象是人，如何赋予机电一体化产品以人类的智能、情感和人性显得越来越重要，特别是家用机器人，其发展的最高境界就是人机一体化；②模仿自然界中的生物机理研制各种机电一体化产品。事实上，许多机电一体化产品都是受到动物的启发研制出来的。例如，2021 年 3 月，麻省理工学院电子工程与计算机科学系华人助理教授、前哈佛大学微型机器人实验室博士后 Kevin Yufeng Chen 在 *IEEE Transactions on Robotics* 期刊上发表文章，公布了他所研究的一种厘米级类昆虫无人机（图 1-16），它可以模拟昆虫在飞行中快速扇动翅膀的运动，并模仿昆虫在承受碰撞时的韧性，即使撞上障碍物仍能确保安全。这款微型空中机器人的质量只有 0.6g（大约是一只大黄蜂的质量），未来有望在农作物授粉、自然灾害搜

图 1-16 厘米级类昆虫无人机

救、狭小空间中复杂机械的检修（检查涡轮机板的裂纹）等方面能够为人类提供帮助。

习题与思考题

1.1 试说明机电一体化的含义。

1.2 机电一体化系统的基本组成要素有哪些？其基本要求是什么？各部分的功能是什么？

1.3 机电一体化产品与传统机电产品的主要区别是什么？

1.4 简述机电一体化的发展趋势。

1.5 列举生活或生产中机电一体化产品的应用实例，并分析各产品中的机电一体化五大要素。

1.6 如何理解机电一体化中的机电有机结合？

1.7 何谓 MEMS？试列举几个 MEMS 的应用实例。

1.8 3D 打印是机电一体化技术的典型应用之一，其核心思想最早出现在 19 世纪，起源于当时的照相雕塑技术和地貌成形技术。20 世纪 80 年代，3D 打印技术逐渐兴起。1986 年制造出世界上第一台商用 3D 打印机。经过多年的发展，3D 打印技术越来越趋于成熟，并得到快速发展，其应用领域也越来越广泛而且在很多领域都取得了不错的应用成果。试列举几个 3D 打印技术在抗击新冠疫情中的应用实例。

1.9 《中国制造 2025》提出了用 30 年左右的时间实现我国从制造业大国向制造业强国转变的目标，从根本上改变大而不强、全而不优的局面。2021 年 1 月，华东重工机械有限公司生产的售价在 9000 万元左右的特大型组合式立式车铣中心（图 1-3）面世，彰显了我国重型装备的制造的能力以及中国机床崛起的气魄和胸怀。这台机床最大回转直径为 22000mm，最大加工高度为 12500mm，用于加工百万千瓦级压水堆

核电站的大型关键零件——反应堆压力壳。通过查阅相关资料，并进行小组讨论，阐述近年来我国在装备制造业领域取得了哪些成就？还有哪些薄弱环节？该案例提到的机床都取得了哪些技术突破？

1.10　1965 年，毛泽东在阔别 38 年后重返井冈山，感慨之余写下了"可上九天揽月，可下五洋捉鳖，谈笑凯歌还。世上无难事，只要肯登攀"。在毛泽东诞辰 127 周年的 2020 年，嫦娥五号月球探测器（图 1-14a）奔赴月球，"奋斗者"号载人潜水器（图 1-15）潜入万米深海。今天重读这首《水调歌头·重上井冈山》有何新的感悟？

1.11　2019 年 6 月，百度 Apollo 获得了长沙市政府颁发的 45 张可载人测试牌照。同年 9 月，首批 45 辆 Apollo 与一汽红旗联合研发的"红旗 EV"Robotaxi（图 1-5）自动驾驶出租车队在长沙部分已开放测试路段开始试运营。以分组讨论或正反方辩论的形式，论述自动驾驶出租车存在的意义。

第 2 篇

共性关键技术篇

第2章 机 械 技 术

对于机电一体化系统来说，机械本体在重量、体积方面都占据绝大部分，如工作机和传动装置一般都采用机械结构。这些机械结构的设计和制造问题都属于机械技术的范畴。机械技术是机电一体化技术的基础，然而它已不再是单一地实现系统各构件间的连接，其结构、重量、体积、刚性与耐用性等对机电一体化都有着重要的影响。

与传统机械相比，机电一体化系统中的机械部分要求精度更高、刚度更大、可靠性更好、结构更新颖，因此，机电一体化系统对机械本体和机械技术都提出了新的要求，必须研究如何使机械技术与机电一体化技术相适应。例如，对结构进行优化设计、采用新型复合材料以使机械本体既减轻重量、缩小体积，以改善在控制方面的快速响应特性，又不降低机械的静、动刚度；研究高精度导轨、精密滚珠丝杠、高精度主轴轴承和高精度齿轮等，以提高关键零部件的精度和可靠性；开发新型复合材料以提高刀具、磨具的质量；通过零部件的模块化、标准化、系列化设计，以提高系统的设计、制造和维修水平。

2.1 机械系统数学模型的建立

2.1.1 机械系统中的基本物理量及其等效换算

机械系统是指存在机械运动的装置，它们遵循物理学的力学定律（牛顿第二定律）。机械运动包括两种基本形式，即直线运动（移动）和旋转运动（转动），分别如图 2-1 和图 2-2 所示。

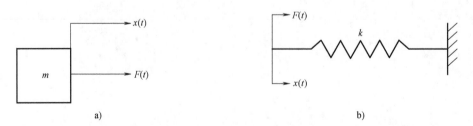

a)   b)

图 2-1 机械直线运动系统

a) 力-质量系统   b) 力-弹簧系统

图 2-1a 和图 2-2a 所示分别是力-质量系统和转矩-转动惯量系统。在不考虑其他阻力的情况下分别可建立如下表达式

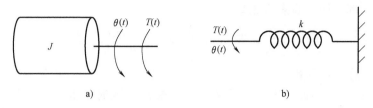

图 2-2　机械旋转运动系统

a）转矩-转动惯量系统　b）力矩-扭力弹簧系统

$$F(t) = ma = m\frac{\mathrm{d}^2 x(t)}{\mathrm{d}t^2} \tag{2-1}$$

$$T(t) = J\varepsilon = J\frac{\mathrm{d}^2 \theta(t)}{\mathrm{d}t^2} \tag{2-2}$$

对于如图 2-1b 和图 2-2b 所示的物理量模型，平动弹簧和扭转弹簧的弹性分别用线性刚度系数和扭转刚度系数表示，其表达式分别为

$$F(t) = kx(t) \tag{2-3}$$

$$T(t) = k\theta(t) \tag{2-4}$$

1. 质量与转动惯量的等效换算

质量 m 可看成是储有直线运动动能的性能参数，而转动惯量 J 则是储有旋转运动动能的性能参数。一个给定元件的转动惯量取决于元件相对于转动轴的几何位置和部件的密度。在一个机电一体化系统中，经常有若干个具有一定质量和转动惯量的直线运动部件和旋转运动部件。在进行执行元件设计时，其额定转矩、加减速控制及制动方案的选择应与各部件的质量和转动惯量相匹配，因此，要将各部件的质量和转动惯量等效转换到基准部件（执行元件的输出轴或其他部件）上，从而计算出基准部件所承受的等效质量或等效转动惯量。

质量和转动惯量等效换算的原则是换算前、后动能不变。假设某一系统由 m 个移动部件和 n 个转动部件组成，m_i 和 v_i 是移动部件的质量和质心的运动速度，J_j 和 ω_j 为转动部件的转动惯量和角速度，则换算前系统运动部件的动能总和为

$$E = \frac{1}{2}\sum_{i=1}^{m} m_i v_i^2 + \frac{1}{2}\sum_{j=1}^{n} J_j \omega_j^2 \tag{2-5}$$

如果基准部件 k 是转动部件（如电动机），则换算后的总动能为

$$E_k = \frac{1}{2}J_{eq}^k \omega_k^2 \tag{2-6}$$

式中　J_{eq}^k——向基准部件 k 换算后的等效转动惯量；

ω_k——基准部件 k 的角速度。

则

$$J_{eq}^k = \sum_{i=1}^{m} m_i\left(\frac{v_i}{\omega_k}\right)^2 + \sum_{j=1}^{n} J_j\left(\frac{\omega_j}{\omega_k}\right)^2 \tag{2-7}$$

如果基准部件 k 是移动部件（如工作台），则换算后的总动能为

$$E_k = \frac{1}{2}m_{eq}^k v_k^2 \tag{2-8}$$

式中　m_{eq}^k——换算到基准部件 k 的等效质量；

v_k——基准部件 k 的移动速度。

则
$$m_{eq}^k = \sum_{i=1}^{m} m_i \left(\frac{v_i}{v_k} \right)^2 + \sum_{j=1}^{n} J_j \left(\frac{\omega_j}{v_k} \right)^2 \tag{2-9}$$

2. 刚度系数的等效换算

机械系统中的各个部件在工作时承受力和（或）力矩的作用，从而产生伸缩和（或）扭转等弹性变形，而这些变形将影响整个系统的精度和动态性能。在机械系统的数学建模中，需要将其换算成等效线性刚度系数或扭转刚度系数。

刚度系数等效换算的原则是换算前、后势能不变。

3. 阻尼系数的等效换算

当两个物体产生相对运动或有相对运动趋势时，接触面之间就产生了摩擦力。摩擦力一般是非线性的，而且往往取决于接触表面性质、表面压力及相对运动速度。摩擦力通常可分为三种类型，即静摩擦、动摩擦（库仑摩擦）和黏性摩擦（黏滞摩擦），其方向均与运动方向或运动趋势方向相反，如图 2-3 所示。

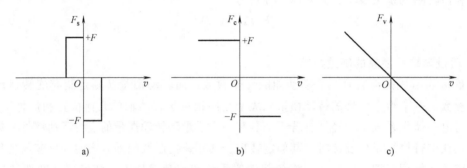

图 2-3 摩擦力的不同形式

a）静摩擦 b）动摩擦 c）黏性摩擦

静摩擦 F_s 存在于物体处于静止状态并有相对运动趋势时，最大值发生在运动开始前的一瞬间。当运动一开始，静摩擦立即消失，并代之以其他形式的摩擦（动摩擦）。

动摩擦 F_c 只存在于物体正在运动时，是两个相互接触的物体做相对滑动时接触面对运动物体的阻力，是一种大小与速度无关的恒值阻滞力。

黏性摩擦 F_v 有线性和非线性两种形式。线性黏性摩擦是指随着物体运动速度的增加，摩擦力呈线性增加。对于做直线运动的机械系统，有

$$F_v = Bv = B \frac{dx(t)}{dt} \tag{2-10}$$

对于做旋转运动的机械系统，则有

$$T = B\omega = B \frac{d\theta(t)}{dt} \tag{2-11}$$

黏性摩擦也称黏性阻尼力，式（2-10）和式（2-11）中的 B 为黏性阻尼系数。另外，黏性摩擦在系统简图中可用阻尼器来表示。

机械系统在工作过程中，相对运动的部件间存在着不同形式的阻力，如摩擦阻力、流体阻力及负载阻力等。在机械系统建模时，这些力都需要换算成与速度有关的黏性阻尼力，然后根据换算前、后黏性阻尼力所做的功相等这一原则，求出等效黏性阻尼系数。

2.1.2 机械系统建模

用来描述物理系统动态特性的数学表达式称为系统的数学模型，它包括多种形式，如微分方程、传递函数和频率特性等。本书介绍的是构建传递函数形式的机械系统数学模型，具体方法为：首先根据上一小节中所介绍的换算原则，将机械系统中的各个物理量向某一基准部件换算得到各等效物理量（如以电动机轴为基准部件得到等效转动惯量、等效黏性阻尼系数及等效扭转刚度）后，便可按单一部件对系统进行建模；然后根据物理学基本力学定律，建立系统的动力学方程，并对其进行拉普拉斯变换（简称拉氏变换），最后便可得到系统的传递函数 $G(s)$。

现以图 2-4 所示的数控机床进给传动系统为例，介绍机械系统数学模型（传递函数）的构建方法。该系统由二级齿轮减速器、轴、丝杠副及直线运动工作台等组成。其中，T_i 为伺服电动机的输出转矩；$\theta_i(t)$ 为伺服电动机输出轴转角；$x_o(t)$ 为工作台位移；i_1、i_2 为二级减速器的减速比；$J_1 \sim J_3$ 为轴 I ～轴 III 及轴上部件的转动惯量；m_T 为工作台质量；B 为工作台黏性阻尼系数；l_0 为丝杠基本导程；$k_1 \sim k_3$ 为轴 I ～轴 III 的扭转刚度系数；k_4 为丝杠副及螺母底座部分的轴向刚度系数。

将各直线运动部件和旋转运动部件的基本物理量向电动机轴（轴 I）换算后得

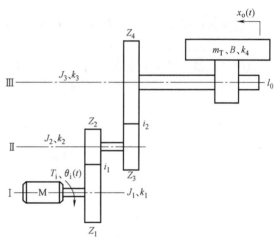

图 2-4 数控机床进给传动系统示意图

等效转动惯量

$$J_{eq}^m = J_1 + \frac{J_2}{i_1^2} + \frac{J_3}{(i_1 i_2)^2} + \frac{m_T\left(\dfrac{l_0}{2\pi}\right)^2}{(i_1 i_2)^2} \tag{2-12}$$

等效黏性阻尼系数

$$B_{eq}^m = \frac{B\left(\dfrac{l_0}{2\pi}\right)^2}{(i_1 i_2)^2} \tag{2-13}$$

等效扭转刚度系数

$$k_{eq}^m = \frac{1}{\dfrac{1}{k_1} + \dfrac{1}{k_2/i_1^2} + \dfrac{1}{k_{34}^{III}/(i_1 i_2)^2}} \tag{2-14}$$

式中 k_{34}^{III}——k_3、k_4 换算到轴 III 上的扭转刚度系数。

设 θ_3 为在丝杠左端输入转矩 T_3 及扭转刚度系数 k_3 的作用下，轴 III 产生的扭转角；δ 为在 T_3 及轴向刚度系数 k_4 的作用下，丝杠和工作台之间产生的弹性变形；$\Delta\theta_3$ 为与弹性变形 δ 相对应的丝杠附加扭转角。

先将轴向刚度 k_4 向轴 III 换算，求得附加扭转刚度系数 k_4^{III}。

由

$$\frac{1}{2}k_4^{III}(\Delta\theta_3)^2 = \frac{1}{2}k_4\delta^2$$

得
$$k_4^{\text{III}} = k_4\left[\frac{\delta}{(\Delta\theta_3)^2}\right] = k_4\left(\frac{l_0}{2\pi}\right)^2$$

由换算原则得

$$\frac{1}{2}k_3\theta_3^2 + \frac{1}{2}k_4^{\text{III}}(\Delta\theta_3)^2 = \frac{1}{2}k_{34}^{\text{III}}\theta_{\text{III}}^2$$

式中 θ_{III}——在转矩 T_3 和扭转刚度系数 k_{34}^{III} 的作用下，轴Ⅲ产生的扭转角。

因为 $\theta_3 = T_3/k_3$、$\Delta\theta_3 = T_3/k_4^{\text{III}}$、$\theta_{\text{III}} = T_3/k_{34}^{\text{III}}$，则

$$k_{34}^{\text{III}} = \frac{1}{\dfrac{1}{k_3} + \dfrac{1}{k_4^{\text{III}}}} = \frac{1}{\dfrac{1}{k_3} + \dfrac{1}{k_4\left(\dfrac{l_0}{2\pi}\right)^2}}$$

由已知条件可知，$\theta_i(t)$ 为系统输入量，$x_o(t)$ 为系统输出量。设 θ 和 θ_3 为 $x_o(t)$ 等效到轴Ⅰ和轴Ⅲ上的转角。

以电动机轴（轴Ⅰ）为研究对象，根据动力平衡原理，建立动力学方程为

$$J_{\text{eq}}^{\text{m}}\ddot{\theta} + B_{\text{eq}}^{\text{m}}\dot{\theta} + k_{\text{eq}}^{\text{m}}\theta = T_i = k_{\text{eq}}^{\text{m}}\theta_i(t) \tag{2-15}$$

由传动关系知
$$\frac{x_o(t)}{\theta_3} = \frac{l_0}{2\pi}, \qquad \theta = i_1 i_2 \theta_3$$

则
$$\theta = \frac{2\pi}{l_0} i_1 i_2 x_o(t) \tag{2-16}$$

将式（2-16）代入式（2-15），得

$$J_{\text{eq}}^{\text{m}}\frac{\mathrm{d}^2 x_o(t)}{\mathrm{d}t^2} + B_{\text{eq}}^{\text{m}}\frac{\mathrm{d}x_o(t)}{\mathrm{d}t} + k_{\text{eq}}^{\text{m}} x_o(t) = \frac{l_0}{2\pi}\frac{1}{i_1 i_2}k_{\text{eq}}^{\text{m}}\theta_i(t) \tag{2-17}$$

对式（2-17）进行拉普拉斯变换，得

$$J_{\text{eq}}^{\text{m}}s^2 X_o(s) + B_{\text{eq}}^{\text{m}}s X_o(s) + k_{\text{eq}}^{\text{m}} X_o(s) = \frac{l_0}{2\pi}\frac{1}{i_1 i_2}k_{\text{eq}}^{\text{m}}\theta_i(s)$$

经整理，得到系统的传递函数为

$$\begin{aligned}
G(s) &= \frac{X_o(s)}{\theta_i(s)} = \frac{l_0}{2\pi}\frac{1}{i_1 i_2}k_{\text{eq}}^{\text{m}}\frac{1}{J_{\text{eq}}^{\text{m}}s^2 + B_{\text{eq}}^{\text{m}}s + k_{\text{eq}}^{\text{m}}} \\
&= \frac{l_0}{2\pi}\frac{1}{i_1 i_2}\frac{k_{\text{eq}}^{\text{m}}/J_{\text{eq}}^{\text{m}}}{s^2 + \dfrac{B_{\text{eq}}^{\text{m}}}{J_{\text{eq}}^{\text{m}}}s + \dfrac{k_{\text{eq}}^{\text{m}}}{J_{\text{eq}}^{\text{m}}}} \\
&= \frac{l_0}{2\pi}\frac{1}{i_1 i_2}\frac{\omega_n^2}{s^2 + 2\zeta\omega_n s + \omega_n^2} \tag{2-18}
\end{aligned}$$

式中，ω_n、ζ 分别为机械系统的固有频率和阻尼比，分别为

$$\omega_n = \sqrt{\frac{k_{\text{eq}}^{\text{m}}}{J_{\text{eq}}^{\text{m}}}} \tag{2-19}$$

$$\zeta = \frac{B_{\text{eq}}^{\text{m}}}{2\sqrt{J_{\text{eq}}^{\text{m}}k_{\text{eq}}^{\text{m}}}} \tag{2-20}$$

ω_n 和 ζ 是二阶系统的两个特征参数，对于不同的系统可由不同的物理量确定。由式（2-19）、式（2-20）可以看出，对于机械系统而言，它们由惯量（质量）、阻尼系数、刚度系数等结构参数所决定。

2.2　传动机构

常用的传动机构包括齿轮传动、螺旋传动、蜗杆传动、带传动等线性传动机构，以及连杆机构、凸轮机构等非线性传动机构。

2.2.1　机电一体化对传动机构的基本要求

传统的传动机构是一种转矩、转速变换器，将执行元件产生的运动和动力传递给负载，其目的是使执行元件与负载之间在转矩和转速方面得到最佳匹配，即将执行元件输出的高转速、低转矩变换成负载所需要的低转速、高转矩。

在机电一体化系统中，机械传动机构不再仅仅是转矩、转速变换器，已成为伺服系统的组成部分，并对伺服系统特性有很大影响，特别是其传动类型、传动方式、传动精度、动态特性及传动可靠性对机电一体化系统的精度、稳定性和快速响应性能有着重大的影响。

为了使机械系统具有良好的伺服性能，机电一体化对传动机构提出了低间隙、低摩擦、低惯量、高刚度、高谐振频率、适当的阻尼比等要求。为满足这些要求，应从以下几个方面采取措施。

1）间隙的存在会使传动机构在反向运动时产生空程，从而影响系统的稳定性和精度。因此，应采取消隙机构，以缩小甚至消除反向死区误差。

2）传动机构的静摩擦力应尽可能小，动摩擦力应是尽可能小的正斜率，若为负斜率则易引起低速爬行，从而降低工作精度、缩短使用寿命。因此，具有较高要求的机电一体化系统经常采用低摩擦阻力的传动机构，如滚珠丝杠副等。

3）惯量影响伺服系统的精度、稳定性和动态响应。大惯量势必导致系统响应慢；而且惯量越大，阻尼比 ζ 越小，则系统振荡加强，稳定性下降。此外，大惯量会使系统的机械常数增大，固有频率降低，容易产生谐振，进而限制伺服系统的带宽、影响伺服精度。因此，适当增大惯量只在改善低速爬行时有利，机械系统在不影响刚度的情况下应尽量减小惯量。为此，在进行传动机构设计时应合理选择传动比，以减小等效到执行元件输出轴上的等效转动惯量，从而达到提高伺服系统快速响应性能的目的。

4）较低的刚度和谐振频率容易使系统产生谐振，从而影响其稳定性。为提高传动部件的刚度，可采取以下措施：利用预紧的方法提高滚珠丝杠副的传动刚度；在条件允许的情况下采用直接驱动（DDR）技术，即通过大转矩、宽调速的直流或交流伺服电动机直接驱动执行机构，以减少中间传动机构，缩短传动链长度；丝杠支承方式采用两端轴向固定或预拉伸支承结构。

5）阻尼比会影响系统的稳定性及灵敏度。机械传动系统通常可用二阶线性微分方程来描述，因此是一个二阶系统。从力学意义上讲，二阶系统是一个振荡环节。因此，机械系统在运行过程中极易产生振动。阻尼比的大小对传动系统的振动特性有不同的影响。大阻尼比能抑制振动的最大振幅，且使振动快速衰减，但同时也会使系统的稳态误差增大、精度降低。因此，阻尼比的大小要适当。在实际应用中，一般取阻尼比为 $0.4 \leqslant \zeta \leqslant 0.8$。

此外，传动机构还应满足体积小、重量轻、传动转矩大、可靠性高等要求。因此，可通过采用复合材料来提高刚度和强度、减轻重量、缩小体积等方法以确保系统实现轻薄小巧化、高速化和高可靠性化。

2.2.2 齿轮传动机构的传动比及传动级数确定

在伺服系统中，常利用机械变换装置将执行元件输出的高转速、低转矩变换为负载运动需要的低转速、高转矩，以此来驱动负载。应用最为广泛的变换装置是齿轮传动机构。

当利用齿轮传动机构传递转矩时，需要满足以下要求：①足够的刚度；②转动惯量尽可能小，以便在获得同一加速度时所需转矩小，或者在传递同一驱动力矩时加速度响应快；③无间隙，因为齿轮的啮合间隙会造成传动死区，死区位于闭环之内的情况往往会使系统产生自激振荡，从而造成伺服系统不稳定。

1. 齿轮传动比的最佳匹配选择

齿轮传动机构的输入为高转速、低转矩，输出为低转速、高转矩，其传动比 i 应满足驱动部件与负载之间转矩和转速的匹配要求。以伺服驱动为例，电动机要克服的负载转矩有两种，即峰值负载转矩和均方根负载转矩，分别对应于电动机恶劣的工作状况和电动机长期连续地在变载荷下工作的状况。由于负载特性和工作条件不同，可有不同的最佳传动比选择方案。

（1）"负载峰值转矩最小"方案　假设换算到电动机轴上的负载峰值转矩为 $T_{\mathrm{LP}}^{\mathrm{m}}$。令 $\dfrac{\mathrm{d}T_{\mathrm{LP}}^{\mathrm{m}}}{\mathrm{d}i}=0$，可得等效负载峰值转矩最小时的最佳传动比。

（2）"负载均方根转矩最小"方案　假设换算到电动机轴上的负载均方根转矩为 $T_{\mathrm{LR}}^{\mathrm{m}}$。令 $\dfrac{\mathrm{d}T_{\mathrm{LR}}^{\mathrm{m}}}{\mathrm{d}i}=0$，可得等效负载均方根转矩最小时的最佳传动比。

在满足负载和转速要求的前提下，伺服电动机与负载通过"换算负载峰值（或均方根）转矩最小"原则确定总传动比时，电动机克服负载峰值（或均方根）转矩所消耗的功率最小，从该意义上讲，最佳传动比实现了功率的最佳传递。

（3）"转矩储备最大"方案　电动机输出的额定转矩 T_{N} 和等效负载峰值转矩 $T_{\mathrm{LP}}^{\mathrm{m}}$ 之差为电动机的转矩储备，即 $\Delta T = T_{\mathrm{N}} - T_{\mathrm{LP}}^{\mathrm{m}}$。令 $\dfrac{\mathrm{d}(\Delta T)}{\mathrm{d}i}=0$，可得转矩储备最大时的最佳传动比。

（4）"负载角加速度最大"方案　在伺服电动机驱动负载的传动系统中，通常采用"负载角加速度最大"原则选择总传动比，以提高伺服系统的响应速度。

如图 2-5 所示的传动系统模型中，转动惯量为 J_{m}、输出转矩为 T_{m} 的伺服电动机通过传动比为 i 的齿轮传动机构克服摩擦负载转矩 T_{f} 以驱动转动惯量为 J_{L}、转矩为 T_{L} 的惯性负载。设齿轮系传动效率为 η；传动比 $i = \dfrac{\theta_{\mathrm{m}}}{\theta_{\mathrm{L}}} = \dfrac{\dot{\theta}_{\mathrm{m}}}{\dot{\theta}_{\mathrm{L}}} = \dfrac{\ddot{\theta}_{\mathrm{m}}}{\ddot{\theta}_{\mathrm{L}}} > 1$；$T_{\mathrm{L}}$ 和

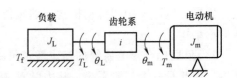

图 2-5 电动机驱动齿轮传动机构和负载的传动系统模型

T_f 换算到电动机轴上分别为 $\dfrac{T_L}{i}$ 和 $\dfrac{T_f}{i}$；J_L 换算到电动机轴上为 $\dfrac{J_L}{i^2}$；齿轮传动机构换算到电动机轴上的等效转动惯量为 J_{eq}^m。

按动力学基本定律，电动机轴上的加速度转矩为

$$T_a = T_m - \frac{T_L + T_f}{i\eta} = \left(J_m + J_{eq}^m + \frac{J_L}{i^2\eta} \right) \ddot{\theta}_m = \left(J_m + J_{eq}^m + \frac{J_L}{i^2\eta} \right) i\ddot{\theta}_L$$

整理得

$$\ddot{\theta}_L = \frac{T_m i\eta - (T_L + T_f)}{(J_m + J_{eq}^m) i^2 \eta + J_L}$$

令 $\mathrm{d}\ddot{\theta}_L / \mathrm{d}i = 0$，即可得到负载角加速度最大时的传动比 i 为

$$i = \frac{T_L + T_f}{T_m \eta} + \sqrt{\frac{T_L + T_f}{T_m \eta} + \frac{J_L}{\eta (J_m + J_{eq}^m)}}$$

令 $\eta = 100\%$，$T_L = T_f = J_{eq}^m = 0$，则有

$$i = \sqrt{\frac{J_L}{J_m}} \qquad \text{或} \qquad \frac{J_L}{i^2} = J_m \tag{2-21}$$

因此，齿轮系传动比的最佳值是 J_L 换算到电动机轴上的负载转动惯量 J_L/i^2 恰好等于电动机转子的转动惯量 J_m。

利用上述四种方案进行最佳总传动比选择均是针对某一方面而言的，其结果有可能存在差异。此外，在进行具体选择时，除了应考虑伺服电动机与负载的最佳匹配外，还要考虑总传动比对系统的稳定性、精确度及快速性的影响。对于系统的稳定性而言，总传动比 i 值偏大，会使系统的相对阻尼系数增大，振荡得到抑制，稳定性提高。对于系统的响应特性而言，i 小于最佳值，会使加速度下降；而 i 大于最佳值，将使加速度收敛为一固定值。因此，总传动比 i 值偏大可提高系统响应的稳定性，但会影响负载的快速性。对于系统的低速稳定性而言，由于电枢反应、电刷摩擦和低速不稳定性，因此系统可能产生爬行现象。i 值偏大可有效避免低速爬行的发生，但是传动级数的增多，会使系统的传动精度、效率、刚度及固有频率降低。因此，运用哪种原则进行总传动比的选择应综合考虑。

2. 传动形式选择及各级传动比的最佳分配原则

在总传动比确定下来之后，应选择合适的传动机构配置在伺服电动机和负载之间，从而使驱动部件和负载之间的转矩和转速达到合理匹配。

齿轮传动形式分单级传动和多级传动。若总传动比较大，采用单级传动虽然可以简化传动链结构，有利于提高传动精度、减少空程误差、提高传动效率，但是传动比不应过大，否则大齿轮的尺寸会过大，进而加大整个传动系统的轮廓尺寸，使结构变得不紧凑。另外，大、小两个齿轮的尺寸相差较大不但会加剧小齿轮的磨损，而且会使转动惯量增大。因此，在机电一体化系统中，总传动比较大的传动机构通常采用多级齿轮传动副串联组成齿轮系，并对各级传动比进行合理分配，以满足动态性能和传动精度的要求。

下面以圆柱齿轮传动链为例，介绍传动级数和各级传动比的最佳分配原则。这些原则对其他形式的齿轮传动链也有指导意义。

传动装置有大功率传动装置和小功率传动装置之分。大功率传动装置所传递的转矩较大，通常采用中模数或大模数齿轮机构；小功率传动装置则传递的转矩较小，往往采用小模数齿轮机构。由于两者所传递的转矩在数量级上不同，因而所采用的传动比分配方法也有所不同。

（1）"等效转动惯量最小"原则 利用"等效转动惯量最小"原则设计的齿轮传动机构，换算到电动机轴上的等效转动惯量最小，可使其具有良好的动态性能。

1）小功率传动装置。图 2-6 所示为电动机驱动的二级齿轮传动机构，传动比分别为 i_1、i_2；不计轴和轴承的转动惯量；各齿轮的转动惯量为 $J_1 \sim J_4$、分度圆直径为 $d_1 \sim d_4$；各齿轮均近似看作是实心圆柱体，齿宽 B 和密度 ρ 均相同；假设各主动齿轮的转动惯量相同，整个传动机构的传动效率为 100%。

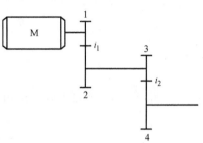

图 2-6　二级齿轮传动机构

该齿轮传动机构等效到电动机轴上的转动惯量为

$$J_{eq}^{m} = J_1 + \frac{J_2 + J_3}{i_1^2} + \frac{J_4}{i^2}$$

因为

$$J_1 = J_3 = \frac{\pi B \rho}{32} d_1^4, \quad J_2 = \frac{\pi B \rho}{32} d_2^4, \quad J_4 = \frac{\pi B \rho}{32} d_4^4$$

所以

$$\frac{J_2}{J_1} = \left(\frac{d_2}{d_1}\right)^4 = i_1^4, \quad \frac{J_4}{J_1} = \left(\frac{d_4}{d_1}\right)^4 = \left(\frac{d_4}{d_3}\right)^4 = i_2^4$$

即

$$J_2 = J_1 i_1^4, \quad J_4 = J_1 i_2^4 = J_1 \left(\frac{i}{i_1}\right)^4$$

则

$$J_{eq}^{m} = J_1 \left(1 + i_1^2 + \frac{1}{i_1^2} + \frac{i^2}{i_1^4}\right)$$

令 $\dfrac{\partial J_{eq}^{m}}{\partial i_1} = 0$，则有

$$i_1^6 - i_1^2 - 2i^2 = 0 \qquad \text{或} \qquad i_1^4 - 1 - 2i_2^2 = 0$$

得

$$i_2 = \sqrt{\frac{i_1^4 - 1}{2}}$$

当 $i_1^4 \gg 1$ 时，有

$$i_2 \approx \frac{i_1^2}{\sqrt{2}} \quad \text{或} \quad i_1 \approx (\sqrt{2} i_2)^{\frac{1}{2}} \approx (\sqrt{2} i)^{\frac{1}{3}}$$

推广到 n 级齿轮传动，则有

$$i_1 = 2^{\frac{2^n - n - 1}{2(2^n - 1)}} i^{\frac{1}{2^n - 1}}, \quad i_k = \sqrt{2} \left(\frac{i}{2^{n/2}}\right)^{\frac{2^{(k-1)}}{2^n - 1}} \quad (k = 2, 3, 4, \cdots, n) \tag{2-22}$$

例如，对于总传动比 $i=80$、传动级数 $n=4$ 的小功率传动装置，按"等效转动惯量"最小原则分配传动比时，根据式（2-22）可得 $i_1 = 1.7268$，$i_2 = 2.1085$，$i_3 = 3.1438$，$i_4 = 6.9887$。

在传动级数未知的情况下，可用如图 2-7 所示曲线确定小功率传动装置的传动级数。该曲线以传动级数 n 为参变量，反映了齿轮系中换算到电动机轴上的等效转动惯量 J_{eq}^m 与第一级主动齿轮的转动惯量 J_1 之比与总传动比 i 之间的关系。

2）大功率传动装置。大功率传动装置传递的转矩大，各级齿轮的模数、齿宽、分度圆直径等参数均逐级增加，因此小功率传动装置传动比计算通式中的假设条件对大功率传动装置并不适用，即式（2-22）不能用于大功率传动的齿轮传动系统。大功率传动装置的传动级数与各级传动比的确定一般借助于如图 2-8～图 2-10 所示曲线进行。

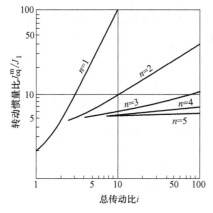

图 2-7　用于小功率传动装置确定传动级数的经验曲线

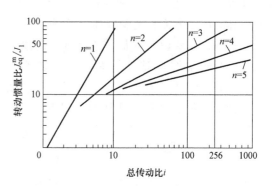

图 2-8　用于大功率传动装置确定传动级数的经验曲线

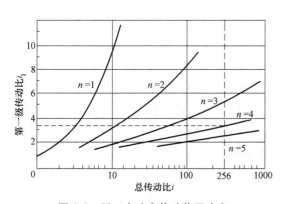

图 2-9　用于大功率传动装置确定第一级传动比的经验曲线

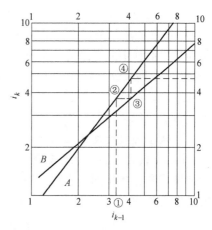

图 2-10　用于大功率传动装置确定第一级齿轮副以后各级传动比的经验曲线

例如，对于总传动比 $i=256$ 的大功率传动装置，若遵循"等效转动惯量最小"原则，其传动级数的确定及各级传动比的分配如下：首先由图 2-8 可知，对于 $i=256$ 的传动装置，可选 $n=3$、4 和 5，其转动惯量比 J_{eq}^m/J_1 分别为 70、35 和 26，为了兼顾 J_{eq}^m/J_1 数值大小及传动装置结构的紧凑性，选取 $n=4$；然后查图2-9，得到第一级传动比 $i_1=3.3$；最后在图2-10的横坐标轴上由 $i_1=3.3$ 先找到①点，由该点作垂直线与 A 线相交于②点，在纵坐标轴上查得 $i_2=3.7$；通过该点作水平线与 B 线相交于③点，在横坐标轴上查得 $i_3=4.24$；由③点作垂直线与 A 线交于④点，在纵坐标轴上得得 $i_4=4.95$。

由上述分析可得出以下几点结论：①按"等效转动惯量最小"原则确定传动级数和分配各级传动比时，无论传递功率大小，由高速级到低速级，各级传动比的分配次序均为"先小后大"。②传动级数越多，总等效转动惯量越小，但级数增加到一定数值后，总等效转动惯量的减小并不显著，反而会增大传动误差，并使结构复杂化。因此，从结构紧凑性、复杂度、传动精度（齿隙影响）和经济性等方面考虑，传动级数太多并不合理。故设计时应多方面权衡利弊加以考虑。

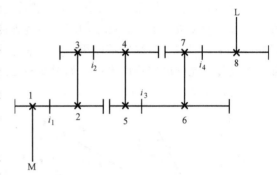

图2-11 四级齿轮传动机构

另外，需要说明的是，越接近于高速级的轴，其转动惯量对总等效惯量的影响越大，尤其是电动机轴及其后一级轴的转动惯量。例如，对于如图2-11所示的四级齿轮传动机构，换算到电动机轴上的总等效惯量为

$$J_{eq}^m = J_1 + \frac{J_2+J_3}{i_1^2} + \frac{J_4+J_5}{(i_1 i_2)^2} + \frac{J_6+J_7}{(i_1 i_2 i_3)^2} + \frac{J_8}{(i_1 i_2 i_3 i_4)^2} = \sum_{k=1}^{n} \frac{J_k}{i_{km}^2}$$

式中　i_{km}——第 k 个齿轮至电机轴的传动比；

J_k——第 k 个齿轮的转动惯量。

由此可见，对换算到电动机轴上的总等效惯量影响最大的为 J_1，其次为 J_2 和 J_3。因此在设计时，尽可能减小 J_1、J_2 和 J_3 有助于减小等效转动惯量。

(2) "重量最轻"原则　产品轻薄小巧化是机电一体化的目标之一。因此，重量限制通常是传动装置设计中应考虑的一个重要问题，特别是对于航天航空设备上的传动装置，采用"重量最轻"原则来分配各级传动比尤为必要。

一般来说，可按"等效转动惯量最小"原则来分配前几级的传动比。当传动比较大时，由于换算惯量与传动比的二次方成反比，因此后几级的惯量换算到电动机轴上后将大为减小。这时，减小等效转动惯量已不再是突出问题，而应着重考虑减轻重量。

1) 小功率传动装置。仍以如图2-6所示的二级齿轮减速传动装置为例，假设所有主动小齿轮的模数和齿数相同，齿宽相等；轴和轴承重量忽略不计；各齿轮为实心圆柱体，则各齿轮的重量之和为

$$W = \pi \rho g B \left[\left(\frac{d_1}{2} \right)^2 + \left(\frac{d_2}{2} \right)^2 + \left(\frac{d_3}{2} \right)^2 + \left(\frac{d_4}{2} \right)^2 \right]$$

由于　　　　　　　$d_1=d_3,\ d_2=i_1 d_1,\ d_4=i_2 d_3=\frac{i}{i_1}d_1$

则　　　　　　　　$W = \frac{1}{4}\pi \rho g B d_1^2 \left[2 + i_1^2 + \left(\frac{i}{i_1} \right)^2 \right]$

令 $\dfrac{\partial W}{\partial i_1}=0$，得

$$i_1 - i^2 i_1^{-3} = 0$$

即

$$i = i_1 i_2 = i_1^2$$

则

$$i_1 = i_2 = i^{\frac{1}{2}}$$

推广到 n 级传动，可得到

$$i_1 = i_2 = \cdots = i_n = i^{\frac{1}{n}} \tag{2-23}$$

由此可见，对于小功率传动装置，各级传动比彼此相等可使其重量最轻。这一结论是在假设各主动小齿轮模数和齿数均相同的条件下导出的。若大齿轮的模数和齿数也彼此相同，则分度圆直径均相等，因而各级传动副的中心距也相同。这样设计的齿轮传动称为曲回式传动链（图 2-12）。例如，某无人驾驶高空侦察机上遥控方向舵的小功率传动装置采用了这种曲回式结构，各级齿轮的齿数分别 $z_1 = 9$，$z_2 = 63$，$z_3 = 14$，$z_4 = 48$，$z_5 = z_7 = z_9 = z_{11} = z_{13} = z_{15} = z_{17} = 16$，$z_6 = z_8 = z_{10} = z_{12} = z_{14} = z_{16} = z_{18} = 46$，总传动比 $i \approx 39000$。显而易见，这种结构虽然传动比很大，但却可以做到结构十分紧凑。

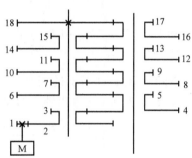

图 2-12　曲回式齿轮传动链

2）大功率传动装置。小功率传动装置在推导时所做的假设并不适用于大功率传动装置，因为大功率传动装置传递转矩较大，故要求齿轮模数大，齿轮齿宽应逐级增加而不是相同。对于大功率传动装置，应根据图 2-13 和图 2-14 所示的经验曲线进行传动比分配，其中的虚线分别用于总传动比 $i<10$ 和 $i<100$ 的情况。

例如，按"重量最轻"原则分配大功率传动装置的各级传动比时，已知 $n=2$，$i=40$，由于 $i>10$，故应按图 2-13 中的实线来确定各级传动比，查得 $i_1 = 9.1$，$i_2 = 4.4$；如果 $n=3$，$i=202$，则通过查图 2-14 中的实线，得到 $i_1 = 12$，$i_2 = 5$，$i_3 = 3.4$。

可见，对于大功率传动装置，按"重量最轻"原则来分配传动比，从高速级到低速级，各级传动比一般按"先大后小"的次序处理。

（3）"输出轴转角误差最小"原则　输出轴转角误差是由传动误差和空程误差造成的，按照这一原则分配传动比有利于提高系统的传动精度。对于 n 级齿轮传动系统，各级齿轮的转角误差换算到末级输出轴的总转角误差 $\Delta\varphi_{\mathrm{eq}}^{\mathrm{L}}$ 为

$$\Delta\varphi_{\mathrm{eq}}^{\mathrm{L}} = \sum_{k=1}^{n} \frac{\Delta\varphi_k}{i_{kn}} \tag{2-24}$$

式中　$\Delta\varphi_k$——第 k 个齿轮的转角误差；

i_{kn}——第 k 个齿轮的转轴至第 n 级输出轴之间的传动比。

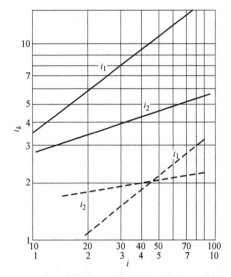

图 2-13　用于二级大功率传动装置传动比
分配的经验曲线（$i<10$ 时，使用图中的虚线）

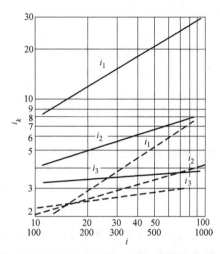

图 2-14　用于三级大功率传动装置传动比分
配的经验曲线（$i<100$ 时，使用图中的虚线）

对于如图 2-11 所示的四级齿轮传动机构，设各齿轮的转角误差为 $\Delta\varphi_1 \sim \Delta\varphi_8$。根据式
（2-24），换算到末级输出轴上的总转角误差为

$$\Delta\varphi_{eq}^{L} = \frac{\Delta\varphi_1}{i} + \frac{\Delta\varphi_2 + \Delta\varphi_3}{i_2 i_3 i_4} + \frac{\Delta\varphi_4 + \Delta\varphi_5}{i_3 i_4} + \frac{\Delta\varphi_6 + \Delta\varphi_7}{i_4} + \Delta\varphi_8 \qquad (2\text{-}25)$$

为了方便起见，假设各齿轮的转角误差大致相同，均为 $\Delta\varphi$，总传动比 $i=300$，各级传
动比分别按以下三种方法进行分配。

1）各级传动比取成递减（如 $i_1=8$，$i_2=5$，$i_3=3$，$i_4=2.5$），则总转角误差为

$$\Delta\varphi_{eq}^{L} = \Delta\varphi\left(\frac{1}{300} + \frac{2}{37.5} + \frac{2}{7.5} + \frac{2}{2.5} + 1\right) \approx 2.123\Delta\varphi$$

2）各级传动比取成递增（如 $i_1=2.5$，$i_2=3$，$i_3=5$，$i_4=8$），则总转角误差为

$$\Delta\varphi_{eq}^{L} = \Delta\varphi\left(\frac{1}{300} + \frac{2}{120} + \frac{2}{40} + \frac{2}{8} + 1\right) \approx 1.356\Delta\varphi$$

可见，各级传动比逐级递减时的总转角误差比逐级递增时的大 36%。

3）各级传动比取成递增，并提高末级传动比（如 $i_1=2$，$i_2=3$，$i_3=4$，$i_4=12.5$），则
总转角误差为

$$\Delta\varphi_{eq}^{L} = \Delta\varphi\left(\frac{1}{300} + \frac{2}{150} + \frac{2}{50} + \frac{2}{12.5} + 1\right) \approx 1.215\Delta\varphi$$

比较 2）和 3）两种情况，提高末级传动比使总转角误差下降了 10%。

通过以上分析可以看到：①各级传动比按"先小后大"原则进行分配，可使总输出轴
转角误差较小，从而提高机电一体化系统齿轮传动机构的运动传递精度，降低齿轮的加工误
差、安装误差及回转误差对输出转角精度的影响；②最末一级齿轮的转角误差和传动比对总
转角误差影响较大，因此设计时最末两级的传动比应取大一些，并尽量提高最末一级齿轮副
的加工精度或采用消隙装置，这样能够有效减小总转角误差；③若要减少总转角误差，则传
动级数应尽量取小一些，因为多一级传动则多一项误差，级数越小则总转角误差越小。因

此，为提高传动精度、减少转角误差，必须减少传动级数，增加低速传动比，提高低速级的制造和安装精度，将各级传动比按"先小后大"的次序排列。

以上原则从三个不同的特殊要求出发进行传动比分配，其结果可能有相互矛盾之处，如果装置的传动比较大，则传动级数应该增多，但是从减少转角误差的角度考虑，却希望传动级数要少。因此，在齿轮传动机构设计中，在确定传动级数和分配各级传动比时应根据具体情况，结合系统的具体要求和工作条件，灵活运用上述原则，抓住主要矛盾，做到统筹兼顾。

2.2.3　谐波齿轮传动机构

谐波传动（harmonic drive）是 20 世纪 50 年代中期随空间技术发展而迅速发展起来的新型机械传动，其传动原理是由美国学者 C. Walt Musser 于 1959 年提出的，已成功应用于空间技术、能源、通信、机床、仪器仪表、机器人、汽车、造船、纺织、冶金、印刷机械、医疗机械等行业中。

1. 谐波齿轮传动机构的基本构件

谐波齿轮传动与小齿差行星齿轮传动十分相似，由带有内齿圈的刚轮（rigid gear）、带有外齿圈的柔轮（flexible gear）和波形发生器（wave generator）三个基本构件组成，分别相当于行星系中的太阳轮、行星轮和系杆。三个构件中任何一个皆可为主动件，而其余两个中一个为从动件，另一个固定。如图 2-15 所示，应用较多的刚轮和柔轮为带凸缘环状刚轮和杯形柔轮，而波形发生器有双滚轮和柔性轴承凸轮两种形式。

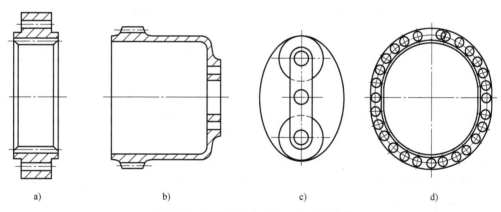

a)　　　　　　　b)　　　　　　　c)　　　　　　　d)

图 2-15　谐波齿轮传动的三个基本构件

a）带凸缘环状刚轮　b）杯形柔轮　c）双滚轮式波形发生器　d）柔性轴承凸轮式波形发生器

柔轮的外齿与刚轮的内齿齿形为三角形或渐开线，周节 t 相同，但齿数 Z 不同，刚轮比柔轮要多几个齿，一般为 2 个或 3 个，即 $t_g = t_r$，$Z_g - Z_r = 2 \sim 3$。按刚轮和柔轮的齿数差，波形发生器又可分为双波发生器（刚轮和柔轮齿数相差 2）和三波发生器（刚轮和柔轮齿数差为 3），其中最为常用的是双波传动。

2. 谐波齿轮传动机构的工作原理

刚轮的刚度较大，不易发生变形。柔轮的刚度小，装配前为薄圆筒形。

（1）将刚轮固定而柔轮输出运动　将波形发生器装入柔轮。如图 2-16 所示，由于波形发生器的长径比柔轮内径略大，故两者装配在一起时，柔轮被迫产生弹性变形而由原来的圆筒形变为椭圆形。因此，柔轮长轴两端的轮齿与刚轮的轮齿完全啮合；柔轮短轴两端的轮齿与刚轮的轮齿完全脱开；柔轮长轴与短轴之间的轮齿则逐步啮入和啮出。

当高速轴带动波形发生器连续转动时，柔轮上原来与刚轮啮合的齿逐渐啮出、脱开、啮入、啮合，这样柔轮就相对于刚轮沿着与波形发生器相反的方向低速旋转，并通过低速轴输出运动。对于双波传动，当波形发生器逆时针转一圈时，刚轮和柔轮间的相对位移为两个齿距。

（2）将柔轮固定而刚轮输出运动 此时的工作原理同上，只是刚轮的转向与波形发生器的转向相同。

波形发生器连续转动时，迫使柔轮的长短轴发生变化，齿的啮合和脱开位置随之连续改变，于是轮齿变形

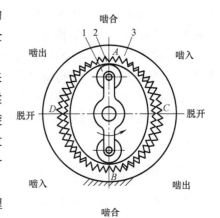

图 2-16 谐波齿轮传动
1—波形发生器 2—柔轮 3—刚轮

也随之变化。柔轮上任何一点的径向变形量是随转角变化的变量，柔性变形在柔轮圆周的展开图上是一谐波，故称这种传动为谐波传动。谐波齿轮传动正是依靠柔轮产生的这种可控弹性变形波引起两轮齿间的相对错齿来传递动力和运动的，因此它与一般的齿轮传动具有本质上的差别。

3. 谐波齿轮传动机构的特点

与一般齿轮传动相比，谐波齿轮传动具有以下优点。

（1）传动比大 单级谐波齿轮的传动比为 50～500，多级和复式传动的传动比可达 30000 以上。

（2）不仅可用于减速，还可用于增速 当波形发生器为主动件时为减速，而当波形发生器为从动件时为增速。

（3）承载能力大 由于谐波齿轮传动中同时啮合的齿数多（当传递额定输出转矩时，同时接触的齿数可达总齿数的 30% 以上），且齿与齿之间是面接触，因而能承受较大的载荷。

（4）传动精度高 由于啮合齿数较多，因而误差可得到均化。另外，柔轮和刚轮的齿侧间隙主要取决于波形发生器的最大外形尺寸及两齿轮的齿形尺寸，通过微量改变波形发生器的半径来调整柔轮变形量，可以使齿隙很小，甚至无齿隙，大大减小了回程误差。在同样的制造条件下，谐波齿轮的传动精度比一般齿轮的传动精度至少高一级。

（5）传动平稳，噪声低 两轮轮齿的啮入和啮出均按正弦规律变化，加之在啮入和啮出的过程中，齿轮的两侧都参与工作，因而无突变载荷和冲击，且无噪声。

（6）传动效率高 单级谐波传动的效率一般为 69%～96%。当传动比增大时，效率也不会显著下降。

（7）可以向密封空间传递运动和动力 柔轮被固定后，既可以作为密封传动装置的壳体，又可以产生弹性变形，完成错齿运动，从而达到传递运动和动力的目的。因此，谐波齿轮传动机构能够在密闭空间和有辐射或有害介质的环境下正常工作，可用来驱动在高真空、有原子辐射或其他有害介质的空间工作的传动机构，这一点是其他现有传动机构所无法比拟的。

（8）零件少，体积小，重量轻　在传动比和承载能力相同的条件下，可比一般齿轮传动机构的零件少一半，体积和重量可减少 $1/3 \sim 1/2$。

（9）成本高　柔轮材料性能要求高，而且柔轮和波形发生器制造工艺复杂，造成了谐波齿轮传动机构的高制造成本。

4. 谐波齿轮传动机构的传动比计算

谐波齿轮传动是行星传动的一种变形，因而谐波齿轮传动机构的传动比可按行星轮系求传动比的方法来计算。

对于谐波齿轮传动，设刚轮、柔轮和波形发生器的角速度分别为 ω_g、ω_r 和 ω_H，其齿数分别为 z_g、z_r 和 z_H，则有

$$i_{rg}^H = \frac{\omega_r^H}{\omega_g^H} = \frac{\omega_r - \omega_H}{\omega_g - \omega_H} = \frac{z_g}{z_r} \tag{2-26}$$

式中　ω_r^H——柔轮相对于波形发生器的相对角速度；

　　　ω_g^H——刚轮相对于波形发生器的相对角速度。

根据式（2-26）可以得到谐波齿轮传动四种情形下的传动比公式，见表 2-1。

表 2-1　谐波齿轮传动的传动比公式

输入	输出	固定	传动比	输出与输入的关系	
				转动方向	转动速度
波形发生器	刚轮	柔轮	$i_{Hg} = \dfrac{z_g}{z_g - z_r}$	相同	减速
波形发生器	柔轮	刚轮	$i_{Hr} = \dfrac{z_r}{z_r - z_g}$	相反	减速
柔轮	波形发生器	刚轮	$i_{rH} = \dfrac{z_r - z_g}{z_r}$	相反	增速
刚轮	波形发生器	柔轮	$i_{gH} = \dfrac{z_g - z_r}{z_g}$	相同	增速

2.2.4　同步带传动机构

早在 1900 年，已有人开始研究同步带（synchronous belt）传动并多次提出专利申请，而其实用化却是在第二次世界大战以后。1940 年美国尤尼罗尔（Uniroyal）橡胶公司首先加以开发。1946 年有人将同步带用于缝纫机针和缠线管的同步传动上，取得显著效益，从此被逐渐应用到其他机械传动上。

同步带传动是一种效率较高的传动方式，兼有齿轮传动、链传动、带传动三者之长。带的工作表面制有等间距的齿形，与外周有相应齿形的带轮相啮合，以传递运动和动力，可在许多领域中替代传统的链传动、齿轮传动和带传动，已广泛应用于机械制造、汽车飞机、纺织、轻工、化工、冶金、矿山、军工、仪表机床、农业机械及商业机械的传动中。

1. 同步带的分类

同步带按齿形可分为梯形齿同步带和弧形齿同步带。梯形齿同步带分为单面带和双面带两种型式。如图 2-17 所示，单面同步带是指仅一面有齿，双面同步带则两面均有齿。双面同步带按齿的排列方式又分为两种型式，即对称齿双面同步带（代号 DA）和交错齿双面同

步带（代号 DB）。弧形齿同步带包括三种系列，即圆弧齿带（H 系列，也称 HTD 带）、平顶圆弧齿带（S 系列，也称 STPD 带）和凹顶抛物线齿带（R 系列），如图 2-18 所示。

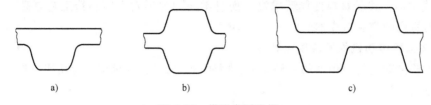

a)　　　　　　　　　b)　　　　　　　　　c)

图 2-17 梯形齿同步带

a) 单面带　b) 对称齿双面带　c) 交错齿双面带

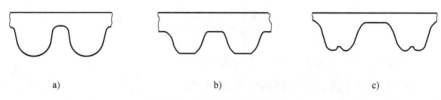

a)　　　　　　　　　b)　　　　　　　　　c)

图 2-18 弧形齿同步带

a) 圆弧齿　b) 平顶圆弧齿　c) 凹顶抛物线齿

同步带有节距制和模数制两种规格制度，其主要参数分别为带齿节距和模数。目前，节距制已被列为国际标准。为了满足国际技术交流的需要，除了东欧各国仍采用模数制外，包括中国在内的其他国家的同步带规格制度已逐渐统一为节距制。按节距的不同，同步带分为7 种型号，即 MXL（最轻型）、XXL（超轻型）、XL（特轻型）、L（轻型）、H（重型）、XH（特重型）和 XXH（超重型），见表 2-2。随着节距的增大，同步带的各部分尺寸及其所传递的功率也增大。

表 2-2 同步带型号及节距 （单位：mm）

型号	MXL	XXL	XL	L	H	XH	XXH
节距	2.032	3.175	5.080	9.525	12.700	22.225	31.750

2. 同步带的结构

如图 2-19 所示，同步带一般由带背、承载绳、带齿和包布层组成。

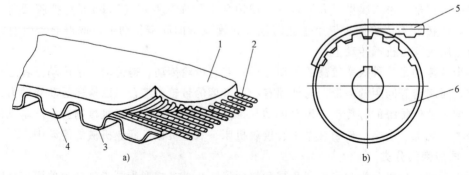

a)　　　　　　　　　　　　　　b)

图 2-19 同步带及其传动

a) 同步带结构　b) 传动示意图

1—带背　2—承载绳　3—包布层　4—带齿　5—同步带　6—同步带轮

承载绳用来传递动力，同时保证同步带在工作时节距不变。因此，承载绳应具有较高的强度及在拉力作用下不伸长的特性。目前常用的材料有钢丝、玻璃纤维和芳香族聚酰胺纤维等。

带背用于连接和包覆承载绳，在运转过程中要承受弯曲应力，因此应具有良好的柔韧性和耐弯曲疲劳性能，以及与承载绳之间良好的黏结性能。

带齿直接与钢制的带轮相啮合并传递转矩，故应具有较高的抗剪切强度和耐磨性，以及良好的耐油性和耐热性。工作过程需要带齿与带轮齿槽正确啮合，因而对其节距分布和几何参数都提出了很高的要求。

带背和带齿一般采用相同材料制成，常用的有聚氨酯橡胶和氯丁橡胶。聚氨酯橡胶同步带具有优异的耐油性和耐磨性，适用于工作温度为 $-20 \sim 80{}^\circ\text{C}$、环境比较干燥、中小功率的高速运转场合；氯丁橡胶同步带的耐水解、耐热、抗冲击性能均优于前者，且传动功率范围大，特别适用于大功率传动中，工作温度范围为 $-34 \sim 100{}^\circ\text{C}$。

以氯丁橡胶为基体的同步带表面还覆盖有包布层，用以增强带齿的耐磨性以及提高带的抗拉强度，一般采用尼龙或锦纶丝制成。

3. 同步带传动机构的特点

与一般带传动相比，同步带传动具有以下特点：①准确同步不打滑，可获得精确的传动比；②传动比范围大，一般可达 1：10；③允许的线速度高，可达 50m/s；④带轮直径较 V 带传动小得多，且不需要大的张紧力，轴和轴承上所受载荷小，故带轮轴和轴承的尺寸都可减小，因此结构较为紧凑；⑤传动效率高，可达 98%；⑥传动平稳，具有缓冲、减振能力，噪声小；⑦无需润滑，没有污染；⑧中心距要求严格，安装精度要求高；⑨带和带轮制造工艺复杂，制造成本高。

2.2.5 滚动螺旋传动机构

螺旋传动机构又称丝杠螺母副传动机构，主要用于运动形式的变换，也就是将旋转运动转变为直线运动，或者将直线运动转变为旋转运动。螺旋传动机构分为滚动螺旋传动机构和滑动螺旋传动机构，后者结构简单，成本低，具有自锁功能，但是摩擦阻力大，传动效率低。

1. 滚珠丝杠副的组成及特点

滚珠丝杠副（ball screw）是在丝杠和螺母滚道之间放入适量的滚珠，使丝杠和螺母之间的摩擦由普通螺旋传动机构的滑动摩擦变为滚动摩擦。滚珠丝杠副由丝杠、螺母、滚珠及回珠引导装置（反向器）等构成，如图 2-20 所示。丝杠和螺母上均制有半圆弧形沟状螺旋滚道，它们套装在一起便形成滚珠的螺旋滚道。工作时，螺母与需做直线运动的零部件相连。丝杠转动，滚珠沿螺旋滚道滚动，并带动螺母做直线运动。滚动数圈后，滚珠从滚道的一端滚出，并沿回珠引导装置（反向器）返回另一端，重新进入滚道，从而构成闭合循环回路。

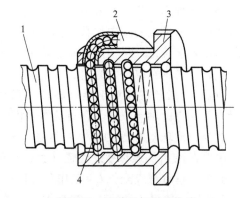

图 2-20 滚珠丝杠副的构成

1—丝杠　2—反向器　3—螺母　4—滚珠

与滑动丝杠副相比，滚珠丝杠副具有以下

特点。

（1）传动效率高　滚珠沿滚道做点接触滚动，工作中摩擦阻力小，灵敏度高，传动效率可达90%以上，相当于滑动丝杠副的3~4倍。

（2）运动平稳　滚动摩擦系数接近于常数，几乎与运动速度无关，动、静摩擦力相差极小，起动时无颤动，低速时无爬行，可精密地控制微量进给，确保运动的平稳性。

（3）传动精度高，轴向刚度好　滚珠丝杠副属于精密机械传动机构，本身就具有较高的加工精度。通过采用专门的预紧装置可完全消除丝杠和螺母间的轴向间隙而产生过盈，进一步保证传动精度。适当的预紧力还有助于提高轴向刚度，能够满足各种机械传动的要求。

（4）耐用性好　钢珠滚动接触处均经过硬化处理和精密磨削，且运动过程属于纯滚动，相对磨损甚微，故具有较高的使用寿命和精度保持性。一般情况下，滚珠丝杠副的使用寿命为滑动丝杠副的4~10倍。

（5）同步性好　由于滚珠丝杠副运动平稳、反应灵敏、无阻滞、无滑移，当采用多套相同的滚珠丝杠副驱动多个相同的运动部件时，其起动的同时性、运动中的速度和位移等都具有准确的一致性，可获得较好的同步运动。

（6）传动具有可逆性　滚珠丝杠副既可以将回转运动转变为直线运动，又可将直线运动转变为回转运动，且逆传动效率与正传动效率几乎相同，因此丝杠和螺母均可作为主动件。

（7）不能自锁　对于竖直安装的滚珠丝杠副，下降方向的传动停止后，螺母所带机构将在重力作用下下滑而无法立即停止运动，因而滚珠丝杠副在用于竖直方向传动（如升降机构）时，必须附加自锁或制动装置。

（8）经济性差，成本高　由于结构及工艺都较为复杂，滚珠丝杠和螺母等零件的加工精度和表面质量要求高，故制造成本较高，价格往往以毫米计。

2. 滚珠丝杠副的主要尺寸参数

如图2-21所示，滚珠丝杠副的主要尺寸参数如下。

公称直径d_0：指滚珠与螺纹滚道在理论接触角状态下包络滚珠球心的圆柱直径。它是滚珠丝杠副的特征尺寸，应在标注中标出。

基本导程l_0：指丝杠相对于螺母旋转2π弧度时螺母上基准点的轴向位移。其大小应根据系统的精度要求确定，当精度要求较高时应选取较小的l_0，反之则选取较大的l_0。

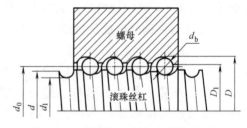

图2-21　滚珠丝杠副的主要尺寸参数

行程l：指丝杠相对于螺母旋转任意弧度时螺母上基准点的轴向位移。它与基本导程之间的关系为$l=nl_0$，n为丝杠旋转圈数。

此外，滚珠丝杠副的尺寸参数还有丝杠螺纹外径（大径）d、丝杠螺纹底径（小径）d_1、滚珠直径d_b、螺母螺纹底径（大径）D、螺母螺纹内径（小径）D_1和丝杠螺纹全长l_s等。其中，丝杠螺纹全长l_s＝工作台行程+螺母长度+2×余程，余程可根据基本导程的大小由表2-3选择。值得注意的是，滚珠螺母应在有效行程（有效行程＝丝杠螺纹全长−2×余程）内运动，必要时应在行程两端配置限位，以避免螺母越程脱离丝杠轴而使滚珠脱落。

表 2-3 基本导程与余程 （单位：mm）

基本导程	2.5	3	4	5	6	8	10	12	16	20
余程	10	12	16	20	24	32	40	45	50	60

3. 滚珠丝杠副的结构型式

按用途和制造工艺不同，滚珠丝杠副的结构型式有多种，主要从螺纹滚道法向截面形状、滚珠循环方式、滚珠丝杠副轴向间隙调整与预紧方式等方面进行区别。

（1）螺纹滚道法向截面形状　螺纹滚道法向截面形状及其尺寸是滚珠丝杠副最基本的结构特征。我国生产的滚珠丝杠副的螺纹滚道有单圆弧形和双圆弧形两种，如图 2-22 所示。滚珠与滚道表面接触点处的公法线与过滚珠中心的丝杠轴向竖直线间的夹角 β 称为接触角，理想的接触角为 45°。

丝杠滚道半径 r_s（或螺母滚道半径 r_m）与滚珠直径 d_b 的比值称为适应度。适应度对滚珠丝杠副承载能力的影响很大，一般为 $0.25 \sim 0.55$。

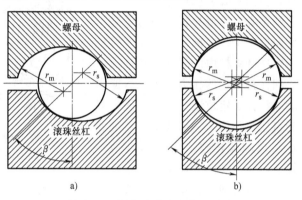

图 2-22　螺纹滚道法向截面形状
a）单圆弧形　b）双圆弧形

单圆弧形螺纹滚道的接触角随轴向载荷的大小而变化，故不易控制，其传动效率、轴向刚度和承载能力均不稳定。但是在滚道磨削加工时，砂轮成型比较简单，容易获得较高的加工精度。双圆弧形螺纹滚道的接触角在工作过程中基本不变，因而传动效率、轴向刚度及承载能力较为稳定。其滚道截面形状由不同圆心的两个圆弧组成，两者的相交处有一小空隙，这样就使得滚珠与滚道底部不直接接触，可容纳一定的润滑油和脏物，以减小摩擦和磨损。因此，双圆弧形滚道是目前普遍采用的滚道型式。但是加工型面时砂轮的修整、加工及检验均比较困难，故加工成本较高。

（2）滚珠循环方式　按滚珠在整个循环过程中与丝杠表面的接触情况，滚珠丝杠副中滚珠的循环方式可分为内循环和外循环两类。

1）内循环。内循环是指在循环过程中滚珠始终与丝杠表面保持接触。按反向器结构的不同，又可分为固定式和浮动式。

① 固定反向器式内循环（G）。固定反向器式内循环的结构如图 2-23 所示。在螺母的侧面孔内，装有接通相邻滚道的反向器。利用反向器上的回珠槽，引导滚珠沿滚道滚动一圈后越过丝杠螺纹滚道顶部，进入相邻滚道，从而形成一个内循环回路。

在固定反向器式内循环的滚珠丝杠副中，滚珠在每一个循环中绕经螺纹滚道的圈数（工

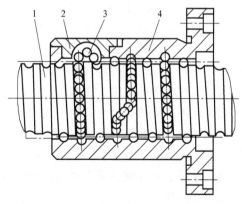

图 2-23　固定反向器式内循环的结构
1—丝杠　2—反向器　3—滚珠　4—螺母

作圈数）仅有 1 圈，因而循环回路短，滚珠数量少，滚珠循环流畅，效率高。此外，反向器径向尺寸小，零件少，装配简单。其不足之处在于反向器的回珠槽具有空间曲面，结构复杂，加工困难，装配和调整均不方便。

② 浮动反向器式内循环（F）。浮动反向器式内循环的结构如图 2-24 所示。这种反向器上的安装孔有 0.01~0.015mm 的配合间隙，反向器弧面上加工有圆弧槽，槽内安装一拱形片簧，片簧外有弹簧套。拱形片簧的弹力始终给反向器一个径向推力，从而使得位于回珠圆弧槽内的滚珠与丝杠表面之间保持一定的压力。于是，槽内滚珠替代了定位键，而对反向器起到自定位作用。浮动式反向器可实现回珠圆弧槽进、出口的自动对接，通道流畅，摩擦特性较好，但

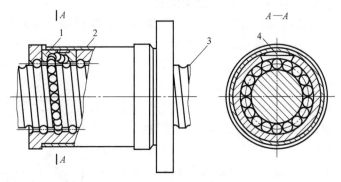

图 2-24　浮动反向器式内循环的结构
1—反向器　2—弹簧套　3—丝杠　4—拱形片簧

是反向器的加工、装配和调试很困难，吸振性能差，故适用于高速、高灵敏度、高刚性、高精度的精密进给系统，而不适宜于重载系统。

2）外循环。外循环丝杠副中的滚珠在循环返回时，将离开丝杠表面而在螺母体内或体外做循环运动，有以下三种结构型式。

① 螺旋槽式外循环（L）。螺旋槽式外循环的结构如图 2-25 所示，在螺母外圆柱面上直接铣出螺旋线形的凹槽作为滚珠循环通道，凹槽的两端均有通孔分别与螺纹滚道相切，螺纹滚道中装入两个挡珠器用来引导滚珠通过这两个孔，用套筒或螺母内表面覆盖凹槽，从而构成滚珠的循环回路。其特点是结构简单，易于制造，螺母径向尺寸小，承载能力较高。由于螺旋凹槽与通孔连接处的曲率半径小，滚珠的流畅性较差，因此挡珠器端部容易磨损，刚度较差，只适用于一般工程机械。

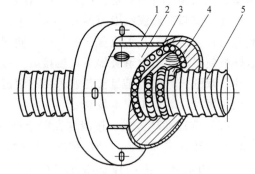

图 2-25　螺旋槽式外循环的结构
1—套筒　2—螺母　3—滚珠　4—挡珠器　5—丝杠

② 插管式外循环（CT）。插管式外循环的结构如图 2-26 所示，它是利用一个外接弯管代替螺旋槽式结构中的凹槽。在螺母上钻出两个与螺纹滚道相切的通孔，把弯管的两端分别插入两孔内，用弯管的端部或其他形式的挡珠器引导滚珠进出弯管，以构成滚珠的循环回路。弯管利用外加压板和螺钉固定。其优点是结构简单，加工方便，适于批量生产；可做成多圈多列结构，以提高承载能力，在大导程多头螺旋传动中优势显著，故广泛用于高速、重载、精密定位系统中。其缺点是弯管凸出在螺母的外表面，径向尺寸大；若用弯管端部作为挡珠器，则较易磨损。

③ 端盖式外循环（D）。端盖式外循环的结构如图 2-27 所示。该结构在螺母上钻出一个轴向通孔作为滚珠回程通道，螺母两端装有铣出短槽的端盖或套筒，短槽端部与螺纹滚道和

轴向通孔相切，并引导滚珠进出回程通道，从而构成滚珠的循环回路。其特点是结构简单、紧凑，工艺性好，但是短槽与螺纹滚道和通孔之间的吻接处圆角不易准确加工，滚珠通过短槽时容易卡住，从而影响了其性能，故应用较少。

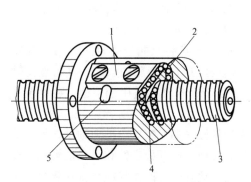

图 2-26　插管式外循环的结构

1—压板　2—螺纹滚道　3—丝杠　4—滚珠　5—弯管

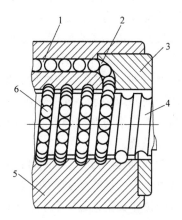

图 2-27　端盖式外循环的结构

1—轴向通孔　2—短槽　3—端盖
4—丝杠　5—螺母　6—滚珠

（3）预紧方式　滚珠丝杠副所采取的预紧方式因螺母数量的不同而有所不同。单螺母预紧方法有变位导程预紧（B）和加大滚珠直径预紧（Z），双螺母预紧方法有螺纹预紧（L）、齿差预紧（C）、垫片预紧（D）及弹簧预紧。预紧方法及其原理将在 2.2.6 节中做详细介绍。

4. 滚珠丝杠副的支承方式

丝杠的轴承组合、轴承座和螺母座及其与其他零件的连接刚性均对滚珠丝杠副的传动刚度和传动精度有很大影响，在设计和安装时应予以认真考虑。滚珠丝杠副的支承主要用来约束丝杠的轴向窜动，其次才是径向约束。为了提高轴向刚度，丝杠支承通常采用以推力轴承为主的轴承组合；仅当轴向载荷较小时，才使用向心推力球轴承来支承丝杠。如图 2-28 所示，滚珠丝杠副常用支承方式有以下几种。

（1）单推-单推式　对于单推-单推式，滚珠丝杠的两端均为单向推力轴承与向心球轴承

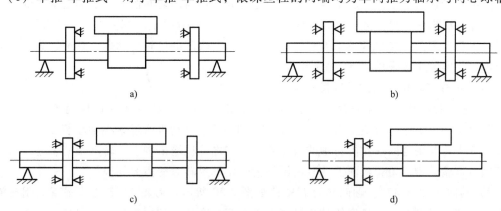

a)　　　　　　　　　　　b)

c)　　　　　　　　　　　d)

图 2-28　滚珠丝杠副常用支承方式结构示意图

a) 单推-单推式　b) 双推-双推式　c) 双推-简支式　d) 双推-自由式

组合。其特点是轴向刚度较高；预拉伸安装时，预加载荷较大，轴承寿命低于双推-双推式；适用于中速传动，精度高，也可采用双推-单推组合。

（2）双推-双推式　双推-双推式是指滚珠丝杠两端均为双向推力轴承与向心球轴承的组合，并施加预紧力。该方式为两端固定，轴向刚度最高；预拉伸安装时，预加载荷较小，轴承寿命较高；适用于高刚度、高速度、高精度的精密丝杠传动。其缺点是结构复杂，工艺困难，成本最高。此外，预拉伸及调整方法的实现较单推-单推方式复杂。

（3）双推-简支式　在这种方案中，滚珠丝杠的一端安装双向推力轴承，另一端安装一个或两个向心球轴承，即一端固定、一端游动，以使丝杠有热膨胀的余地。其特点是轴向刚度不高；双推端可预拉伸安装，预加载荷较小，轴承寿命较高；适用于中速、精度较高的长丝杠传动系统。

（4）双推-自由式　双推-自由式支承方案在滚珠丝杠一端安装双向推力轴承，另一端则悬空呈自由状态。其特点是结构简单，轴向刚度、临界转速、压杆稳定性和承载能力都较低；双推端可预拉伸安装；适用于中小载荷和低速场合，尤其适合较短的丝杠或竖直安装的丝杠。

由于费用较低廉，普通机械中通常采用双推-简支式和双推-自由式两种支承形式，不同的是前者用于长丝杠，后者仅用于短丝杠。

滚珠丝杠副在工作时，会因摩擦或其他热源而受热伸长，单推-单推式、双推-简支式、双推-自由式支承方式的预紧轴承将产生卸载，甚至可能产生轴向间隙。而对于双推-双推式支承方式，卸载可能在两端支承中造成预紧力的不对称，因此要严格控制温升。

2.2.6　传动机构的间隙调整

如前所述，机械传动机构中存在的间隙会造成空程误差，对系统的稳定性和传动精度产生不良影响。间隙的主要形式有齿轮传动的齿侧间隙及滚珠丝杠副的传动间隙等。为了保证系统具有良好的动态性能，在机电一体化系统中应尽可能避免出现间隙，否则应采取间隙消除机构，以减小甚至消除齿侧间隙。

1. 齿轮传动机构的间隙调整

齿轮副完全无间隙地传动仅在理论上能够实现。事实上，齿轮在制造过程中不可能达到理想齿面的要求，因此加工误差总是不可避免的。另外，两个相互啮合的齿轮需要有微量的齿侧间隙才能正常地工作，这是因为在两齿轮的非工作齿面之间留有一定的齿侧间隙，一方面可以储存润滑油，另一方面可以补偿摩擦温升引起的热膨胀及弹性变形引起的尺寸变化，以避免卡死。因此，应尽量采用齿侧间隙较小、精度较高的齿轮传动副。然而，为了降低制造成本，在实际中多采用以下消隙措施。

（1）圆柱齿轮传动机构的间隙调整

1）偏心套调整法。偏心套调整法也称中心距调整法，是最常见且最简单的方式。如图 2-29 所示，电动机 1 的定位法兰上装有偏心轴套 2，电动机通过偏心轴套装在箱体上。将减速器 3 中相互啮合的一对齿轮中的齿轮 4 安装在电动机输出轴上。转动偏心轴套，可以调节两啮合齿轮的中心距，从而消除直齿圆柱齿轮正、反转时的齿侧间隙。

2）轴向垫片调整法。轴向垫片调整法如图 2-30 所示。齿轮 1、3 的节圆直径制成沿齿宽方向有较小锥度的，于是齿轮的齿厚将在轴向产生变化。利用垫片 2 可以使齿轮 1 相对于齿轮 3 做轴向移动，从而消除两齿轮的齿侧间隙。装配时应反复调试轴向垫片的厚度，以便在减小齿侧间隙的同时，确保两齿轮灵活转动。

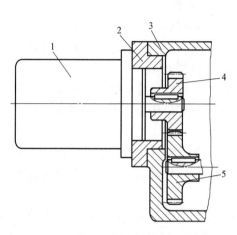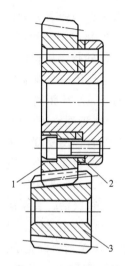

图 2-29　偏心套调整法　　　　　　　　　　图 2-30　轴向垫片调整法

1—电动机　2—偏心轴套　3—减速器　4、5—齿轮　　　　1、3—齿轮　2—垫片

　　上述两种调整方法的共同特点都是结构简单，但齿侧间隙调整后不能自动补偿，且在装配时需要反复调试。

　　3）双片薄齿轮错齿调整法。图 2-31 所示为双片薄齿轮错齿调整法。在一对啮合的直齿圆柱齿轮中，一个采用宽齿轮，另一个则由两个套装在一起的薄齿轮 1、2 组成。两个薄齿轮齿数相同，并可做相对转动，其端面均布 4 个螺纹孔，分别安装制有通孔的凸耳 3、4。螺钉 5 穿过通孔与弹簧 8 的一端相连，弹簧的另一端钩在凸耳上。转动调节螺母 7 可调节螺钉 5 的伸出长度，以改变弹簧拉力大小，然后由锁紧螺母 6 锁紧。装配后，薄齿轮在弹簧的拉力作用下相对转动并错齿，薄齿轮 1 的左齿面和薄齿轮 2 的右齿面分别与宽齿轮的左、右齿面相接触，从而实现消隙。

　　这种调整方法的特点是齿侧间隙能够自动补偿，但结构比较复杂。在简易数控机床进给传动中，步进电动机和长丝杠之间的齿轮传动常用这种方式来消除齿侧间隙。当然，弹簧拉力必须保证能够承受最大转矩。

　　双片薄齿轮错齿调整法不但可以消除齿轮本身误差引起的侧隙，还可以消除温度变化所引起的空程，但是无法消除轴承及其他因素引起的齿侧间隙。因此，齿轮传动机构仍存在一定量的空程。当传递转矩很小时，轴承间隙所引起的空程并无显著影响。当传递转矩较大时，这部分空程

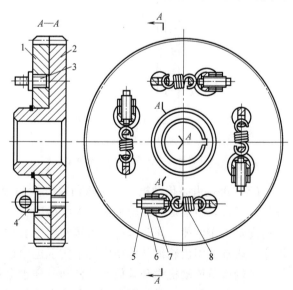

图 2-31　双片薄齿轮错齿调整法

1、2—薄齿轮　3、4—凸耳　5—螺钉　6—锁紧螺母

7—调节螺母　8—弹簧

便表现出来，但可随着所选取弹簧力的增加而减少。当弹簧力为传递力的 5 倍时，空程为未消隙时的 25%；当弹簧力为传递力的 10 倍时，空程减小为未消隙时的 15%；当弹簧力为传递力的 10~20 倍时，空程可以忽略，但是摩擦磨损将大大增加。

（2）斜齿轮传动机构的间隙调整　斜齿轮消除齿侧间隙的方法和圆柱齿轮错齿调整法基本相同，也是用一个宽齿轮同时与两个齿数相同的薄齿轮相啮合，不同的是在两个薄斜齿轮的中间隔开一小段距离，这样一来，它们的螺旋线就错开了。

1）垫片错齿调整法。如图 2-32 所示，两个薄片斜齿轮通过平键与轴连接，互相不能相对回转。装配时，反复调整垫片的厚度，然后用螺母拧紧，于是两齿轮的螺旋线就产生了错位，其左、右两齿面分别与宽齿轮的左、右齿面贴紧。

在实践中，通常采用试测法，即修磨不同厚度的垫片，再反复测试齿侧间隙是否已消除及齿轮转动是否灵活，直至满足要求为止，因此调整起来比较费时，而且齿侧间隙也不能自动补偿。该方法的主要优点是结构比较简单。

2）轴向压簧错齿调整法。图 2-33 所示为斜齿轮轴向压簧错齿调整法。两个薄片斜齿轮 1、2 用键滑套在轴上，弹簧 3 的轴向压力可用调整螺母 4 来调节，以改变薄片斜齿轮 1 和 2 之间的距离，从而使两薄片斜齿轮的齿侧面分别贴紧在宽齿轮 5 齿槽的左、右两侧面。弹簧力的大小必须调整恰当，过紧会导致齿轮磨损过快进而影响使用寿命，过松则起不到消除间隙的作用。这种调整方法的特点是齿侧间隙可以自动补偿，但轴向尺寸较大，结构不够紧凑。

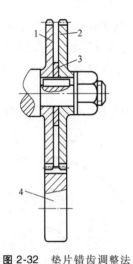

图 2-32　垫片错齿调整法
1、2—薄片斜齿轮　3—垫片　4—宽齿轮

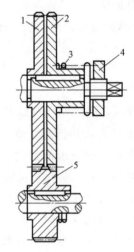

图 2-33　轴向压簧错齿调整法
1、2—薄片斜齿轮　3—弹簧　4—调整螺母　5—宽齿轮

（3）齿轮齿条传动机构的间隙调整　大型数控机床（如大型龙门铣床）的工作台行程较长，不宜采用滚珠丝杠副来实现进给运动，这是因为过长的丝杠容易下垂，从而影响其螺距精度及工作性能，同时丝杠的扭转刚度也会相应下降。因此，对于工作台行程很长的数控机床，通常采用齿轮齿条传动机构来实现进给运动。

齿轮齿条传动机构和其他齿轮传动一样也会存在齿侧间隙，所以也要采取措施来消除间隙。当传动负载较小时，可采用与圆柱齿轮类似的双片薄齿轮错齿调整法，如图 2-34 所示。双片薄齿轮 1 的左、右齿侧分别与齿条 2 的齿槽左、右两侧贴紧，从而消除齿侧间隙。当传动负载很大时，则可采用双传动链调整法来消隙，如图 2-35 所示，齿轮 1、6 与齿条 7 相啮合，并用预紧装置 4 在齿轮 3 上预加载荷，于是齿轮 3 使与其左、右相啮合的齿轮 2、5 分别带动齿轮 1、6 贴紧齿条 7 的左、右侧齿面，以达到消隙的目的。

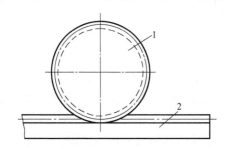

图 2-34　齿轮齿条双片薄齿轮错齿调整法

1—双片薄齿轮　2—齿条

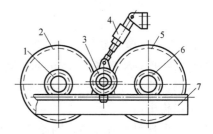

图 2-35　双传动链调整法

1、2、3、5、6—齿轮　4—预紧装置　7—齿条

2. 滚珠丝杠副的间隙调整

如果滚珠丝杠副中轴向有间隙，或者在载荷作用下滚珠与滚道接触处发生弹性变形而引起间隙，那么当丝杠转动方向改变时将产生空程。这种空程是非连续性的，既影响传动精度，又会影响系统的稳定性。在实际应用中，通常采用预紧调整方法来消除轴向间隙，从而消除空程。根据结构特点的不同，预紧方法可分为以下几种类型。

（1）双螺母螺纹预紧调整法　如图 2-36 所示，左螺母 1 的外端制有凸缘，而右螺母 6 的外端无凸缘，但是加工有螺纹并伸出螺母座 2 外，并用调整螺母 4 和锁紧螺母 5 固定。平键 3 的作用是防止左、右两螺母相对转动。调整时，松开锁紧螺母 5，并旋转调整螺母 4，使丝杠副右螺母 6 沿轴向向右移动，从而产生拉伸预紧，达到消除轴向间隙及预紧的目的。调整完毕后，转动锁紧螺母 5 再将其锁紧。该预紧方法的特点是结构简单、刚性好、工作可靠、调整方便；滚道磨损时可随时调整，只是预紧量不易掌握，故无法精确、定量地进行调整。

（2）双螺母齿差预紧调整法　如图 2-37 所示，双螺母齿差预紧调整法是在左螺母 6、右螺母 3 的外端凸缘上分别制有齿数相差一个或多个齿的圆柱外齿轮，分别与用螺钉和定位销固定在螺母座上的左内齿轮 4、右内齿轮 2 啮合。调整时，先取下内齿轮 2、4，根据间隙的大小，将两个螺母相对螺母座 1 同方向转动一定的齿数，然后把内齿轮 2、4 复位固定。此时螺母 3、6 之间产生了相对轴向位移，从而消除了轴向间隙并实现预紧。

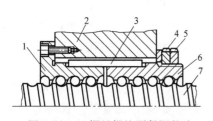

图 2-36　双螺母螺纹预紧调整法

1—左螺母　2—螺母座　3—平键　4—调整螺母
5—锁紧螺母　6—右螺母　7—丝杠

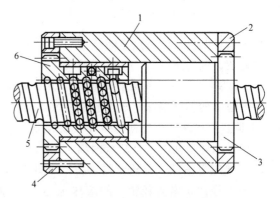

图 2-37　双螺母齿差预紧调整法

1—螺母座　2—右内齿轮　3—右螺母
4—左内齿轮　5—丝杠　6—左螺母

当螺母 3、6 向相同方向转动，每转过一个齿，所调整的轴向位移为

$$\Delta S = \left(\frac{1}{z_1} - \frac{1}{z_2} \right) l_0 \tag{2-27}$$

式中　z_1、z_2——两个外齿轮的齿数，且 $z_2 > z_1$；

　　　　l_0——丝杠导程。

如果 $z_1 = 99$、$z_2 = 100$、$l_0 = 6\mathrm{mm}$，则 $\Delta S = 0.6\mu\mathrm{m}$。可见，这种预紧方法可实现定量调整及精密微调，调整方便，但结构较复杂，加工工艺和装配、调整性能差，宜用于高精度的传动和定位机构中。

如果两个螺母对旋预紧，则原理同上，只是将两个螺母相对反向旋紧，即可产生压缩预紧效果。

（3）双螺母垫片预紧调整法　双螺母垫片预紧通常用螺栓来连接两个螺母的凸缘，并在凸缘间加有垫片，如图 2-38 所示。通过调整或修磨垫片 2 的厚度，使两螺母 1、3 产生相对轴向移动，以达到消除间隙、产生预紧力的目的。加大垫片厚度为拉伸预紧，垫片减薄则为压缩预紧。

这种方法的特点是结构简单、装卸方便、刚度高、工作可靠、应用最为广泛。但是在使用过程中不能随时预紧，只能在装配时进行间隙和预紧力调整，当滚道磨损时则不能随时调整，除非更换不同厚度的垫片，调整不但费时，而且不很准确，故适用于一般精度的机构中。

（4）弹簧预紧调整法　弹簧预紧调整法如图 2-39 所示，左螺母 2 固定而右螺母 3 活动，利用弹簧 4 使两个螺母之间始终有产生轴向位移的推动力，从而获得预紧。

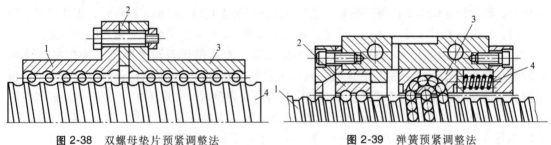

图 2-38　双螺母垫片预紧调整法　　　　　　　图 2-39　弹簧预紧调整法
1—左螺母　2—垫片　3—右螺母　4—丝杠　　　1—丝杠　2—左螺母　3—右螺母　4—弹簧

弹簧预紧调整法的特点是能够自动消除在使用过程中因磨损或弹性变形产生的间隙，但是结构复杂，轴向刚度低，适用于轻载场合。

（5）单螺母变位导程预紧调整法　如图 2-40 所示，单螺母变位导程预紧调整方法是在螺母体内的两列循环滚珠链之间的过渡区域内，将内螺纹进行变位，使基本导程 l_0 变为 $l_0 + \Delta l_0$，于是两列滚珠产生轴向错位而实现预紧。该方法的特点是结构简单紧凑，但在使用过程中不能自动调整间隙，且制造困难。

（6）单螺母滚珠过盈预紧调整法　如图 2-41 所示，这种方法一般用于双圆弧形滚道，通过安装直径比正常直径稍大的滚珠来达到过盈目的，从而实现消隙预紧。其特点是结构最简单，但预紧力不能过大且无法调整，主要用于轴向尺寸受到限制且预紧力较小的场合。

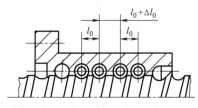

图 2-40　单螺母变位导程预紧调整法

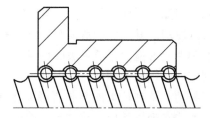

图 2-41　单螺母滚珠过盈预紧调整法

应当注意的是，在对滚珠丝杠副进行预紧时，预紧力的大小必须调整适当，即预紧力的大小应使得丝杠在承受最大轴向工作载荷时丝杠副不出现轴向间隙为好。若预紧力过小，则不能保证无隙传动；而预紧力过大，则滚珠和滚道之间的接触刚度提高，传动精度高，但也使得滚珠和滚道之间的接触应力增大，导致驱动力矩增大，传动效率降低，使用寿命缩短。实践证明，预紧力为最大载荷的 1/3 时，对寿命和效率均无影响，将达到最佳工况。

2.3　支承部件

在机电一体化系统中，支承部件的作用是支承、固定和连接其他零部件，并确保这些零部件之间的相互位置要求和相对运动精度要求，因此是一种非常重要的部件。支承部件一般可分为轴系支承部件（回转运动支承部件）和导向支承部件（直线运动支承部件）。

2.3.1　轴系支承部件

常用的轴系支承部件有滚动轴承、静压轴承、动压轴承、磁悬浮轴承等。随着刀具材料和精密与超精密机床的发展，机床主轴的转速越来越高，对轴承的精度、承载能力、刚度、抗振性、寿命、转速等各项指标都提出了更高的要求，因此逐渐出现了许多新型结构的轴承。

1. 滚动轴承

（1）标准滚动轴承　标准滚动轴承的尺寸规格已标准化、系列化，由专门生产厂家大量生产。标准滚动轴承主要根据转速、载荷、结构、尺寸要求等工作条件进行选择。一般来说，线接触轴承（滚柱、滚锥、滚针轴承）承载能力强，同时摩擦大，相应地极限转速较低。点接触球轴承则与之相反。推力球轴承由于对中性较差，故极限转速较低。如果单个轴承同时承受径向载荷和单向或双向轴向载荷，则结构简单、尺寸小，但滚动体受力不在最优方向上，导致极限转速降低。如果轴系的径向载荷和轴向载荷分别由不同的轴承来承受，则受力状态较好，但结构复杂、尺寸较大。若径向尺寸受到限制，则可在轴颈尺寸相同的条件下，成组地使用轻、特轻、超轻系列轴承，虽然滚动体尺寸小，但是由于数量增加，因此刚度相差一般不超过 10%。通过滚针轴承来减小径向尺寸仅在低速、低精度条件下使用。

近年来，为适应各种不同的需求，许多适合应用于机电一体化产品的新型轴承被开发出来。下面主要介绍空心圆锥滚子轴承和陶瓷滚动轴承。

1）空心圆锥滚子轴承。空心圆锥滚子轴承由英国 Gamet 公司最先开发，故也称为 Gamet 轴承。与一般圆锥滚子轴承不同，这种轴承的滚子是中空的，保持架整体加工，且与滚子之间无间隙，因此工作时大部分润滑油被迫通过滚子中间的小孔，从而使最不容易散热的滚子得到冷却。其余的润滑油则在滚子和滚道之间通过，起润滑作用。中空形式的滚子具有一定的弹性变形能力，故可吸收一部分的振动，起到缓冲吸振的作用。图 2-42 所示为双列和单列空心圆锥滚子轴承。双列轴承的两列滚子相差一个，使其刚度变化的频率不同，从而避免了振动。单列轴承外圈装有弹簧用于预紧。双列和单列空心圆锥滚子轴承通常配套使用，一般将双列轴承用于前支承，而单列轴承用于后支承，适用于负载较大、精度较高，且有一定速度要求的机床主轴中。

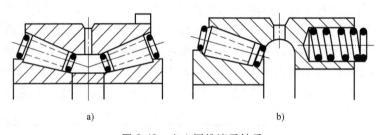

图 2-42 空心圆锥滚子轴承

a）双列轴承 b）单列轴承

2）陶瓷滚动轴承。陶瓷滚动轴承于 20 世纪 90 年代中期问世，其结构与一般的滚动轴承相同，只是所用材料不同。目前常用的陶瓷材料为 Si_3N_4。由于陶瓷热传导率低、不易发热、硬度高、耐磨性好，因此这种轴承极限转速高、精度保持性好、刚度高、寿命长，能够在高速、高温条件下保持高精度地长时间运转，主要用于中、高速运动主轴的支承。

（2）非标准滚动轴承　在精密机械或精密仪器中，有时因结构尺寸限制或为了满足特殊要求而无法采用标准滚动轴承，这时就需要根据使用要求选择非标准滚动轴承。

1）微型滚动轴承。图 2-43 所示为无内圈的微型滚动轴承，其尺寸 D 的范围为 $1.1\text{mm} \leqslant D \leqslant 4\text{mm}$。轴承置于支承螺栓腔内，仅由杯形外圈和滚珠构成，而无内圈，故锥形轴颈与滚珠直接接触。图 2-43a 所示结构可通过调节支承螺栓 2 消除滚珠和轴之间的间隙并预紧，再由锁紧螺母 1 紧固支承螺栓。图 2-43b 所示结构则利用支承螺栓 2、弹簧 6 和调节螺钉 7 的共同作用来调整轴承间隙。

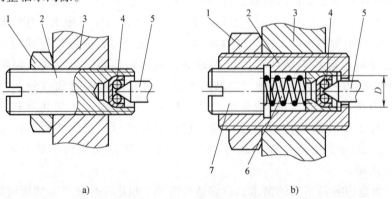

图 2-43 无内圈的微型滚动轴承

a）支承螺栓消隙 b）"支承螺栓+弹簧+调节螺钉"消隙

1—锁紧螺母 2—支承螺栓 3—支承 4—轴承 5—轴 6—弹簧 7—调节螺钉

当 $D > 4$mm 时，轴承可带内圈，如图 2-44 所示。图 2-44a 所示结构中碟形弹性垫圈用来消除轴承间隙。图 2-44b 所示为向心轴承，其外圈内表面与内圈外表面均为 1：12 的锥面，使用时可在外圈的端面加一预紧力以消除轴承间隙。另外，轴承内圈可以与轴一起从外圈和滚珠中取出，装拆十分方便。

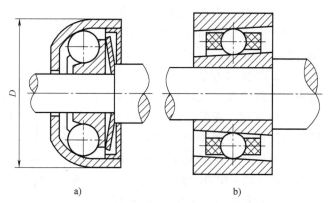

图 2-44 有内圈的微型滚动轴承
a）碟形弹性垫圈消隙 b）锥面消隙

2）密珠轴承。密珠轴承是一种新型的滚动摩擦支承，由内、外圈和密集于两者之间并具有过盈配合的钢珠组成，有径向密珠轴承（图 2-45）和推力密珠轴承（图 2-46）两种形式。

密珠轴承的内、外圈间密集地安装有滚珠。滚珠在其尼龙保持架的孔隙中以近似多条螺旋线的形式排列，如图 2-45b 和图 2-46b 所示。每个滚珠公转时均沿着各自的滚道滚动而互不干扰，因此减少了对滚道的磨损。密集的滚珠具有误差平均效应，有利于减小滚珠几何误差对主轴轴线位置的影响，有利于提高主轴精度。滚珠和内、外圈之间保持有 0.005 ~ 0.012mm 的预加过盈量，以消除间隙、增加刚度和提高轴的回转精度。

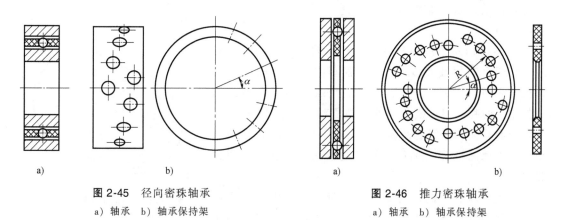

图 2-45 径向密珠轴承
a）轴承 b）轴承保持架

图 2-46 推力密珠轴承
a）轴承 b）轴承保持架

密珠轴承的特点是主轴回转精度高且可长期保持、刚度好、磨损小、寿命长。在秒级数字显示光学分度头中，径向支承和轴向支承都采用密珠轴承，保证主轴回转灵活轻便，回转精度高（径向跳动和轴向跳动均在 1μm 以内）。

2. 滑动轴承

滑动轴承有阻尼性能好、支承精度高、抗振性好和运动平稳等优点。按介质的不同，滑动轴承可分为液体滑动轴承和气体滑动轴承；按油（气）膜压强的形成方法，又可分为静压轴承、动压轴承和动静压轴承。

（1）静压轴承 静压轴承是利用外部供油（气）装置将具有一定压力的液（气）体通过油（气）孔送入轴套油（气）腔，将轴浮起而形成压力油（气）膜，以承受载荷。其优点为刚度大、精度高且可长期保持、抗振性好；由于轴颈和轴承在工作中始终不会直接接触，处于完全流体摩擦状态，故摩擦阻力小；承载能力与滑动表面的线速度无关。故滑动轴承广泛用于中低速、重载、高精度的机械设备中，例如，液体静压轴承可用于主轴回转精度为 $0.025\mu m$ 的超精车床以质量达 $500\sim2000t$ 的天文台光学望远镜的旋转部件中。静压轴承根据介质的不同，可分为液体静压轴承和气体静压轴承；按承受载荷方向的不同，可分为向心轴承、推力轴承及向心推力轴承。

1）液体静压轴承。液体静压轴承在使用时必须配备节流器和一个液压系统，如图 2-47 所示。液体静压轴承包括液体静压向心轴承、液体静压推力轴承及液体静压向心推力轴承，以下以向心轴承为例介绍液体静压轴承的工作原理。

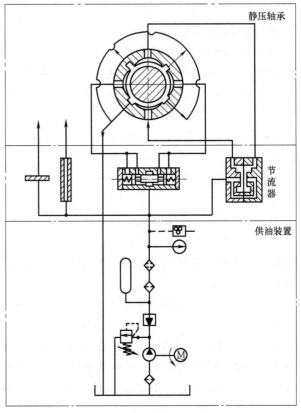

图 2-47 液体静压系统组成

如图 2-48 所示，液体静压向心轴承的内圆柱面上，对称地开有四个矩形油腔 3。油腔为轴套内表面上的凹入部分，油腔之间开设回油槽 2。包围油腔四周的弧面为封油面，其中，油腔与回油槽之间的圆弧面称为周向封油面 1，轴套两端面与油腔之间的圆弧面称为轴向封油面 4。轴装入轴承后，轴承封油面与轴颈之间有适量间隙，这个间隙为油膜厚度。

为了达到承载目的，需要进行流量补偿，用于补偿流量的元件称为节流器。如图 2-49 所示，由液压泵提供的压力为 p_s 的油液经过节流器中的小孔和孔端与金属薄膜片间厚度为 h_{g0} 的节流缝隙降压（第一次节流），然后进入相应

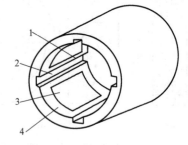

图 2-48 液体静压向心轴承
1—周向封油面　2—回油槽
3—油腔　4—轴向封油面

的油腔，再经过封油面第二次节流降压后形成油膜，余油经由回油槽流回油箱。

空载时（即不计轴重时），四个节流器的液阻相同，即 $R_{g1}=R_{g2}=R_{g3}=R_{g4}$，此时四个油腔的压力相等，即 $p_{r1}=p_{r2}=p_{r3}=p_{r4}$，轴和轴套中心重合，轴被一层等厚油膜隔开，油膜厚度为 h_0，轴处于平衡状态。

当轴受径向载荷（如轴的重量 F_w）作用时，轴心 O 下移 e 至 O_1 位置。于是，各油腔压力将发生变化：油腔 1 间隙增大，液阻 R_{h1} 减小，流量增大，油腔压力 p_{r1} 降低；油腔 2 间隙减小，液阻 R_{h2} 增大，流量减小，油腔压力 p_{r2} 升高；油腔 3、4 的间隙均未发生变化，

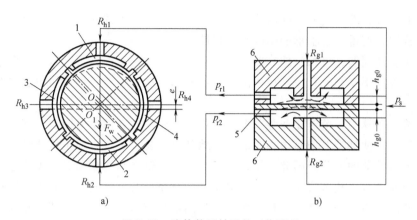

图 2-49　液体静压轴承的工作原理

a）轴承　b）节流器

1~4—油腔　5—弹性薄膜片　6—圆盒

故 p_{r3} 和 p_{r4} 压力不变。

油腔 1、2 之间的压力差产生大小为 $(p_{r2}-p_{r1})A$ 的力作用在轴颈上（A 为各油腔的有效承载面积，假设四个油腔的承载面积均相等），方向与 F_w 相反。若 $(p_{r2}-p_{r1})A=F_w$，则轴处于新的平衡位置，即轴向下位移很小的距离 e。由于 $e \ll h_0$，故轴仍在液体支承状态下旋转。

流经每个油腔的流量 Q_h 等于流经节流器的流量 Q_g，即 $Q_h=Q_g=Q$。p_s 为节流器进口前的油压，油腔和节流器的液阻分别为 R_h 和 R_g，则有

$$Q=\frac{p_r}{R_h}=\frac{p_s-p_r}{R_g}$$

可得油腔压力为

$$p_r=\frac{p_s}{1+\dfrac{R_g}{R_h}}$$

对于油腔 1、2，有

$$p_{r1}=\frac{p_s}{1+\dfrac{R_{g1}}{R_{h1}}}, \quad p_{r2}=\frac{p_s}{1+\dfrac{R_{g2}}{R_{h2}}}$$

当轴受到径向载荷 F_w 的作用而下移时，油腔液阻 $R_{h2}>R_{h1}$。同时，节流器液阻也发生变化，即 $R_{g2}<R_{g1}$。两者同时作用，使得 $p_{r2} \gg p_{r1}$，于是产生很大的向上推力，以平衡外载荷 F_w，因此轴的下降位移 e 很小，甚至为零，也就是说油膜的刚度很大。

由液体静压轴承的工作原理可知，若不计轴重 F_w，压力油通入，先将轴托到轴瓦中心脱离接触，再无机械摩擦地起动轴；外部载荷（如轴重）的作用使轴偏离中心，但是油膜压力具有自动调节作用，因此将轴托向原位。

与普通滑动轴承和滚动轴承相比，液体静压轴承具有回转精度高、刚度大、抗振性好、转动平稳、使用寿命长等优点，能够适应不同负载、不同转速的机械设备要求，但是也存在一些不易解决的缺点。工作时，液体静压轴承的油温随转速的升高而升高，温升将导致热变

形，从而影响主轴精度。此外，静压油回油时可能将空气带入油源，形成微小气泡悬浮于油中，且不易排出，使得静压轴承的刚度和动特性降低。

为了解决上述问题，可相应地采取一些措施，如提高静压油压力，以减小微小气泡对轴承刚度和动特性的不良影响；控制用油温度，使其基本达到恒温，也可用恒温水对轴承进行冷却。

在液体静压轴承中，节流器非常重要，其作用主要体现在两个方面：一方面是调节支承中各油腔的压力，使轴受载偏离中心时能自动地部分恢复；另一方面是使油膜具有一定的刚度，以适应外部载荷的变化。因此，假如没有节流器，轴在承受载荷后将无法悬浮起来。

常用的节流器有小孔节流器、毛细管节流器和薄膜反馈节流器等。其中，小孔节流器和毛细管节流器的液阻不随外载荷变化，故也称为固定节流器；薄膜反馈节流器的液阻则随载荷的变化而变化，故也称为可变节流器。

小孔节流器的孔径远大于孔长，油液几乎没有沿程摩擦损失，通过小孔的流量与液体黏度无关，液体流动是湍流。其特点是尺寸小、结构简单、油腔刚度比毛细管节流器大，但温度变化会引起液体黏度变化，从而影响油腔工作性能。

毛细管节流器的孔长远大于孔径，其优点是温升变化小，液体流动是层流、工作性能稳定；缺点是轴向长度大、占用空间大。

如图 2-49b 所示，薄膜反馈节流器由两个中间有凸台的圆盒 6 及两圆盒间的金属弹性薄膜片 5 组成。油液由薄膜两边的间隙 h_{g0} 流入轴承上、下油腔（左、右油腔 3、4 另有一个节流器，图中未示出）。当轴不承受载荷时，薄膜片处于平直状态，两边的节流间隙相等，油腔压力 p_{r1} 和 p_{r2} 相等，轴与轴套同心。当轴受载后，上、下油腔间隙发生变化，使得油腔压力发生变化，即 p_{r2} 增大、p_{r1} 减小。于是，节流薄膜向压力小的一侧弯曲，即向上凸起，导致上油腔阻力 R_{g1} 增大、流量减小，而下油腔阻力 R_{g2} 减小、流量增加，从而使上、下油腔的压力差进一步增大以平衡外载荷，这就是薄膜的反馈作用。

2）气体静压轴承。气体静压轴承的工作原理与液体静压轴承相似，只是使用气体（一般为空气）作为润滑剂，并在轴颈和轴套间形成气膜。

与液体静压轴承相比，气体静压轴承的主要优点是气体黏度极低、内摩擦很小，故摩擦损失小，不易发热，较适合于要求有极高转速和高精度的场合；由于气体的理化性能十分稳定，因此在支承材料允许的情况下可在高温、极冷、放射性等恶劣环境中正常工作；若以空气为润滑剂，则来源广泛，取用方便，对环境无污染，并且润滑剂循环系统较液体静压轴承简单。其主要缺点是承载能力低、对轴承的加工精度和平衡精度要求高、所用气体清洁度要求较高，必须进行严格过滤。气体静压轴承主要用于精密机械、仪器、医疗和核工程等领域中的高转速、小负载设备中。

（2）动压轴承 动压轴承的工作原理是在轴旋转时，油（气）被带入轴与轴承间所形成的楔形间隙中。由于间隙逐渐变窄，故其间压强升高，将轴浮起而形成油（气）楔，以承受载荷。与静压轴承不同，其承载能力与滑动表面的线速度成正比，故低速时承载能力很低。因此，动压轴承只适用于速度很高且速度变化不大的场合。动压轴承中的一种——轴瓦靠球头浮动形成油楔的短三瓦轴承如图 2-50 所示。

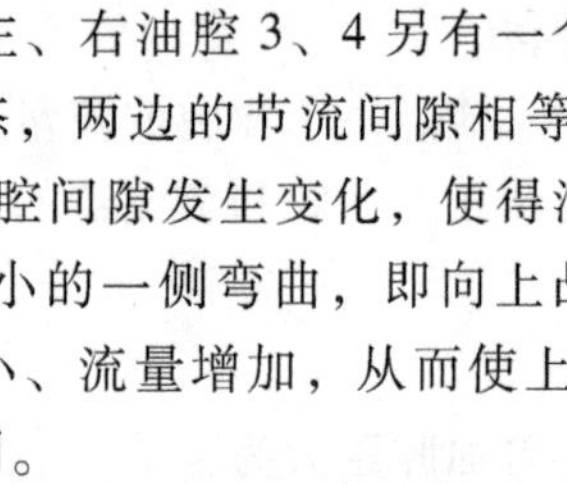

图 2-50 轴瓦靠球头浮动形成油楔的短三瓦轴承

1、3、4—轴瓦 2—轴

（3）动静压轴承　动静压轴承综合了动压轴承和静压轴承的优点，工作性能良好。例如，动静压轴承用于磨床，磨削外圆时表面粗糙度可达 $Ra0.012\mu m$，磨削平面时达 $Ra0.025\mu m$。

动静压轴承的工作特性可分为静压起动、动压工作及动静压混合工作三种，动静压混合工作在机电一体化系统中采用较多。

3. 磁悬浮轴承

磁悬浮技术是集电磁学、电子技术、控制工程、信号处理、机械学、动力学为一体的典型机电一体化技术，目前国内外研究的热点是磁悬浮轴承和磁悬浮列车。

磁悬浮轴承又称为励磁磁力轴承或磁轴承，是利用磁场力将轴无机械摩擦、无润滑地悬浮在空间的一种新型轴承，主要由轴承本身及其电气控制系统两部分组成。由于采用电磁和电子控制，无机械接触部分，无磨损，也无须润滑和密封，因而磁悬浮轴承转速高（最高速度可达 60000r/min），功耗小，可靠性远高于普通轴承。其缺点是在低速运行时，轴与轴承间存在电磁关系，会引起轴承座振动；而在高速时，磁力结合的动刚度较差。

磁悬浮轴承也分为向心轴承和推力轴承两类，均由转子和定子组成，其工作原理相同。图 2-51 所示为向心磁悬浮轴承原理示意图。

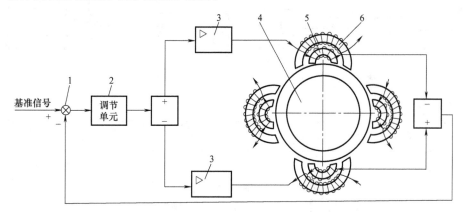

图 2-51　向心磁悬浮轴承原理示意图
1—比较单元　2—调节单元　3—功率放大单元　4—转子　5—位移传感器　6—定子

磁悬浮轴承的定子 6 上安装有电磁体，用来产生磁场使转子悬浮其中；转子 4 的支承轴颈处装有铁磁环；定子和转子之间以 $0.3\sim 1mm$ 的气隙隔开。当转子转动时，位移传感器 5 实时检测转子的偏心大小，并通过负反馈与基准信号（即转子理想位置）在比较单元 1 中进行比较，并产生偏差信号。调节单元 2 根据这一偏差信号进行调节，并将调节信号送到功率放大单元 3 进行放大，以改变电磁体中的电流，从而改变磁悬浮力（即对转子的吸力）的大小，使转子恢复至理想位置。

目前，磁悬浮轴承用于空间工业（如人造卫星的惯性轮、陀螺仪飞轮、低温汽轮机泵）、机床工业（如大直径磨床、高精度车床）、轻工业（如汽轮机分子真空泵、离心机、小型低温压缩机）、重工业（如压缩机、鼓风机、泵、汽轮机、燃气轮机、电动机、发电机）等领域。

2.3.2　导向支承部件

导向支承部件即直线运动导轨副（简称导轨）。如图 2-52 所示，导轨副主要由承导件和运动件两部分组成，其中，承导件用来支承和限制运动件（如工作台、尾座等），使之按功能要求做正确的运动。

1. 导轨的种类

1）按接触面的摩擦性质，导轨可分为滑动导轨、滚动导轨和流体介质摩擦导轨。

2）按结构特点，导轨可分为开式导轨和闭式导轨（图 2-53）。开式导轨是指必须借助于运动件的自重或外载荷，才能保证在一定的空间位置和受力状态下，运动件和承导件的工作面

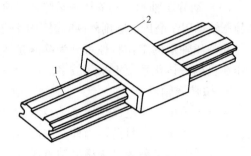

图 2-52　导轨副组成
1—承导件　2—运动件

保持可靠接触，从而保证运动件的规定运动。闭式导轨则借助于导轨副本身的封闭式结构，保证在变化的空间位置和受力状态下，运动件和承导件的工作面都能保持可靠的接触，从而保证运动件的规定运动。

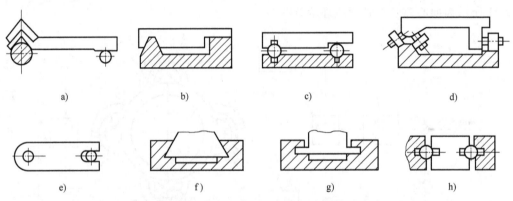

图 2-53　开式和闭式导轨副结构示意图
a）开式圆柱面导轨　b）开式 V 形导轨　c）开式滚珠导轨　d）开式滚柱导轨
e）闭式圆柱面导轨　f）闭式燕尾导轨　g）闭式直角导轨　h）闭式滚珠导轨

3）按导轨副的基本截面形状，导轨可分为三角形导轨、矩形导轨、燕尾形导轨、圆形导轨，如图 2-54 所示。

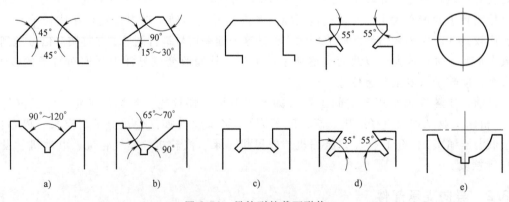

图 2-54　导轨副的截面形状
a）对称三角形　b）非对称三角形　c）矩形　d）燕尾形　e）圆形

　　三角形导轨的特点是：①导轨面上的支承反力大于载荷，故摩擦阻力大；②导向精度高，这是因为导轨承载面（顶面）和导向面（侧面）重合，在竖直载荷的作用下，磨损量能自动补偿，不会产生间隙；③顶角由载荷大小及导向要求决定，顶角越小则导向精度越高，但摩擦力增大，因此小顶角用于轻载精密机械，大顶角用于大型机械；④工艺性差，检修困难。

　　矩形导轨的特点是：①导轨面上的支承反力与外载荷相等，因而承载能力大；②承载面和导向面分开，故精度保持性好；③导向精度没有三角形导轨高，导向面的磨损直接影响导向精度，且磨损量不能自动补偿；④在材料、载荷、宽度相同的情况下，摩擦阻力小于三角形导轨；⑤结构简单，加工维修较方便。

　　燕尾形导轨的特点是：①磨损后不能自动补偿间隙；②可承受颠覆力矩；③在承受颠覆力矩的条件下导轨高度较小，当用于多坐标多层工作台时，使得总高度减小；④加工维修较困难。

　　圆形导轨的特点是：①制造方便，工艺性好；②磨损后难于调整和补偿间隙；③可同时做直线运动和旋转运动；④多用于只承受轴向载荷的场合。

　　这四种基本截面形状适用于滑动摩擦导轨、滚动摩擦导轨及流体摩擦导轨。另外，以这四种基本截面形状为单元，可进行不同的组合，如双矩形、双三角形、矩-三角形等。

　　如图 2-54 所示，三角形又有对称和非对称之分，而且每种截面形状的导轨又分为凸形和凹形两种。凸形导轨不易积存切屑及其他脏物，但也不易储存润滑油，因此适宜在低速场合应用。凹形导轨则与之相反，可在高速下工作，但必须进行良好的防护，以避免切屑等脏物落入导轨。

2. 滑动导轨

　　（1）金属-金属导轨　这种导轨目前在数控机床等机电一体化产品中较少使用，因为其静摩擦系数较大，动摩擦系数随速度而变化，且静摩擦系数和动摩擦系数的差值较大，容易出现低速爬行现象。

　　低速爬行是指在低速运行时，导轨上的运动不是匀速运动，而是出现时走时停或忽快忽慢的现象。这种现象不但限制了机电一体化系统的运行精度，而且会降低低速运动的平稳性。

　　将直线运动导轨副的传动系统和摩擦副简化为如图 2-55 所示的弹簧-阻尼系统，主动件 1 通过传动系统 2 带动运动件 3 在静导轨 4 上运动时，作用在导轨副内的摩擦力 F_f 是变化的。当导轨副相对静止时，静摩擦系数较大。在导轨副开始运动的低速阶段，F_f 变为动摩擦，动摩擦系数随导轨副相对滑动速度的增大而降低。当相对速度增大到某一临界值时，相对速度逐渐降低，此时，动摩擦系数随相对速度的减小而增大。

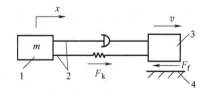

图 2-55　直线运动导轨副的物理模型
1—主动件　2—传动系统　3—运动件　4—静导轨

　　匀速运动的主动件 1 通过压缩弹簧来推动静止的运动件 3。运动件受到逐渐增大的弹簧力 F_k。当弹簧力小于静摩擦力时，运动件 3 不动。直到弹簧力刚刚大于静摩擦力时，运动件 3 开始运动。在低速阶段，动摩擦系数逐渐降低，动摩擦力也随之减小，运动件 3 的速度逐渐增大，同时拉长弹簧，作用在运动件 3 上的弹簧力逐渐减小。当 $F_k = F_f$ 时，由于惯性，运动件 3 仍以较大速度继续移动，使弹簧进一步受到拉伸，F_k 进一步减小，此时 $F_k < F_f$，运动件 3 产生负加速度而速度降低，于是动摩擦系数变大，动摩擦力也相应增大，运动件 3 逐渐速度下降直至停止运动。主动件 1 继续匀速运动，重新压缩弹簧，爬行现象进入下一个周期。

综上所述，产生低速爬行现象的主要原因是摩擦面的静摩擦系数大于动摩擦系数，低速范围内的动摩擦系数随运动速度的变化而变化，以及传动系统刚度不够。为了防止低速爬行现象的出现，应采取以下措施：①改善摩擦性能，如采用贴塑导轨（其摩擦系数小且静摩擦系数与动摩擦系数相等）；②变滑动摩擦为滚动摩擦，如采用滚动导轨（其摩擦系数小且静摩擦系数与动摩擦系数近似相等）；③采用新型支承，如动静压导轨；④通过缩短传动链及减少传动副数量等方法提高传动系统刚度。

（2）塑料导轨 塑料导轨是在滑动导轨上镶装塑料而成，它具有以下优点：①耐磨性好（但略低于铝青铜）；②摩擦系数较小，动、静摩擦系数差别小，导轨副无低速爬行现象，故运动平稳性好；③定位精度较高，使用聚四氟乙烯材料时位移误差为 $2\mu m$，而一般的滑动导轨为 $10\sim20\mu m$；④因塑料有吸振性能，故抗振性能好；⑤工作温度适应范围广，可达 $-200\sim+260℃$；⑥抗撕伤能力强；⑦可加工性和化学稳定性好；⑧工艺简单，成本低，使用维护方便……因而得到了越来越广泛的应用。但是在使用时也不能忽视其缺点，即耐热性差，且易发生蠕变，因此必须做好散热。目前，塑料导轨在各类机床的动导轨及图形发生器工作台的导轨上都有应用，多与不淬火的铸铁导轨相搭配。

用作导轨的塑料主要有以聚四氟乙烯为基体的塑料及环氧树脂涂料两种。聚四氟乙烯（PTFE）是现有材料中干摩擦系数 μ 最小的一种（$\mu=0.04$），但纯 PTFE 的机械强度低，刚度不够，耐磨性差，因而需加入填充剂以增加耐磨性。在以 PTFE 为基体的各种塑料中，英国 Glacier 公司生产的 $D\mu$ 导轨板性能较好。

常用的塑料导轨材料有以下三种。

1）贴塑导轨软带。贴塑导轨软带由美国 Shamban 公司于 20 世纪 60 年代最先开发制造，型号为 Turcite-B，是以聚四氟乙烯为基体，添加合金粉和氧化物等构成的高分子复合材料，并制成软带状。将其粘贴在金属导轨上所形成的导轨称为贴塑导轨。在国内，1982 年广州机床研究所成功研制出 TSF 贴塑导轨软带。

使用时，通常采用黏结剂将软带粘贴在需要的位置作为导轨表面。如图 2-56 所示，软带粘贴形式主要有平面式和埋头式两种。平面式粘贴多在机械设备的导轨维修时采用；而埋头式粘贴多在新产品开发时采用。粘贴埋头式软带的导轨加工有带挡边的凹槽，如图 2-56b 所示。

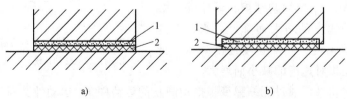

a)   b)

图 2-56 贴塑导轨软带的粘贴形式

a）平面式 b）埋头式

1—黏结剂 2—导轨软带

贴塑导轨软带可与铸铁或钢组成滑动摩擦副，也可以与滚动导轨组成滚动摩擦副。

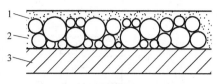

图 2-57　金属塑料复合导轨板
1—外层　2—中间层　3—内层

2）金属塑料复合导轨板。如图 2-57 所示，金属塑料复合导轨板分为内层、中间层和外层共三层。内层为钢板，以保证导轨板的机械强度和承载能力。在钢板上镀烧结成球状的青铜颗粒，形成多孔的中间层。在中间层上真空浸渍聚四氟乙烯等塑料填料。当青铜与配合面摩擦而发热时，热膨胀系数远大于金属的塑料从颗粒的孔隙中挤出，向摩擦表面转移，形成厚 0.01~0.05mm 的自润滑塑料层（即外层）。因此这种塑料导轨板适用于润滑不良或无法润滑的导轨面上。这种材料还可保证较高的重复定位精度和满足微量进给时无爬行的要求。

金属塑料复合导轨板一般以粘贴在动导轨上的方式或同时用螺钉紧固的方法进行装配。这种复合导轨板以英国 Glacier 公司生产的 Dμ 和 Dx 导轨板最有代表性。国内的类似产品为北京机床研究所研制的 FQ-1 复合导轨板等。

3）塑料涂层。常用塑料涂层材料有环氧涂料和含氟涂料。这两种材料都是以环氧树脂为基体，只是牌号和组成成分不同。环氧涂料具有摩擦系数小且稳定、防低速爬行及自润滑性能良好等优点，但是不易存放，而且黏度会逐渐变大。含氟涂料则克服了这些缺点。

在摩擦副的两配对面中，如果只有一面磨损严重，则可把磨损部分切除，涂敷塑料涂层，利用模具或另一摩擦面使其成形，固化后的塑料涂层成为摩擦副中的一个配对面，与另一个金属配对面组成新的摩擦副。

塑料涂层不但可以用于导轨副中，还可以用于滑动轴承、蜗杆、齿条等各种摩擦副中，主要用于完成机械设备中摩擦副的修理或设备的改造，如改善导轨的运动特性特别是低速运动的稳定性；也可用于新产品设计等场合。

3. 滚动导轨

滚动导轨是在两导轨面之间放入滚珠、滚柱、滚针等滚动体，形成具有滚动摩擦的导轨。与滑动导轨相比，滚动导轨具有以下优点：①摩擦系数小（一般为 0.003~0.005），运动灵活；②动静摩擦系数基本相同，故起动阻力小，不易产生爬行，低速运动稳定性好；③可以预紧，刚度高；④定位精度高，运动平稳，微量移动准确；⑤寿命长，使用耐磨材料制作，摩擦小，精度保持性好；⑥润滑方便，可以采用脂润滑，一次装填，可长期使用；⑦由专业厂商生产，可以外购选用。其也具有以下缺点：①导轨面与滚动体间为点接触或线接触，所以抗振性差，接触应力大；②对导轨表面硬度、表面形状精度和滚动体尺寸精度有较高要求，滚动体的直径若不一致，会导致导轨表面高低不平，致使运动部件倾斜，从而产生振动，影响运动精度；③结构复杂，制造困难，成本较高；④对脏物比较敏感，必须设置防护装置。

按滚动体形状不同，滚动导轨分为滚珠导轨、滚柱导轨和滚针导轨三种，如图 2-58 所示。

滚珠导轨的特点是由于滚珠和导轨面之间是点接触，故摩擦阻力小，工艺性好，但导轨刚度低，承载能力差，多用于外载荷不大、行程较短的设备。

对于滚柱导轨和滚针导轨，滚动体和导轨面之间是短线接触，故与滚珠导轨相比增加了刚度，提高了承载能力，但运动灵活性不如滚珠导轨，适用于外载荷较大的场合。与滚柱导

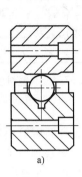 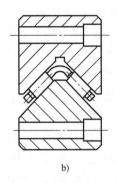 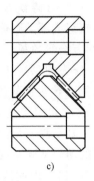

图 2-58 滚动导轨的结构形式

a) 滚珠导轨 b) 滚柱导轨 c) 滚针导轨

轨相比，滚针导轨径向尺寸小，结构紧凑，适用于导轨尺寸受限制的场合。

4. 流体介质摩擦导轨

静压导轨的工作原理与静压轴承类似，是在两个相对运动的导轨面之间，通入具有一定压力的液压油或气体，使两导轨面间形成一层极薄的油膜或气膜，将运动导轨略微浮起，并且在工作过程中，油腔或气腔的压力随外载荷的变化而自动调节，从而保证导轨面之间始终处于纯流体摩擦状态。

静压导轨有开式和闭式两种。闭式静压导轨不但可承受竖直方向的作用力，而且可承受水平方向的作用力及颠覆力矩。因此，需配置 6 个油腔，导轨上、下两侧各配置 2 个，左、右侧各配置 1 个。而开式静压导轨只能承受竖直方向的作用力，而不能承受水平方向的作用力及颠覆力矩，因此只在导轨上侧配置 2 个油腔。

静压导轨按工作介质还可分为液体静压导轨和气体静压导轨。静压导轨主要具有如下优点：①油膜或气膜厚度基本保持恒定不变；②摩擦系数小，因而摩擦发热小，导轨温升小；③不会产生低速爬行；两导轨表面不直接接触，基本上没有磨损，可长期保持导向精度，且使用寿命长。对于液体静压导轨，其抗振性能较好，这是由于油液的吸振作用。由于气体具有可压缩性，故气体静压导轨的刚度低于液体静压导轨，在重载场合不宜使用。所以，液体静压导轨多用于中、大型机床和仪器，如磨床、镗床、三坐标测量仪等；而气体静压导轨多用于精密、轻载、高速的精密机械和仪器，如图形发生器、自动绘图机。

在使用静压导轨时，液压油或空气必须保持清洁，因此液体静压导轨需配置一套具有良好过滤效果的供油装置，气体静压导轨也要求供应经过过滤的高质量气源，这些导致导轨结构复杂、成本较高。由于气体静压导轨使用的是经过除尘、除油、除湿处理后的空气，导轨内既没有灰尘和液体，也不会像液体静压导轨因漏油而造成环境污染，因此最适合作为食品、药品、医疗器械、精密仪器设备中的导轨副。

图 2-59 所示为闭式液体静压导轨的工

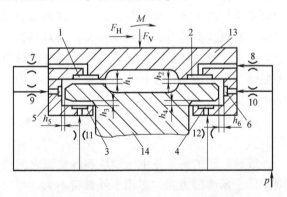

图 2-59 闭式液体静压导轨的工作原理

1~6—油腔 7~12—节流器 13—工作台 14—静导轨

作原理。当工作台 13 承受竖直外力 F_V 作用而下降时，油腔间隙 h_1、h_2 变小，而油腔间隙 h_3、h_4 变大，于是流经节流器 7、8 的流量减小，其压降也相应减小，使得油腔压力 p_1、p_2 升高；流经节流器 9、10 的流量增大，其压降也相应增大，使得油腔压力 p_3、p_4 降低。当这四个油腔的压力差所产生的向上支承合力与 F_V 相等时，工作台将稳定在新的平衡位置。当工作台受到水平外力 F_H 作用向右移动时，左、右油腔间隙 h_5 减小，h_6 增大，两油腔压力 p_5、p_6 产生的水平合力将与 F_H 相平衡。当工作台承受颠覆力矩 M 作用时，h_1、h_4 会增大，而 h_2、h_3 减小，油腔 1~4 产生的反力矩与 M 处于平衡状态，使工作台重新稳定在新的平衡位置。

习题与思考题

2.1 机电一体化系统设计时需要进行机械系统的哪些物理量换算？换算原则是什么？

2.2 某机床进给系统如图 2-60 所示。已知工作台的总质量为 m_T，电动机转子的转动惯量为 J_m，轴 I、轴 II 的转动惯量分别为 J_1 和 J_2，两齿轮齿数分别为 z_1 和 z_2，模数均为 m。①求换算到电动机轴上的等效转动惯量 J_{eq}^m；②求换算到工作台的等效质量 m_{eq}^T。

2.3 对于如图 2-61 所示的传动系统，已知轴 I ~ III 的扭转刚度系数分别为 $k_1 \sim k_3$，已知工作台与导轨间的黏性阻尼系数为 B，丝杠导程为 l_0。①求传动链向轴 I 换算后的等效扭转刚度系数 k_{eq}^I；②求换算到轴 I 的等效黏性阻尼系数 B_{eq}^I。

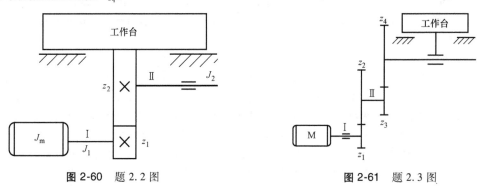

图 2-60　题 2.2 图　　　　　　　　　图 2-61　题 2.3 图

2.4 图 2-62 所示为一工作台驱动系统。已知工作台质量 $m_T = 400\text{kg}$，丝杠导程 $l_0 = 5\text{mm}$，水平方向的切削分力 $F_1 = 800\text{N}$，竖直方向的切削分力 $F_2 = 600\text{N}$，工作台与导轨间的滑动摩擦系数为 0.2。其他参数见下表。求转换到电动机轴 I 上的等效转动惯量和等效转矩。

参数	齿　　轮				轴		丝杠	电动机
	z_1	z_2	z_3	z_4	I	II		
$n/(\text{r/min})$	720	360	360	180	720	360	180	720
$J/(\text{kg} \cdot \text{m}^2)$	0.01	0.016	0.02	0.032	0.024	0.004	0.012	

2.5 机电一体化系统对传动机构提出了哪些要求？应采取哪些措施来满足这些要求？

2.6 机电一体化系统中齿轮传动机构的作用有哪些？

2.7 在设计齿轮传动机构时，依据什么原则来确定传动级数和各级传动比？

2.8 已知某四级齿轮传动系统（图 2-11）中各齿轮的转角误差相同，均为 0.005rad；各级传动比相同，均为 1.5。①求该传动系统的最大转角误差 $\Delta\phi_{max}$。②为减小 $\Delta\phi_{max}$，应采取什么措施？

2.9 简述谐波齿轮传动的优缺点。

2.10 有一传动比为 100 的谐波齿轮减速器，刚轮固定，柔轮齿数为 100。①该减速器输出轴的转动方向与输入轴是否相同？②求该谐波减速器的刚轮齿数。

2.11 简述同步带传动的优缺点。

2.12 与滑动螺旋传动相比，滚动螺旋传动有哪些特点？

2.13 滚珠丝杠副的主要尺寸参数有哪些？分别说明其含义。

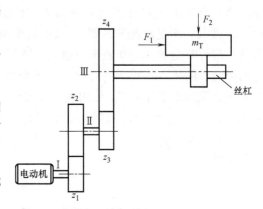

图 2-62　题 2.4 图

2.14 滚珠丝杠副的支承方式有哪些？各有哪些特点？

2.15 齿轮传动的齿侧间隙对传动系统有何影响？可采取哪些措施予以消除？

2.16 如何消除滚珠丝杠副中丝杠与螺母之间的轴向传动间隙？

2.17 现有一滚珠丝杠采用双螺母齿差式预紧调整。其基本导程为 6mm，一端齿轮齿数为 100，另一端齿轮齿数为 98。当两端的外齿轮向同一方向转过 2 个齿时，两个螺母之间的相对位移有多大？

2.18 简述液体静压轴承的工作原理。

2.19 什么是低速爬行现象？应采取哪些措施来克服？

2.20 2020 年 6 月 21 日，由中车四方股份有限公司承担研制的时速 600km 的高速磁悬浮试验样车（图 1-7a）在上海同济大学磁悬浮试验线上成功试跑。磁悬浮列车和磁悬浮轴承都是基于磁悬浮技术研制的。试述磁悬浮技术的原理及磁悬浮技术的其他应用。

2.21 在 2021 年 3 月 7 日举行的全国政协十三届四次会议第二次全体会议上，中共十九届中央委员、全国政协经济委员会副主任、工业和信息化原部长苗圩表示，"在全球制造业四级梯队格局中，中国处于第三梯队，实现制造强国目标至少还需 30 年"。所以，我们应保持清醒的头脑并迎头赶超。众所周知，我国是轴承大国，年产量位居世界第三位，但我国却不是轴承强国，如中国动车组列车所用的轴承依然完全依赖从瑞典、德国、日本等国家进口。2020 年 10 月，洛阳轴承厂完成了时速 250km、350km 的高速铁路轴承的产品设计、工艺研究及样品制造，产品通过了 120 万 km 耐久性台架试验，这表明该厂已打通高铁轴承研制的技术通道，基本上具备了高铁轴承批量生产的条件。通过查阅相关资料，阐述洛阳轴承厂在打破国外技术垄断、解决我国高铁轴承技术"卡脖子"问题上做了哪些突破性工作？该案例给我们带来怎样的启发和思考？

第3章 伺服传动技术

伺服传动技术的主要研究对象是执行元件及其驱动装置。执行元件有电动、气动、液压等类型，机电一体化产品中多采用步进电动机、直流伺服电动机、交流伺服电动机、电液马达等。执行元件一方面通过电气接口向上与计算机相连，以接收计算机的控制指令，另一方面又通过机械接口向下与机械传动和执行机构相连，以实现规定动作，因此伺服传动技术是直接执行各种有关操作的技术，对机电一体化系统的动态性能、稳态精度、加工性能、产品质量产生决定性的影响。

3.1 伺服系统概述

伺服系统是一种以位移、速度（加速度）或力（力矩）等机械参量为被控量，在控制命令的指挥下，控制执行元件工作，使机械运动部件按照控制命令的要求进行运动，并具有良好的动态性能，从而使机械设备获得精确的位置、速度或力输出的自动控制系统。

大多数伺服系统具有检测反馈环节，因而伺服系统也是一种反馈控制系统。其基本设计思想是系统实时检测在各种外部干扰作用下被控对象输出量的变化，与指令值进行比较，并利用两者的偏差值进行自动调节，以消除偏差，使被控对象输出量能够迅速、准确地响应输入指令值的变化。由于伺服系统必须始终跟踪指定目标，因此伺服系统也称为随动系统或自动跟踪系统。

3.1.1 伺服系统的基本组成

伺服系统种类繁多，其组成和工作状况也不尽相同，但是无论多么复杂的伺服系统，一般都包含比较元件、调节元件、功率放大元件、执行元件、检测反馈装置等几个部分，其基本组成框图如图 3-1 所示。

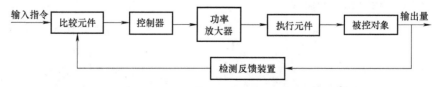

图 3-1 伺服系统的基本组成框图

1. 比较元件

比较元件将输入的指令信号与系统的反馈信号进行比较，以获得控制系统动作的偏差信号，通常由专门的电子电路或计算机软件来实现。

2. 控制器

控制器通常由微型计算机或控制电路组成，其主要任务是对比较元件输出的偏差信号进行变换、处理，按照一定的控制算法生成相应的控制信号。常用的控制算法有比例积分微分（PID）控制、模糊控制和神经网络控制等。

3. 功率放大器

功率放大器的作用是对控制信号进行放大，从而指挥执行元件按要求完成动作，主要由各种电力电子器件构成。

4. 执行元件

执行元件是在控制信号的作用下，将输入的各种形式的能量转换成机械能，以驱动被控对象工作。机电一体化产品中多采用伺服电动机（包括交流伺服电动机、直流伺服电动机）和步进电动机作为执行元件。

5. 被控对象

被控对象是指伺服系统中被控制的机构或装置，是完成系统目的的主体，一般包括机械负载和机械传动机构等。

6. 检测反馈装置

检测反馈装置是指对系统的被控量（即被控对象的输出量）进行实时测量，将其转换成比较元件所需量纲的物理量并反馈到比较元件的装置，一般包括传感器及其转换放大电路等。

3.1.2 伺服系统的主要类型

1. 按控制方式分类

按控制方式的不同，伺服系统可分为开环伺服系统、全闭环伺服系统和半闭环伺服系统。

（1）开环伺服系统　开环伺服系统是指没有检测反馈装置的伺服系统，也称开环系统或无反馈系统。通常用步进电动机作为伺服驱动装置。

图 3-2 所示为由步进电动机驱动齿轮减速装置和丝杠副来带动工作台往复直线运动的开环伺服系统，由于没有检测反馈装置，因此对工作台的实际移动量不进行检测。其原理为：步进电动机驱动电路接收控制装置发出的脉冲指令，经环形分配和功率放大后，控制电动机的转动方向和转速大小。每输入一个脉冲指令，步进电动机就转动一定的角度（步距角），工作台就相应地移动一个距离，所以控制系统发出的脉冲数目决定了工作台移动的距离，而脉冲频率决定了工作台移动的速度。

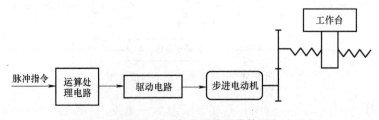

图 3-2　开环伺服系统组成简图

由于没有检测反馈，无法测出和补偿系统误差，工作台的定位精度主要取决于步进电动机和传动元件的累积误差。即使有误差，也无法自动纠正。因此，开环系统的定位精度较低，一般为±（0.01～0.03）mm。由于执行元件做步进式运动，每一步都有起动或制动的微观变化，故运动不平稳，对于机床机械加工而言，便影响了加工表面粗糙度，尤其是低速运行时更为明显。另外，工作台的移动速度也受到限制，它主要取决于步进电动机的最高运行频率。开环系统的优点是结构简单、控制容易、成本低、调整和维修比较方便。由于被控量不以任何形式反馈到输入端，故工作比较可靠，但是抗干扰能力差。因此，开环系统主要用于精度和速度要求不高、轻载或负载变化不大的场合，如简易数控机械、机械手、小型工作台、线切割机和绘图仪等。

（2）全闭环伺服系统　全闭环伺服系统是指具有直接测量系统输出的反馈装置的伺服系统，简称闭环系统。通常采用直流伺服电动机或交流伺服电动机作为驱动装置，较少使用步进电动机。

在如图 3-3 所示的闭环伺服系统中，传感器安装在执行机构（工作台）上，直接检测目标运动的直线位移。安装在工作台上的位移检测传感器（如直线感应同步器、光栅或磁栅）将工作台的直线位移量转换成反馈电信号，并与位置控制器中的参考值相比较，其偏差经过驱动电路放大后，控制伺服电动机驱动工作台向减小偏差的方向移动。若来自控制装置的脉冲指令不断产生，工作台就始终跟随移动，直至偏差为零为止。

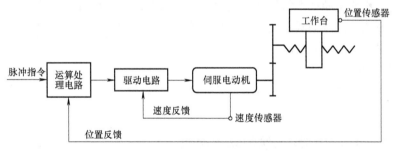

图 3-3　闭环伺服系统组成简图

闭环系统是基于偏差进行控制的，可以补偿反馈回路中的系统误差，包括机械传动系统的传动误差和控制电路的误差，因此闭环系统的定位精度主要取决于检测反馈装置的误差，而与控制电路、机械传动机构没有直接联系。如果采用较高精度的测量元件，则系统中传动链的误差、环内各元件的误差以及运动中的随机误差都可以得到补偿，大大提高了跟随精度和定位精度。为了增加系统的黏性阻尼，改善动态特性，在位置反馈回路内部还设有速度反馈回路，构成位置和速度双回路控制。所以，闭环系统可以得到很高的精度和速度，可达±（0.001～0.003）mm。

由图 3-3 可见，在闭环系统中，机械传动链全部包括在位置反馈回路之中。因此，系统将受到机械固有频率、阻尼比和间隙等因素影响，这些成为不稳定因素，从而增加了系统设计、控制和调试的难度，制造成本也会急剧增加。因此，闭环系统主要用于精度和速度要求较高的精密和大型机电一体化设备，如超精车床、超精铣床及精度要求很高的镗铣床等。

（3）半闭环伺服系统　半闭环伺服系统和闭环伺服系统同样安装有检测反馈装置，不同的是从系统传动链中间部位取出检测反馈信号。在半闭环伺服系统中，常将传感器安装在传动机构上，或者直接安装在执行元件的驱动轴上，从而间接测量目标运动的直线或回转位移。如图 3-4 所示，工作台的位置可通过安装在电动机轴上或丝杠轴端的编码器间接获得。

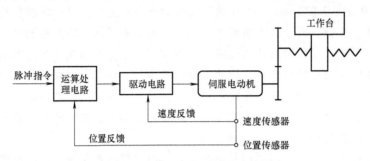

图 3-4 半闭环伺服系统组成简图

由于半闭环伺服系统中有部分传动链位于系统闭环之外，故只能补偿反馈回路中的系统误差，其定位精度比闭环系统的稍差，一般可达±（0.005~0.01）mm。由于在半闭环伺服系统中，位置反馈回路中不包括机械系统，因此其稳定性比闭环系统好，且结构比较简单，调整和维护也比较方便，广泛用于各种机电一体化设备中，如数控机床和加工中心的伺服进给系统。

2. 按执行元件分类

伺服系统采用的驱动技术与所使用的执行元件有关。根据执行元件的不同，伺服系统可分为电气伺服系统、液压伺服系统、气动伺服系统和电液伺服系统。在机电一体化产品中，电气伺服系统得到了广泛应用。

3. 按所用伺服电动机分类

根据所用伺服电动机的不同，伺服系统可分为直流伺服系统、交流伺服系统和步进伺服系统。

3.1.3 机电一体化对伺服系统的基本要求

机电一体化要求伺服系统应满足稳定性好、精度高、响应速度快等基本要求，同时还要求体积小、重量轻、可靠性高、成本低、工作频率范围宽、抗外界干扰和负载能力强等。

1. 稳定性

伺服系统的稳定性是指当作用在系统上的扰动信号消失后系统能够恢复到原来的稳定运行状态，或者当给系统输入一个新的指令信号后系统能够达到新的稳定运行状态的能力。如果伺服系统在受到外界干扰或输入指令信号作用时，其过渡过程的输出响应随着时间的延长而衰减，而且过渡过程持续的时间较短，则说明系统稳定性好；否则，如果系统过渡过程的输出响应为愈加剧烈的振荡或等幅振荡，则系统属于不稳定系统。伺服系统在其工作范围内具有较高的稳定性是最基本的要求，是确保系统正常运行的基本条件。伺服系统的稳定性主要取决于系统的结构及组成元件的参数（如惯性、刚度、阻尼、增益等），而与外界作用信号（包括指令信号和扰动信号等）的性质或形式无关，可通过自动控制理论所提供的方法加以判断并实施控制。

2. 精度

在伺服系统中，传感器的灵敏度和精度、伺服放大器的零点漂移和死区误差、机械传动机构的反向间隙和传动误差以及各元器件的非线性因素等都会影响系统的精度。伺服系统的精度是指系统输出复现输入指令的精确程度，以动态误差、稳态误差和静态误差三种形式来表现。稳定的伺服系统对变化的输入信号的动态响应往往是振荡衰减的。在动态响应过程中输出量与输入量之间的偏差为动态误差。当系统振荡衰减到一定强度后，动态响应过程结束，系统进入稳态过程，但输出量与输入量之间的偏差可能仍存在，该偏差即为系统的稳态误差。系统的静态误差是指系统组成元件的自身零件精度、装配精度及干扰信号所引起的误差。

3. 快速响应性

快速响应性是指动态响应过程中系统输出能够快速跟随输入指令信号变化以及迅速结束动态响应过程的能力，是衡量伺服系统动态性能的重要指标。

伺服系统对输入指令信号的响应速度通常用系统的上升时间来描述，主要取决于系统的阻尼比。阻尼比越小则响应越快，但是过小的阻尼比会造成最大超调量增大以及调节时间加长，从而降低系统的相对稳定性。伺服系统动态响应过程的迅速程度则由系统的调节时间（或过渡过程时间）来表征，主要取决于系统的阻尼比和固有频率。在阻尼比一定的情况下，固有频率的提高将缩短响应过程的持续时间。

上述三项基本性能要求是相互关联的，在进行伺服系统设计时，应在满足稳定性和精度的前提下，尽量提高系统的响应速度。

3.2 机械结构因素对伺服系统性能的影响

通过 2.1 节的分析可知，机械系统可抽象为二阶系统，故其性能与系统本身的阻尼比 ζ 和固有频率 ω_n 有关，而 ζ 和 ω_n 又与系统结构参数密切相关，因此，机械系统的结构参数（如惯量、黏性阻尼系数、弹性变形系数等）对伺服系统性能有很大影响。另外，机械结构中的非线性因素（如传动件的非线性摩擦、传动间隙、机械零部件的弹性变形等）对伺服系统性能也有较大影响。下面将就机械结构因素对伺服系统性能的影响进行分析和讨论，以便在进行机械结构设计和选型时合理考虑这些因素。

3.2.1 阻尼的影响

如前所述，大多数机械系统均可简化为二阶系统，如图 3-5 所示，阻尼比 ζ 不同，其时间响应特性也不同。

1）$\zeta=0$（无阻尼）时，系统处于等幅持续振荡状态，将无法正常工作。

2）$\zeta \geqslant 1$（临界阻尼或过阻尼）时，系统响应为一条单调上升的曲线，即过渡过程无振荡，但响应时间较长。

3）$0<\zeta<1$（欠阻尼）时，系统处于减幅振荡状态，其振荡幅值衰减的程度取决于衰减系数 $\zeta\omega_n$。在 ω_n 确定以后，ζ 越小，则系统振荡越剧

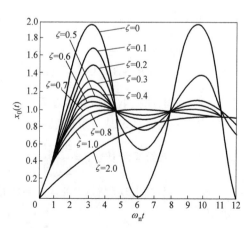

图 3-5 二阶系统的单位阶跃响应曲线

烈，过渡过程越长。反之，ζ 越大，则振荡幅度越小，过渡过程越平稳，系统稳定性越好，但响应时间也越长。一般取 $0.4 < \zeta < 0.8$，可保证系统具有较好的稳定性和动态响应特性。

3.2.2 摩擦的影响

摩擦对伺服系统的影响主要有两个方面，一方面是引起动态滞后，降低系统的响应速度，导致系统误差，而另一方面是引起低速爬行，影响系统的定位精度。

1. 引起动态滞后和系统误差

在如图 3-6 所示的机械系统中，弹簧的刚度系数为 k，阻尼器的黏性摩擦系数为 B。最初，系统处于静止状态，当输入轴以一定的角速度 ω 转动时，由于轴承处静摩擦力矩 T_s 的作用，在输入轴转角 $\theta_i \leqslant T_s/k$ 的范围内，输出轴将不会跟随运动，T_s/k 为静摩擦引起的传动死区。在传动死区内，系统对输入信号无响应，从而造成滞后误差。

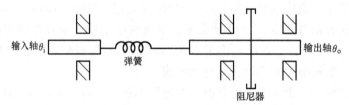

图 3-6 机械系统简化模型

输入轴继续以角转度 ω 转动。在 $\theta_i > T_s/k$ 后，输出轴也将以 ω 转动，但始终滞后于输入轴一个角度 $\Delta\theta$，即

$$\Delta\theta = \frac{B\omega}{k} + \frac{T_c}{k} \tag{3-1}$$

式中 $B\omega/k$——黏性摩擦引起的动态滞后；

T_c/k——轴承动摩擦力矩引起的动态滞后；

$\Delta\theta$——滞后转角，即系统的稳态误差。

2. 引起低速爬行

由于存在非线性摩擦，机械系统在低速运行时常常会出现爬行现象，从而导致系统不稳定。爬行一般出现在某一临界转速以下，在高速运行时并不会出现。产生低速爬行的临界转速 ω_c 可由下式求得

$$\omega_c = \frac{2(T_s - T_c)}{(B_m + B)\left(1 + \dfrac{1-\zeta^2}{\zeta}\tan\phi_c\right)} \tag{3-2}$$

式中 B_m——电动机电磁黏性摩擦系数；

B——机械系统黏性阻尼系数；

ζ——系统阻尼比，$\zeta = \dfrac{B_m + B}{2\sqrt{Jk}}$；

ϕ_c——系统出现爬行的临界初始相位，可由图 3-7 求出。

由以上分析可以看出，为改善伺服系统低速爬行

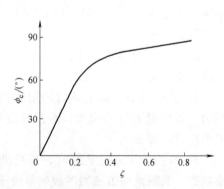

图 3-7 ϕ_c-ζ 关系曲线

现象，应尽量减小静摩擦系数和动、静摩擦系数之差值，以及适当增加系统的惯量 J 和黏性阻尼系数 B，但 J 的增加将降低系统的响应性能，而增加 B 也将增加系统的稳态误差，因此在进行系统设计时应加以妥善处理。

3.2.3　结构弹性变形的影响

1. 结构谐振及其影响

在分析机电一体化系统时，为了使问题简化，通常假定系统中的机械装置为绝对刚体，即无任何结构变形。但是，机械装置实际上并非刚体，而是具有柔性，其物理模型为质量-弹性系统。因此，当伺服电动机经传动系统带动机械负载按指令运动时，传动系统中包括电动机轴在内的所有传动轴、齿轮、紧固件、联轴器、减速器及床身等部件均将产生程度不同的弹性变形，并具有一定的固有频率，其固有频率与部件的惯量和弹性变形系数等结构因素有关。

传动机构弹性变形对伺服系统稳定性能的影响如图 3-8 所示。由图可见，当机械系统（或部件）的固有频率接近或落入伺服系统的带宽之中时，系统（或部件）将在 ω_n 附近产生自激振荡而无法稳定工作。这种由于机械传动系统的弹性变形而产生的振动称为结构谐振（或机械谐振）。图 3-8 中，ω_n 为机械系统的固有频率（谐振频率）；ω_c 为伺服系统的上截止频率，它与系统精度、响应速度之间的关系为

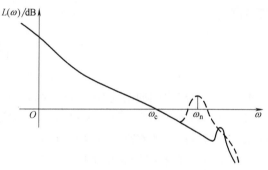

图 3-8　传动机构弹性变形对伺服系统稳定性能的影响

$$\omega_c = 60 \sqrt{\dfrac{\varepsilon_{Lmax}}{e}} \qquad (3-3)$$

式中　ε_{Lmax}——负载最大角加速度（$°/s^2$）；
　　　　e——伺服精度（″）。

因此，在伺服系统的工作频率范围内，不应包含机械系统（或部件）的固有频率，以免产生谐振。各部件的固有频率之间也应相应错开一定距离，以免造成振动耦合。机械传动系统中的联轴器、减速器、丝杠副、工作台等都可能是一个振荡环节，因此可能有多个谐振点。在诸多谐振频率中，以最低谐振频率为主导谐振频率。

如果伺服系统要求不太高且频带较窄，只要传动系统设计刚度足够大，则固有频率 ω_n 通常远远高于系统的上截止频率 ω_c，因此结构谐振问题并不突出。但是随着机电一体化对伺服系统精度和快速响应性的要求越来越高，就必然要提高系统的频带宽度，从而可能导致机械系统（或部件）的固有频率接近伺服系统的带宽，甚至可能落入带宽之内，使系统产生谐振而无法稳定工作，甚至导致机构损坏。

为避免伺服系统发生结构谐振而失去稳定性，机械系统的固有频率必须远离伺服系统的带宽。因此，伺服系统性能的提高，特别是系统带宽的增大将受到机械固有频率的限制。对于精密机械设计而言，应尽可能提高固有频率。

2. 减小或消除结构谐振的措施

（1）提高机械系统固有频率　使固有频率处在伺服系统的通频带之外，一般应使 $\omega_n \geqslant$ $(8 \sim 10)\omega_c$。提高 ω_n 的措施主要有以下几个方面。

1）提高传动系统刚度。

① 采用弹性模量较高的材料以及合理选择构件截面几何形状和尺寸，均可提高零件刚度，例如，对于轴而言，抗扭刚度与直径的四次方成正比，故适当增大直径可有效提高轴的抗扭刚度。

② 提高对机械系统固有频率有较大影响的薄弱环节的刚度。机械系统的刚度薄弱环节有轴承和丝杠等，可通过预紧措施来加以改善。另外，在动力减速传动系统中，末级输出轴（负载轴）也是刚度薄弱环节。如图 3-9 所示的二级齿轮传动机构，两级传动比分别为 i_1、i_2，轴 Ⅰ ~ 轴 Ⅲ 的刚度分别为 $k_1 \sim k_3$，则换算到输出轴 Ⅲ 上的等效刚度 $k_{eq}^{Ⅲ}$ 为

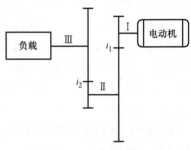

图 3-9　二级齿轮传动机构

$$k_{eq}^{Ⅲ} = \cfrac{1}{\cfrac{1}{(i_1 i_2)^2}\cfrac{1}{k_1}+\cfrac{1}{i_2^2}\cfrac{1}{k_2}+\cfrac{1}{k_3}}$$

可见，末级输出轴的刚度对等效刚度的影响最大。因此，加大传动系统最后几根轴的刚度，特别是末级轴的刚度，可大大提高传动系统的刚度。另外，增大末级减速比也能够有效提高末级输出轴的等效刚度（如某伺服转台动力减速系统中，末级减速比高达 30）。

③ 取消齿轮传动机构。在伺服传动系统中，还可以采用低速大转矩的力矩电动机直接驱动负载。这样做的好处是大大缩短了传动链长度，减小了惯性元件之间的距离，从而提高了传动系统刚度。另外，由于取消了刚度薄弱环节即齿轮传动机构，故消除了齿隙对系统谐振频率的削减，可显著提高传动系统刚度。

2）减小负载转动惯量。减小负载转动惯量有利于提高伺服系统的快速性和固有频率，但是会导致传动刚度降低。因此，在不影响刚度的条件下，应尽量降低各部件的质量和惯量，以提高伺服系统的快速性、稳定性和准确性，并且可以降低成本。

（2）提高机械阻尼，抑制谐振　提高机械阻尼是解决谐振问题的一种经济有效的方法。由式（2-20）可知，加大黏性阻尼系数 B，可增大阻尼比 ζ，从而有效地降低振荡环节的谐振峰值。谐振峰值 M_r 与阻尼比 ζ 之间的关系为

$$M_r = \frac{1}{2\zeta\sqrt{1-\zeta^2}} \tag{3-4}$$

图 3-10 直观示出了两者之间的关系。只要使 $\zeta \geqslant 0.5$，机械谐振对系统的影响就会大大削弱。

提高机械阻尼的方法有以下几种。

1）采用黏性联轴器。如某转台伺服电动机和减速器之间设置了液体黏性联轴器，液体的黏性使系统的阻尼系数提高了一个数

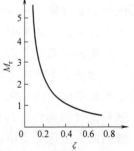

图 3-10　谐振峰值与阻尼
比之间的关系

量级。

2）采用阻尼器。在负载端设置液压阻尼器或电磁阻尼器，可明显提高系统阻尼。

3）采用结构阻尼较大的结构或材料。通常螺栓连接的结构阻尼比焊接大，间断焊缝的阻尼比连续焊缝大。灰铸铁由于石墨的吸振作用，阻尼系数远大于钢，因而在铸件中广泛采用。但是近年来钢板焊接结构呈现出替代铸件的趋势，其原因是钢板焊接结构容易采用更有利于提高刚度的筋板布置形式，加之钢板的弹性模量为铸铁的两倍，故提高谐振频率的效果更为显著。

3.2.4　惯量的影响

转动惯量对伺服系统的稳定性、精度及动态响应均有影响。由式（2-19）可以看出，惯量增大会使系统的固有频率下降，容易产生谐振，因而限制了伺服带宽，导致伺服精度和响应速度降低。由式（2-20）可知，惯量加大，则阻尼比减小，系统振荡加剧，从而稳定性变差。因此，在不影响系统刚度的情况下，应尽可能减小惯量，只有在改善低速爬行时才可以适当增大惯量。

3.2.5　传动间隙的影响

1. 机械传动间隙

在伺服系统中，通常利用机械变速装置将执行元件输出的高转速、低转矩转换为被控对象运动所需要的低转速、高转矩。应用最广泛的变速装置是齿轮减速器，其传动间隙这一结构因素可用齿隙来表示。

对于理想的齿轮减速器，其输入转角和输出转角之间呈线性关系，即

$$\theta_\text{o} = \frac{1}{i}\theta_\text{i} \tag{3-5}$$

式中　θ_i——主动轮转角；

　　　θ_o——从动轮转角；

　　　i——齿轮减速器传动比。

由于齿轮加工、装配、使用中存在的误差因素及传动机构正常工作的客观需要，即相互啮合两齿轮的非工作齿面之间必须留有一定的侧向间隙来储存润滑油，并补偿由温度和弹性变形引起的尺寸变化，以避免齿轮卡死，故主动轮和从动轮之间必然存在齿隙。于是，实际齿轮传动的输入、输出转角之间不再是单值的线性关系，而是呈滞环特性（图 3-11），这是一种非单值的非线性关系。

图 3-11 中，Δ 为均匀分布在轮齿两侧的间隙。当主动轮转角 $|\theta_\text{i}| < \Delta$ 时，从动轮并不转动，即 $\theta_\text{o} = 0$。当 $|\theta_\text{i}| > \Delta$ 时，即转过 a 点后，两齿轮啮合，从动轮以

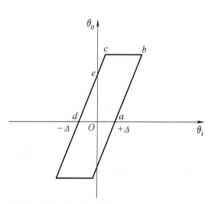

图 3-11　滞环特性

线性关系跟随主动轮转动。当主动轮转至 b 点时，需要变换转动方向。由于存在齿隙，从动轮并不立即反向转动，而是保持 θ_o 不变，直至主动轮转过 2Δ 后到达 c 点时，两个齿轮另一

侧的齿面相接触，从动轮才反向转动，并恢复 θ_o 和 θ_i 之间的线性关系。

当 θ_i 回到 0 时，即到达 e 点，由于 θ_o 并不为 0，主动轮将继续反转到 d 点，此时 θ_o 才为 0。因此，在传动机构的主动轮（输入轴）逆向运转时，齿隙的存在造成从动轮（输出轴）转角的滞后，即产生了空程误差（回差）。

空程误差是指输入轴由正向转动变为反向转动时，输出轴转角的滞后量。因此，空程误差使输出轴不能立即跟随输入轴反向转动，即反向转动时，输出轴将产生运动滞后。

定义空程误差一般是对转角而言的，其单位为角分（′）或角秒（″）。然而，空程误差在齿轮节圆上也具有直线值的形式，即齿隙，其单位为 μm。两者之间的关系为

$$\Delta\varphi = 6.88 \frac{\Delta}{d} \tag{3-6}$$

式中　$\Delta\varphi$——空程误差（′）；

　　　Δ——齿侧间隙（μm）；

　　　d——齿轮节圆直径（mm）。

需要指出的是，空程误差并不一定只在反向时才有意义，即使是单向回转，空程误差对传动精度也可能有影响。例如在单向回转中，当输出轴受到一个与其回转方向一致的足够大的外力矩作用时，由于空程误差的存在，其转角可能产生一个超调量；或者当输入轴突然减速时，若输出轴上的惯性力矩足够大，则由于空程误差的存在，输出轴的转角也有可能产生超调量。

在伺服系统的多级齿轮传动机构中，各级齿轮的间隙影响各不相同。如对于一个三级齿轮减速器，各级传动比分别为 $i_1 \sim i_3$，齿隙分别为 $\Delta_1 \sim \Delta_3$，将所有的传动间隙都换算到输出轴上，则总间隙为

$$\Delta_o = \frac{\Delta_1}{i_2 i_3} + \frac{\Delta_2}{i_3} + \Delta_3$$

如果换算到输入轴上，则总间隙为

$$\Delta_i = \Delta_1 + i_1\Delta_2 + i_1 i_2\Delta_3$$

由此可见，最后一级齿轮的传动间隙 Δ_3 影响最大。因此，为了减小间隙的影响，应尽可能提高末级齿轮的加工精度（如有的动力传动机构，前几级齿轮均采用 7 级精度，而末级齿轮选用 6 级精度），装配时则应尽量减小最后一级齿轮的间隙。

2. 传动间隙对伺服系统性能的影响

图 3-12 所示为某旋转工作台直流伺服系统框图。该伺服系统共使用了 4 个齿轮传动机构，G_2 用于传递动力，而 G_1、G_3、G_4 均用于传递数据，它们分别处于系统中的不同位置：有的位于系统闭环之内（G_2、G_3），有的位于系统闭环之外（G_1、G_4），有的位于闭环内的动力传递通道（G_2），有的位于闭环内的数据反馈通道（G_3）。齿轮传动机构在伺服系统中的位置不同，其间隙对系统性能的影响也有所不同。

图 3-12　某旋转工作台直流伺服系统框图

（1）G_2 的影响　闭环之内前向通道上动力齿轮传动机构 G_2 的齿隙影响系统的稳定性。

系统初始时为静止状态，即输入轴和输出轴的转角 $\theta_i = \theta_o = 0$。若给系统一个输入信号，则电动机开始转动。

1）齿轮传动机构中不存在间隙。此时，输出轴转角仍为 0，因而出现误差 $e = \theta_i - \theta_o$（$\theta_i >$ θ_o），在该误差信号的作用下，电动机经由传动机构驱动被控对象（如丝杠）朝减小误差的方向转动。当输出轴转角 $\theta_o = \theta_i$ 时，由于转动惯量的作用，被控对象不会马上停下来，而是冲过 $\theta_o = \theta_i$ 这一平衡位置，产生反向误差（$\theta_i < \theta_o$）。于是，电动机的控制电压极性改变，电动机驱动丝杠反向转动。在无阻尼的情况下，上述过程不断重复，丝杠发生持续振荡。若系统阻尼设计恰当，丝杠将来回摆动几次后停止在 $\theta_o = \theta_i$ 的平衡位置上。

2）齿轮传动机构中存在间隙。当误差角 e 出现后，电动机带动齿轮传动机构转动。由于 G_2 存在齿侧间隙，当电动机在该齿隙范围内运动时，输出轴并不马上随之转动，被控对象仍静止，电动机基本上处于空载状态，故电动机轴具有较大的动能。当电动机转过齿隙后，输出轴才会带动被控对象旋转。此时，主动轮和从动轮的轮齿产生冲击接触，从动轮便以比不存在齿隙时大得多的速度转动。当 $\theta_o = \theta_i$ 时，同样由于转动惯量的作用，被控对象（丝杠）不会立即停下来，而是依靠惯性继续转动，并比无齿隙时冲过平衡点更多，这使得系统具有较大的反向误差。此时，控制电压改变极性，电动机马上反向转动，于是主动齿轮在其驱动下也反向运动。反向时，由于齿隙的存在，主动轮的轮齿要在穿越齿隙后才能带动从动轮旋转，继而带动丝杠反向转动。

这样，丝杠在 $\theta_o = \theta_i$ 附近的摆动并不完全像无齿隙时那样只受被控对象转动惯量的作用，而是又附加了在齿隙内所积累的动能作用。如果齿隙足够小，则在齿隙内积累的动能较小，同时系统阻尼的设计又较合理时，被控对象摆动的幅度将越来越小，来回摆动几次就会停止在 $\theta_o = \theta_i$ 的平衡位置上，而不会出现持续振荡。但是，如果齿隙较大，即使转动惯量所引起的持续振荡能够被抑制，但是齿隙所造成的振荡依然存在。这时，被控对象就会反复摆动，即产生自激振荡。因此，闭环之内动力传动链 G_2 中的齿轮间隙会影响伺服系统的稳定性。

但是 G_2 中的齿隙在系统稳定的前提下对系统的精度并无影响。当输入轴静止（$\theta_i = 0$）时，输出轴（被控对象）如果由于某种干扰作用在齿隙范围内发生游动，只要 $\theta_o \neq \theta_i$，与输出轴连接在一起的位置检测元件就能感受到，就会有反馈信号反馈到输入端，产生误差信号，于是控制器控制电动机动作。在系统稳定的前提下（即没有持续振荡），这个校正作用会使被控对象恢复到 $\theta_o = \theta_i = 0$ 的位置上。

（2）G_3 的影响　闭环之内反馈数据通道中齿轮传动机构 G_3 的齿隙既影响系统的稳定性，又影响系统的精度。

1）对系统精度的影响。在平衡状态下，$\theta_o = \theta_i$，故 $e = 0$，输出轴不动作。如果被控对象在外力的作用下在 G_3 齿轮间隙范围（$\pm\Delta_3$）内转动时，连接在 G_3 输出轴上的检测元件仍处于静止状态，则无反馈信号给到输入轴，e 仍然为 0，无法驱动电动机动作，即控制器不能校正此误差。当 $\theta_i \neq 0$ 时，反馈到输入端的信号不仅包含输出轴的位置 θ_o，而且还包含 G_3 的齿隙（$\pm\Delta_3$），于是误差信号中也包含了这个齿隙。在误差信号的作用下，驱动电动机使输出轴跟随输入信号 θ_i 动作，而输出轴的实际位置（$\theta_o \pm \Delta_3$）与期望位置（θ_i）最多相差 $\pm\Delta_3$，因此 G_3 的齿隙造成了系统误差。

2）对系统稳定性的影响。G_3 中的齿隙对系统稳定性的影响与 G_2 相似。由于 G_3 中存在齿隙（Δ_3），在丝杠运动过程中，由于惯量较大，所以输入轴上的齿轮在穿越 Δ_3 后将以很大的动量冲击输出轴上的齿轮。这种附加动能使 G_3 输出轴的转角大于无齿隙时的转角。这一转角反馈到输入端后，便产生了附加误差信号，使丝杠产生附加运动。这一附加运动又通过存在齿隙的 G_3 反馈到系统的输入端。上述过程不断重复。当齿隙 Δ_3 足够大时，将导致丝杠发生等幅持续振荡。

因此，为了确保系统精度和稳定性，对于带动位移检测传感器的数据传递齿轮机构 G_3 应当采取消隙措施，或者不使用齿轮传动，而将位移传感器直接安装在输出轴上。

（3）G_1 和 G_4 的影响　闭环前数据输入通道上齿轮传动机构 G_1 和闭环后位置输出通道上齿轮传动机构 G_4 的齿隙对伺服系统的稳定性无影响，但影响精度。

G_1 和 G_4 由于存在齿隙，因此在传动机构反向运转时造成回程误差，使输出轴转角与输入轴转角之间呈非线性关系，输出滞后于输入，从而影响系统的精度。

3.3　伺服系统中的执行元件

3.3.1　执行元件的种类及其特点

在机电一体化系统（或产品）中，执行机构的运动（如数控机床的主轴转动、工作台的进给运动）都离不开执行元件为其提供动力。执行元件是驱动部件，是处于执行机构与控制装置之间的能量转换部件，它能够在电子装置的控制下，将输入的各种形式的能量转换为机械能，如电动机、液压缸和气缸等分别把输入的电能、液压能和气压能转换为机械能。目前，执行元件大多已系列化生产，因而可作为标准件来选用和外购。

根据所使用能量的不同，执行元件可以分为电气式、液压式、气动式、电液式等主要类型，如图 3-13 所示。

1. 电气式执行元件

电气式执行元件将电能转换为电磁力，并利用该电磁力来驱动执行机构运动，包括控制用电动机（如直流伺服电动机、交流伺服电动机和步进电动机）和特种电动机（如静电电动机、超声波电动机等）。此外，电磁铁也是一种应用较为广泛的电气式执行元件，由线圈和衔铁两部分组成，结构简单，可用于实现两固定点间的快速驱动。由于电磁铁是单向驱动，故需要利用弹簧来复位。

电气式执行元件具有操作简便、易于微机控制、能实现定位伺服、体积小、响应快、动力较大、无污染等优点，因此在机电一体化伺服系统中最为常用；但是也存在过载性差、线圈易烧毁、容易受到噪声干扰等问题。

2. 液压式执行元件

液压式执行元件将电能转换为液压能，并用电磁阀控制压力油的流向，从而驱动执行机构运动。液压式执行元件主要包括液压缸和液压马达，其中液压缸的应用占绝大多数。

液压式执行元件输出功率大，速度快，动作平稳，可实现定位伺服，过载能力强，但需要配套相应的液压源，设备复杂（包括泵、阀、过滤器、管路等），维修费用高，占地面积大，容易漏油而污染周边环境。

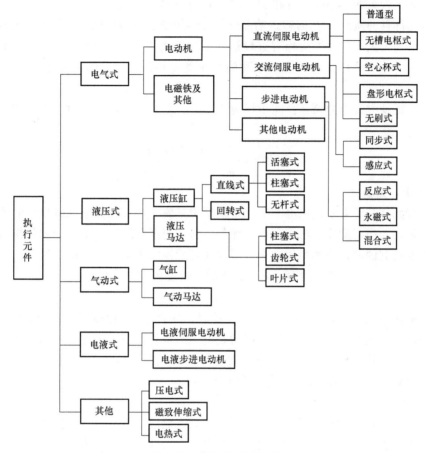

图 3-13　执行元件的种类

3. 气动式执行元件

气动式执行元件包括气缸和气动马达。除了采用压缩空气作为工作介质外，气动式执行元件与液压式执行元件并无太大区别。其突出优点在于驱动力大，可获得较大的行程和速度；介质获取方便，成本低，且无泄漏污染等。但是气动式执行元件的输出功率小，动作不平稳，工作噪声大，且难于实现伺服控制。由于空气的黏性差，且具有可压缩性，这类执行元件不宜用于定位精度要求较高的场合。另外，与液压式执行元件一样，设备难于小型化。

4. 电液式执行元件

电液式执行元件为电液相结合的数字式液压执行元件，包括电液伺服电动机和电液步进电动机。这类执行元件的信号处理（如信号检测反馈、信号放大变换）部分采用电气元件，功率输出部分使用液压元件，故综合了电气式执行元件和液压式执行元件的优点，响应速度快，输出转矩大，可直接驱动机械负载，转矩/惯量比大，负载能力强，适于重载的高加（减）速驱动。因此，电液式执行元件在强力驱动和高精度定位时性能优异，且使用方便，在机电一体化中得到了越来越广泛的关注。

3.3.2　机电一体化对执行元件的基本要求

1. 惯量小、动力大

为使机电一体化系统具有良好的快速响应性能和足够的负载能力，执行元件应具有较小的惯量，能输出较大的功率，并且在加（减）速时动力也要大。

直线运动部件的质量 m 和回转运动部件的转动惯量 J 为表征执行元件惯量的性能指标。

表征输出动力大小的性能指标有直线运动部件的力 F（$F=ma$）、回转运动部件的转矩 T（$T=J\varepsilon$）及功率 P（$P=\omega T$）。直线运动的加速度 a 和回转运动的角加速度 ε 表征了执行元件的加速性能。

另一种表征动力大小的综合性能指标为比功率，它包含了功率、角加速度和转速三种因素，即

$$比功率 = \frac{P\varepsilon}{\omega} = \frac{\omega T \cdot T/J}{\omega} = \frac{T^2}{J} \tag{3-7}$$

2. 体积小、重量轻

为使执行元件易于安装且机电一体化系统结构紧凑，执行元件应具有较小的体积和较轻的重量，通常用功率密度或比功率密度来评价。功率密度和比功率密度分别是指执行元件的单位重量所能达到的输出功率和比功率。假设执行元件的重量为 G，则

$$功率密度 = P/G，\quad 比功率密度 = (T^2/J)/G$$

3. 便于计算机控制

机电一体化系统（产品）多采用计算机控制，故要求伺服系统及其执行元件也能够由计算机统一控制。最便于实现计算机控制的是电气式执行元件。因此，机电一体化中的主流执行元件为电气式执行元件，其次是液压式和气动式执行元件（这两种执行元件在使用中需要在驱动接口中增加电-液转换或电-气转换环节）。

4. 便于维修

执行元件应尽量少维修，最好是不维修。无刷直流伺服电动机和交流伺服电动机均能实现无维修使用，而有刷直流伺服电动机因存在电刷而必须定期进行维修。

3.3.3 新型执行元件

目前，在机电一体化领域中主要使用的是电气式执行元件。随着装备制造业的不断发展，机械装置的高速化、低价格化及微细化要求越来越强烈，加之集成电路和超导元件制造装置、多面镜加工机、生物医学工程中的装置都要求具有亚微米级精度，因此需要开发一些新型执行元件用来实现微量位移。

1. 压电式驱动器

压电式驱动器利用压电材料的逆压电效应来驱动运行机构做微量位移。压电材料（如压电陶瓷）具有双向的压电效应：正压电效应是指压电材料在外力作用下产生应变，在其表面上产生电荷；而逆压电效应是指压电材料在外界电场作用下产生应变，其应变大小与电场强度成正比，应变方向取决于电场方向。

在精密机械和精密仪器中，常利用压电材料的逆压电效应来实现微量位移，这样就无须再采用传统的传动系统，因而避免了机械结构带来的误差。压电式驱动器的优点是位移量大（行程可达数厘米）；移动精度和分辨力极高（位移精度可达 $0.05\mu m$，分辨力每步可达 $0.006\mu m$）；动作快（移动速度可达 20mm/min）；结构简单，尺寸小；易于遥控。

图 3-14 所示为圆管式压电陶瓷微位移驱动器，用于精密镗床刀具的微位移装置。压电陶瓷管 8 在通电时向左伸长，推动刀体中的滑柱 7、方形楔块 5 和圆柱楔块 1 左移。借助于

圆柱楔块 1 的斜面，克服压板弹簧 4 的弹力，将固定镗刀 3 的刀套 2 顶起，实现镗刀 3 的一次微量位移。相反，当对压电陶瓷管施加反向直流电压时，压电陶瓷管 8 向右收缩，方形楔块 5 右侧出现空隙。在圆柱弹簧 6 的作用下，方形楔块 5 向下位移，以填补由于压电陶瓷管 8 收缩所腾出的空隙。显而易见，对压电陶瓷管施加正反向交替变化的直流脉冲电压，该装置可连续实现镗刀的径向补偿。刀尖总位移量可达 0.1mm。

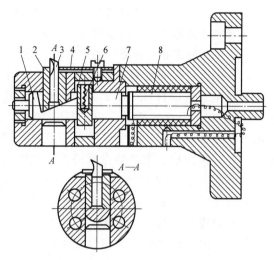

图 3-14　圆管式压电陶瓷微位移驱动器
1—圆柱楔块　2—刀套　3—镗刀　4—压板弹簧
5—方形楔块　6—圆柱弹簧　7—滑柱　8—压电陶瓷管

2. 磁致伸缩驱动器

磁致伸缩驱动器是利用某些材料在磁场作用下具有尺寸变化的磁致伸缩效应来实现微量位移的一种执行元件。磁致伸缩效应是指某些材料在磁场作用下产生应变，其应变大小与磁场强度成正比。

磁致伸缩驱动器的特点是重复精度高、无间隙、刚性好、转动惯量小、工作稳定性好、结构简单紧凑，但其进给量有限。

图 3-15 所示为磁致伸缩式微量进给工作原理简图。磁致伸缩棒的左端固定在机座上，其右端与运动件相连。当绕在伸缩棒外的线圈通入励磁电流后，伸缩棒在磁场作用下将产生相应变形，使运动件实现微量移动。改变线圈的通电电流可改变磁场强度，使磁致伸缩棒产生不同的伸缩变形，从而使运动件得到不同的微量位移。

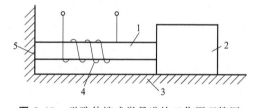

图 3-15　磁致伸缩式微量进给工作原理简图
1—磁致伸缩棒　2—运动件　3—导轨　4—线圈　5—机座

在磁场作用下，磁致伸缩棒的变形量为

$$\Delta l' = \pm Cl$$

式中　$\Delta l'$——伸缩棒变形量（μm）；

　　　C——材料磁致伸缩系数（μm/m）；

　　　l——伸缩棒被磁化部分的长度（m）。

当伸缩棒变形所产生的推力能够克服导轨副的摩擦力时，运动件将产生位移 Δl，其大小为

$$\frac{F_s}{k} < \Delta l \leq C_s l - \frac{F_c}{k} \tag{3-8}$$

式中　F_s——运动件与导轨间的静摩擦力（N）；

F_c——运动件与导轨间的动摩擦力（N）；

k——伸缩棒的纵向刚度（N/μm）；

C_s——磁饱和时伸缩棒的相对磁致伸缩系数（μm/m）。

由于工程材料的磁致伸缩量有限，如长度为
100mm 的理想铁磁材料，在磁场作用下也只能伸
长 7μm 左右，因此该装置适用于精确位移调整、
切削刀具的磨损补偿、温度变形补偿及自动调节
系统。为了实现较大距离的微量进给，通常采用
粗位移和微位移分离的传动方式。如图 3-16 所
示，磁致伸缩式精密坐标工作台的粗位移由进给
箱经丝杠副传动实现，以获得所需的较大进给量；
微量位移则由装在螺母与工作台之间的磁致伸缩
棒实现。

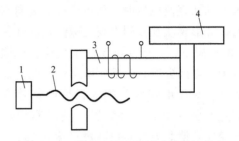

图 3-16　精密坐标调整用磁致伸缩传
动工作原理简图

1—进给箱　2—丝杠副　3—磁致伸缩棒　4—工作台

3. 电热式驱动器

电热式驱动器利用电热元件（如金属棒）通电后产生的热变形来驱动执行机构做微小
直线位移，可通过控制电热器（电阻丝）的加热电流来改变位移量，可利用变压器或变阻
器调节传动杆的加热速度，以实现位移速度的控制。微量进给结束后，为了使运动件复位，
即传动杆恢复原位，可在传动杆内腔中通入压缩空气或乳化液使之冷却。

在如图 3-17 所示的热变形微动装置
中，传动杆的一端固定在机座上，另一端
固定在沿导轨移动的运动件上。当安装在
杆腔内部的电阻丝通电加热时，传动杆受
热伸长，推动运动件实现微量位移，其伸
长量为

$$\Delta l = \alpha L \Delta t \tag{3-9}$$

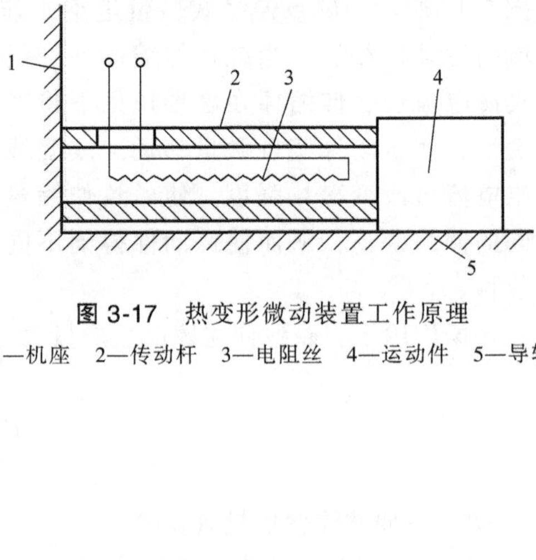

图 3-17　热变形微动装置工作原理

1—机座　2—传动杆　3—电阻丝　4—运动件　5—导轨

式中　Δl——传动杆伸长量（mm）；

α——传动杆材料的线膨胀系数
（℃$^{-1}$）；

L——传动杆长度（mm）；

Δt——加热前后的温差（℃）。

电热式驱动器具有刚度高、无间隙等优点，但是存在热惯性，且难于精确地控制冷却速
度，故只能用于行程较短、工作频率不高的场合。

3.4　伺服系统中的检测元件

3.4.1　伺服系统中常用检测元件

在伺服系统中，为了实现位置和速度控制，必须有检测运动部件位移和速度的传感器。

伺服系统中常用速度检测传感器和位移检测传感器见表3-1～表3-3，这些检测元件在第4章中将做详细介绍。

表 3-1　伺服系统中常用速度检测传感器

类型	测量范围	线性度	分辨力	特点	测量方式
光电编码器	10000r/min	—	163840脉冲/r	精度高,易于数字化,非接触式,功耗小,可靠性高,寿命长,电路复杂	直接测量
测速发电机	20～400r/min	0.2%～1%	0.4～5mV·min/r	结构简单,线性度好,灵敏度高,输出信号大,性能稳定	直接测量

表 3-2　伺服系统中常用角位移检测传感器

类型	测量范围	精度	分辨力	特点	系统类型	测量方式
光电编码器	360°	0.7″	±1个二进制数	分辨力和精度高,易于数字化,非接触式,功耗小,可靠性高,寿命长,电路较复杂	半闭环	间接测量
感应同步器	360°	±0.5″～±1″	0.1″	精度较高,易于数字化,能动态测量,体积大,结构简单,对环境要求低,电路较复杂	开环、闭环	直接测量
旋转变压器	360°	2′～5′	—	对环境要求低,有标准系列,使用方便,抗干扰能力强,性能稳定,精度不高,线性范围小	开环	直接测量

表 3-3　伺服系统中常用直线位移检测传感器

类型	测量范围	精度	分辨力	特点	系统类型	测量方式
光电编码器	1～1000mm	—	±1个二进制数	精度高,数字式,非接触式,功耗小,寿命长,可靠性高	闭环、半闭环	直接测量、间接测量
光栅	30～3000mm	0.5～3μm/m	0.1～10μm	精度最高,易于数字化,结构复杂,对环境要求较高,高精度检测中常用	闭环	直接测量
磁栅	1000～2×10⁴mm	1～2μm/m	1μm	制造简单,使用方便,磁信号可重新录制,可用于大型机床中检测大位移,需要采用磁屏蔽和防尘措施	开环、闭环	直接测量
感应同步器	200～4×10⁴mm	2.5μm/m	0.1μm	结构简单,动态范围宽,精度高,体积大,安装不方便,在机床加工中应用广泛	开环、闭环	直接测量
旋转变压器	—	—	—	对环境要求低,有标准系列,使用方便,抗干扰能力强,性能稳定	开环	间接测量

1. 速度检测元件

　　机械负载的运动速度是伺服系统最基本的控制内容。当系统对速度的稳定精度有较高要求时，就需要利用测速元件构成速度负反馈，从而对驱动电动机实施速度的闭环控制。测速元件的精度（分辨力）直接关系到伺服系统的调速精度和调速范围。在速度闭环控制系统中，常用的速度检测元件有模拟速度检测元件和数字速度检测元件两大类。

　　测速发电机是一种模拟速度检测元件，由它构成的速度闭环控制系统的精度可控制在3%以内，但也较为困难。测速发电机实际上是一种微型发电机，其作用是将转速变换为与之成正比的电压信号。根据结构和工作原理的不同，测速发电机分为直流测速发电机、交流（异步）测速发电机和同步测速发电机，其中，同步测速发电机用得非常少。交流测速发电机不需要电刷和换向器，因此结构简单，维护容易，惯量小，无滑动接触，输出特性稳定，精度高，摩擦转矩小，不产生无线电干扰，工作可靠，正、反向旋转时输出特性对称；但是存在剩余电压和相位误差，而且负载的大小和性质会影响输出电压的幅值和相位。直流测速发电机的优点是没有相位波动和剩余电压，输出特性的硬度比交流测速发电机的大，但由于有电刷和换向器，因而结构复杂，维护不便，摩擦转矩大，换向时会产生火花而造成无线电干扰，输出特性不够稳定，正、反向旋转时输出特性不对称。

为了获得高精度的速度检测结果，可采用增量式光电编码器，这是一种数字速度检测元件，其结构为在电动机轴上装有一个沿周边均匀分布一圈狭缝的圆盘，圆盘置于光源和光敏元件之间。当电动机带动圆盘旋转时，光线交替地通过狭缝照射到光敏元件上，于是交替地出现亮电流和暗电流，经整形后得到一系列脉冲，脉冲频率 f 与电动机转速 n 及圆盘上狭缝的数目 N 有关。因为 N 是固定的，故输出脉冲频率 f 与转速 n 成正比。很显然，狭缝越多，测速精度越高，但是 N 的多少受到圆盘尺寸的限制，因为圆盘直径不宜过大，否则容易变形，反而会导致精度下降。

2. 角度（角位移）检测元件

角度（角位移）检测元件在伺服系统中占有很重要的地位，它的检测精度直接关系到整个系统的运行精度。因此，选择高分辨力的角度（角位移）检测装置是设计高精度伺服系统的关键所在。

伺服系统角度（角位移）检测方式有很多，常用的有电位计、差动变压器、自整角机、旋转变压器等。旋转变压器是一种小型交流电动机，也由定子和转子组成。定子绕组为变压器的一次侧，转子绕组为变压器的二次侧。当励磁电压加到定子绕组时，通过电磁耦合，转子绕组产生感应电动势，其幅值严格地按转子偏转角 θ 的正弦（或余弦）规律变化，其频率与励磁电压的频率相同。因此，可以采用测量旋转变压器的二次侧感应电压的幅值或相位的方法，间接地测量转子转角 θ 的变化。旋转变压器由于只能测量转角，因此在数控机床的伺服系统中往往用来直接测量丝杠的转角，也可通过齿条或齿轮转换来间接测量工作台的直线位移。

3. 直线位移检测元件

上述的角位移检测装置一般用于检测小角位移，而大角位移或直线位移检测通常采用感应同步器和光栅等。

感应同步器是一种检测机械直线位移或角位移的精密装置。在伺服系统中，它提供被测部件偏移基准点的位移或角度的测量电信号。感应同步器有直线式和旋转式两类，前者用于测量长度，后者用于测量角度，且精度低于前者。直线式感应同步器在数控机床伺服系统中应用很普遍。

光栅是数控机床常用的检测元件，采用非接触式测量，具有精度高、响应速度快等优点。光栅检测装置由光源、两块光栅尺和光敏元件等组成。光栅尺是在一块长条形光学玻璃上均匀刻有许多与运动方向垂直的线条，一块安装在机床的运动部件上，另一块则装在机床的固定部件上。当后者在其自身的平面内转过一个很小的角度 θ 时，会产生莫尔条纹。根据莫尔条纹的数目即可间接获得光栅的移动距离。

3.4.2 伺服系统中测量方式的选择

伺服系统的传感与检测装置有直接测量和间接测量两种测量方式。

直接测量方式是通过安装在执行机构末端的传感器来直接测量输出量。其特点为：①测量精度取决于传感器精度和信号采样精度，而不受传动机构精度的影响；②传动机构的误差可以通过控制得到补偿；③对传感器的精度要求较高，成本较高；④传感器的选择受到安装几何条件和环境条件的限制。

间接测量方式是在与输出量相关的部件上安装传感器，检测到与输出量相关的信息，再通过数学运算得到实际的输出量。其主要特点为：①测量精度不仅取决于传感器精度和信号采样精度，而且还会受到传动机构精度的影响；②闭环之外的传动机构的误差无法得到补偿；③对传感器的精度要求较低，成本较低；④传感器安装方便，对环境的适应性较好。

现以采用齿轮和丝杠传动机构的数控机床纵向进给系统为例，介绍在伺服系统设计中如何确定测量方案。

（1）低速端直接测量　低速端直接测量方案如图 3-18 所示，采用安装在工作台上的直线式传感器（如直线式光栅或感应同步器）来直接测量工作台的位移。这种测量方案的特点是测量精度不受传动机构误差的影响，但对于高精度系统而言，对传感器的精度要求较高，另外安装也不十分方便，故不宜用来测量行程较大的工作台位移。

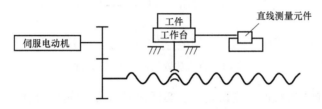

图 3-18　低速端直接测量方案

（2）低速端间接测量　低速端间接测量方案如图 3-19 所示，丝杠轴上连接增量式光电编码器，通过对丝杠转角的测量实现对工作台位移的间接测量。其特点是传感器的安装较方便，对传感器的精度要求较低；齿轮机构包括在闭环之内，其传动误差可以通过闭环控制得到补偿；虽然丝杠机构位于闭环之外，但通常采用滚珠丝杠副，仍可以获得较高的传动精度。

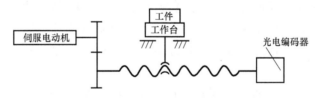

图 3-19　低速端间接测量方案

（3）高速端间接测量　高速端间接测量方案如图 3-20 所示，在伺服电动机轴上连接光电编码器，通过对伺服电动机转角的测量来实现对工作台位移的间接测量。该方案与方案（2）的相同之处在于传感器便于安装，对传感器的精度要求也较低。不同的是齿轮机构和丝杠机构均处在闭环之外，它们的传动误差都无法得到补偿，故传动机构需要采用消隙机构以满足较高精度的要求。

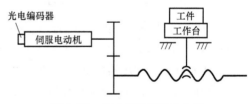

图 3-20　高速端间接测量方案

3.5　电气伺服系统

3.5.1　直流伺服系统

采用直流伺服电动机作为执行元件的伺服系统称为直流伺服系统。直流伺服系统按伺服电动机、功率放大器、检测元件、控制器的种类及反馈信号与指令的比较方式等可分为很多不同的类型。下面以直流位置伺服系统为例，介绍其组成及工作原理。

1. 直流位置伺服系统的组成及工作原理

（1）直流位置伺服系统的结构　直流位置伺服系统一般采用速度环和位置环的双闭环控制结构，如图 3-21 所示。

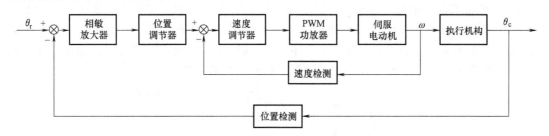

图 3-21 直流位置伺服系统结构框图

速度环用于调节电动机的速度误差，以实现预期的动态特性。同时，速度环的引入可以增加系统的动态阻尼比，有助于减小系统的超调，从而使电动机运行更加平稳。在该系统中，可采用测速发电机或光电编码器对伺服电动机的转速进行测量。

在位置环中，执行机构的角位移或直线位移测量可通过旋转变压器或光栅尺来实现。传感器将执行机构的实际位置转换成具有一定精度的电信号，与指令信号相比较产生偏差信号，控制电动机向消除偏差的方向旋转，直至达到一定的位置精度。

位置伺服系统的工作原理为：调节器接收电压、速度和位置变化信号，对其进行处理产生相应的控制信号，控制脉宽调制（PWM）功率放大器（简称 PWM 功放器）工作，驱动电动机带动负载运行，从而使 θ_c 值逐渐接近 θ_r，直到 $\theta_c = \theta_r$，这样就实现了系统位置的精确跟踪与控制。

由图 3-21 可见，除了速度负反馈和位置负反馈环节外，典型的直流伺服系统还包括相敏放大器和 PWM 功放器等。

（2）相敏放大器　相敏放大器也称为鉴幅器，其任务是将交流电压转换为与之成正比的直流电压，并使输出直流电压的极性反映输入交流电压的相位（当输入交流电压相位变成相差 180°时，输出的直流电压极性也随之改变）。在如图 3-22 所示的相敏放大器中，输入信号 u_1 是来自旋转变压器的输出并经过功率放大的信号；经变压器 T 耦合，二次电压为 u_{21} 和 u_{22}；辅助电源电压 u_s 与旋转变压器的励磁电压 u_f 是同频率、同相位的交流电压。当 u_1 与 u_s 同相位时，u_s 处于正半周时 VF1 导通，u_s 为负半周时 VF2 导通。相敏放大器的输出电压 u_b' 为正极性的直流电压，其平均值与 u_1 的幅值成正比，波形为图 3-22b 中的实线部分。当 u_1 与 u_s 的相位相差 180°时，u_b' 变为负极性的直流电压，波形为图 3-22b 中的虚线部分。

由此可见，相敏放大器输出的是脉动的直流电压，因而必须采用图 3-22a 中的 RC 一阶滤波器，将其变成平滑的直流电压 u_b。但是滤波器的时间常数不能太大，否则将影响系统的快速性。旋转变压器的励磁电源通常采用中频交流电源，频率范围为 $400 \sim 1000\mathrm{Hz}$，也可以更高，这样将有助于减小滤波时间常数。

（3）PWM 功率放大　近年来，随着大功率晶体管工艺的成熟和功率晶体管的商品化，PWM 直流伺服驱动系统受到普遍重视，并得到迅速发展。

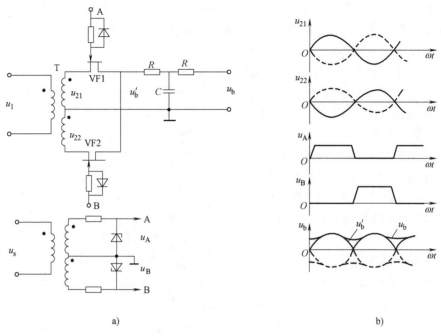

图 3-22　相敏放大器原理图及波形图

a）电路图　b）波形图

PWM 功率放大的原理是利用大功率器件的开关作用，将直流控制电压转换成一定频率的脉冲方波，通过改变脉冲宽度来达到改变电枢两端平均电压的目的。

图 3-23 所示为 PWM 调速原理。设开关 S 周期性地闭合、断开，开闭周期是 T。若外加电源电压 U 为一个固定的直流电压，则电源加到电动机电枢上的电压波形将是一系列脉冲方波，其高度为 U，宽度为 τ。于是，电枢两端的平均电压为

$$U_a = \frac{1}{T}\int_0^\tau U \mathrm{d}t = \frac{\tau}{T}U = \mu U \tag{3-10}$$

很显然，占空比（又称为导通率）μ 为

$$\mu = \frac{\tau}{T} = \frac{U_a}{U} \quad (0<\mu<1) \tag{3-11}$$

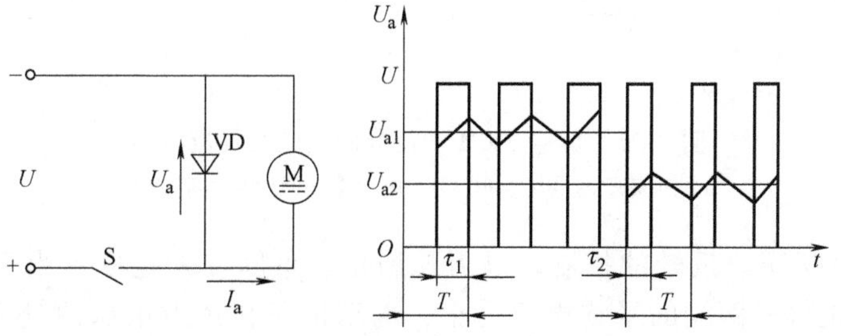

图 3-23　PWM 调速原理

a）控制电路　b）电压-时间关系

如图 3-23b 所示，当 T 不变时，只要改变导通时间 τ，$\tau \in [0 \sim T]$，就可以改变电枢两端的平均电压由 0 变化到 U。实际应用的 PWM 系统采用大功率晶体管代替开关 S，其开关频率一般为 2kHz，即 $T = 0.5\text{ms}$。

图 3-23a 中的二极管 VD 用作续流二极管。当 S 断开时，由于电感的存在，电动机的电枢电流 I_a 可通过它形成回路而继续流动，因此尽管电压呈脉动状，而电流仍是连续的。

为使电动机实现双向调速，可采用可逆 PWM 变换器。如图 3-24 所示的双极式 H 型功率变换电路为可逆 PWM 变换器广泛采用。4 个大功率晶体管 VT1 ~ VT4 分为两组：VT1 和 VT4 同时动作，其基极驱动电压 $U_{b1} = U_{b4}$；VT2 和 VT3 同时动作，其驱动电压 $U_{b2} = U_{b3}$，其波形如图 3-25a 所示。

在一个开关周期 T 内，当 $0 \leqslant t \leqslant t_{on}$ 时，U_{b1} 和 U_{b4} 为正，晶体管 VT1 和 VT4 饱和导通，而 U_{b2} 和 U_{b3} 为负，VT2 和 VT3 截止。这时电压（$+U_s$）加在电枢 A、B 两端，$U_{AB} = U_s$，电枢电流 i_d 沿回路 1 流通。当

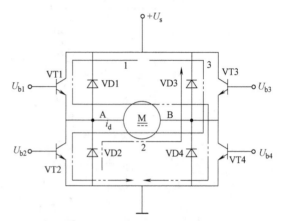

图 3-24 双极式 H 型功率变换电路

$t_{on} \leqslant t \leqslant T$ 时，U_{b1} 和 U_{b4} 由正变负，VT1 和 VT4 截止；U_{b2} 和 U_{b3} 由负变正，但因为电枢电感释放的储能所形成的电流 i_d 沿回路 2 经由二极管 VD2 和 VD3 续流，VT2 和 VT3 并不能立即导通。VD2 和 VD3 两端的压降使得 VT2 和 VT3 的 c-e 极承受反向电压，此时 $U_{AB} = -U_s$。由此可见，在一个周期内，U_{AB} 正负相间，这正是双极 PWM 变换器的特征，其电压及电流波形如图 3-25b 所示。

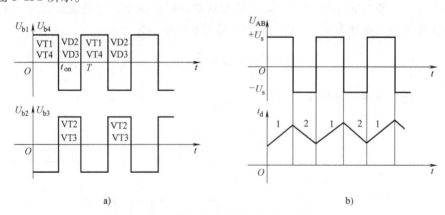

图 3-25 可逆 PWM 变换器的电压及电流波形
a）基极驱动电压波形　b）电枢电压及电枢电流波形

若要实现电动机正、反转的控制，只需控制正、负脉冲的宽度：当正脉冲较宽时，即 $t_{on} > T/2$，则电动机电枢两端的平均电压为正，电动机正转；当正脉冲较窄时，即 $t_{on} < T/2$，电枢平均电压为负，电动机反转；如果正、负脉冲宽度相等，即 $t_{on} = T/2$，平均电压为 0，则电动机不转。

双极式可逆 PWM 变换器电枢两端平均电压的表达式为

$$U_{\mathrm{d}} = \frac{t_{\mathrm{on}}}{T}U_{\mathrm{s}} - \frac{T-t_{\mathrm{on}}}{T}U_{\mathrm{s}} = \left(\frac{2t_{\mathrm{on}}}{T}-1\right)U_{\mathrm{s}} \tag{3-12}$$

占空比为

$$\mu = \frac{U_{\mathrm{d}}}{U_{\mathrm{s}}} = \frac{2t_{\mathrm{on}}}{T} - 1 \tag{3-13}$$

很显然，μ 值的变化范围为 $[-1, 1]$。当 μ 为正时，电动机正转；当 μ 为负时，电动机反转；当 $\mu=0$ 时，电动机停止。

双极式 PWM 变换器的优点：①PWM 控制的开关频率选得很高，仅靠电枢绕组的滤波作用就可以获得脉动很小的直流电流，因此电枢电流容易连续；②可控制电动机在四个象限内都能够运行；③电动机停止时有微振电流，有助于消除摩擦死区；④低速时，每个晶体管的驱动脉冲仍很宽，有利于晶体管可靠地导通；⑤低速时，电枢电流也十分平滑、稳定，因此调速范围宽。但是在使用时也应注意到双极式 PWM 变换器存在的缺点，即在工作过程中，四个功率晶体管均处于开关状态，开关损耗大，且容易发生上、下两管同时导通的事故，为此应在控制一管关断、另一管导通的驱动脉冲之间设置逻辑延时。

2. 直流位置伺服系统的稳态误差分析

直流位置伺服系统在稳态运行过程中，总是希望输出量能够尽量复现输入量，即要求系统必须具有一定的稳态精度、产生的位置误差越小越好。不同的控制对象对系统的精度要求也不同，因而对位置伺服系统进行稳态误差分析就显得十分重要。

影响伺服系统稳态精度、导致系统产生稳态误差的因素包括以下几个方面。

（1）检测误差　检测误差是由检测元件引起的，取决于检测元件本身的精度。在位置伺服系统中，所用位置检测元件都有一定的精度等级，因此检测误差构成了系统稳态误差的主要部分，也是系统无法克服的。

（2）原理误差　原理误差是由系统自身结构、系统特征参数和输入信号形式决定的。根据控制系统的开环传递函数中含有积分环节的数目，可把系统分为不同类型：开环传递函数中不包含积分环节的系统称为 0 型系统，含一个积分环节的称为 Ⅰ 型系统，含两个积分环节的称为 Ⅱ 型系统，以此类推。表 3-4 给出了对于典型输入控制信号，0 型、Ⅰ 型和 Ⅱ 型系统的稳态误差。

表 3-4　不同系统的稳态误差

系统类型	输入信号		
	阶跃信号 R	斜坡信号 Rt	抛物线信号 $\frac{R}{2}t^2$
0 型系统	$\frac{R}{1+K}$	∞	∞
Ⅰ 型系统	0	$\frac{R}{K}$	∞
Ⅱ 型系统	0	0	$\frac{R}{K}$

由表 3-4 可以看出，增加系统开环传递函数中积分环节数目和提高开环放大系数 K，均有助于减小由输入信号引起的稳态误差，但是两者的增加对系统稳定性均有不利的影响。

（3）扰动误差　在上述对稳态误差的分析中，只考虑了给定输入信号的影响。实际上，伺服系统所承受的各种扰动作用都会影响系统的跟踪精度。常见的扰动有由负载变化和电网波动引起的扰动和噪声干扰等。在如图3-26所示的伺服系统中，$M(s)$ 为扰动信号。根据控制理论可知，若要减小由扰动引起的稳态误差，必须增加扰动作用点之前传递函

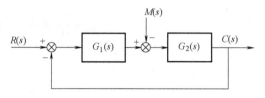

图 3-26　存在扰动的伺服系统组成框图

数 $G_1(s)$ 中积分环节的数目和放大系数，而增加扰动作用点之后传递函数 $G_2(s)$ 中积分环节的数目和放大系数则没有任何效果。因此，从减小伺服系统扰动误差的角度出发，调节器的传递函数中最好包含积分环节。

3. 利用单片机实现直流位置伺服系统控制

图 3-27 所示为直流位置伺服系统单片机控制原理图。系统采用测速发电机对直流伺服电动机的转速进行测量，测量信号经放大后送入 ADC0809 进行 A/D 转换，转换后的数字量送入 8751 单片机。电动机的角位移由光电编码器测得并直接送入 8751 的端口，以实现位置反馈。电动机的控制电压由 8751 输出后送入 DAC0832 进行 D/A 转换，转换后的模拟量经放大和电平转换后送入 PWM 功放电路，产生的 PWM 波驱动电动机旋转。利用单片机的应用程序来完成速度调节器和位置调节器的调节功能。

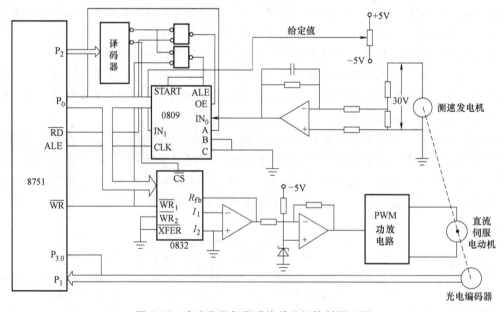

图 3-27　直流位置伺服系统单片机控制原理图

3.5.2　交流伺服系统

采用交流伺服电动机作为执行元件的伺服系统称为交流伺服系统。交流伺服电动机分为同步型（SM）和感应型（IM）两大类。采用同步型交流伺服电动机的伺服系统多用于机床进给传动控制、工业机器人关节传动和其他需要运动和位置控制的场合；感应型交流伺服系统则多用于机床主轴转速和其他调速系统。本书主要介绍感应型（异步型）伺服电动机的控制。

1. 矢量控制的交流伺服系统

机电一体化进给伺服系统通常采用交流伺服电动机作为执行元件来实现精确位置控制，并能在较宽的范围内产生理想的转矩，提高生产效率，关键是要解决其驱动和控制的问题。目前，通常利用微处理器对交流电动机做磁场的矢量控制，即把交流电动机的作用原理看作与直流电动机相似，从而可以像直流电动机那样实现转矩控制。

交流伺服系统由交流伺服电动机、驱动电路和控制电路组成。如图 3-28 所示，交流伺服驱动主电路主要包括将工频电源变换为直流的整流器、再生能量吸收电路及将直流变换为任意电压和频率的交流逆变器。

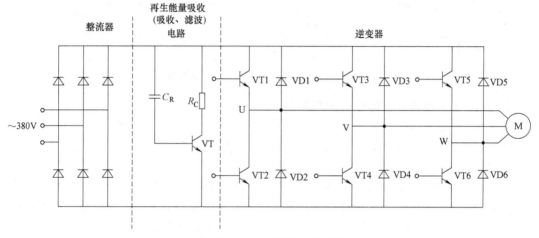

图 3-28　交流伺服驱动主电路

整流器采用三相全波整流电路将交流电源变换为直流电源。再生能量吸收电路由电容器 C_R、大功率管 VT 和电阻 R_C 组成，其工作过程为：当 C_R 的充电电压升高到一定值后，VT 导通，使 C_R 上的能量通过 R_C 释放。这种吸收电路适用于几百瓦以上的电动机，对于 200W 左右的小功率电动机可只使用电容器 C_R 来暂存交流伺服电动机的无效和再生能量。

逆变器采用三相 H 桥结构，在直流电源的正、负极之间串联晶体管 VT1 ~ VT6，各晶体管的集电极、发射极之间并联续流二极管 VD1 ~ VD6。晶体管 VT1 与 VT2、VT3 与 VT4、VT5 与 VT6 的连接点分别输出 U、V、W 三相电压。为了检测电动机电流，在 U 相与 W 相接有电流检测元件。该逆变器采用脉宽调制（PWM）方式，将直流电压变换为任意频率、任意电压的正弦交流电压。

图 3-29 所示为矢量控制交流伺服系统原理框图，其工作原理如下：由插补器发出的脉冲经位置控制回路发出速度指令，在比较器中与来自检测元件的反馈信号（经过 D/A 转换）相比较后，再经过放大器送出转矩指令 T 至矢量处理电路。矢量处理电路由转角计算回路、乘法器、比较器等组成。检测元件的输出信号也送至矢量处理电路中的转角计算回路，将电动机的回转位置 θ_r 变换成 $\sin\theta_r$、$\sin\left(\theta_r-\dfrac{2\pi}{3}\right)$ 和 $\sin\left(\theta_r-\dfrac{4\pi}{3}\right)$，并分别送到矢量处理电路的乘法器，然后输出 $T\sin\theta_r$、$T\sin\left(\theta_r-\dfrac{2\pi}{3}\right)$ 和 $T\sin\left(\theta_r-\dfrac{4\pi}{3}\right)$ 三种信号。这三种输出信号经放大与电动机回路的电流检测信号进行比较，通过 PWM 电路调制与放大后去控制三相桥式晶体管

电路，从而使交流伺服电动机得以按规定的转速旋转，并输出要求的转矩。

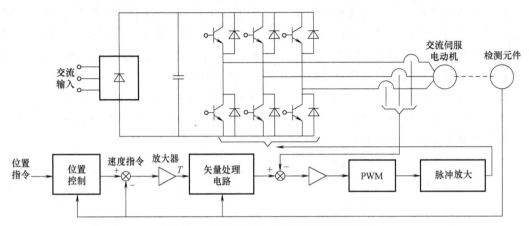

图 3-29　矢量控制交流伺服系统原理框图

2. SPWM 变频调速控制的交流伺服系统

SPWM（正弦波脉冲宽度调制）变频调速的触发电路输出的是一系列频率可调的脉冲波，脉冲的幅值恒定而宽度可调，因而可以根据 U_1/f_1 比值在变频的同时改变电压，并按正弦波规律调制脉冲宽度。

（1）SPWM 原理　SPWM 原理可用图 3-30 加以说明。将一个正弦波的正半周划分为 6 等份，则每一份可以用一个矩形脉冲来代表，只要对应时间间隔内的矩形脉冲的面积和正弦波与横轴包含的面积相等即可。不难理解，如果份数分得足够多，则所得到的一系列矩形波与正弦波等效，也就是说正弦波可以用等高但不等宽的矩形波来表示。

脉宽调制是以所期望的波形作为调制波、受其调制的信号作为载波。在 SPWM 中，采用正弦波为调制波，通常用等腰三角波作为载波。如图 3-31 所示，把一正弦控制电压 u_r 与三角形载波 u_t 相比较，当 $u_r > u_t$ 时，电路输出满幅度的正电平；当 $u_r < u_t$ 时，电路输出满幅度的负电平。于是得到了一组等幅而脉冲宽度随时间按正弦规律变化的矩形脉冲。如果用三相正弦信号调制，便可获得三相 SPWM 波形。

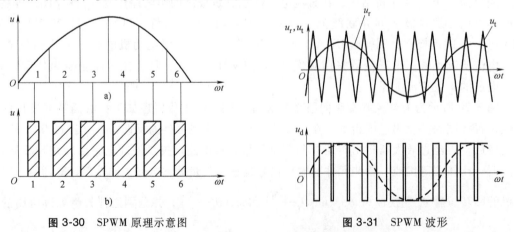

图 3-30　SPWM 原理示意图　　　　　图 3-31　SPWM 波形

（2）SPWM 变频器　图 3-32 所示为 SPWM 变频器的主电路和控制电路的原理图。图 3-32a 中 VT1～VT6 是逆变器的六个全控式功率开关器件，它们各有一个续流二极管反向并联，整个逆变器由三相不可控整流器供电，所提供的直流恒值电压为 U_s。图 3-32b 中由参考信号发生器提供一组三相对称的正弦参考电压信号 u_{ra}、u_{rb}、u_{rc} 作为调制波，其频率和幅值均由输入信号控制。三角波载波信号 u_t 由三角载波发生器提供，三相共用。它分别与每相调制波比较后，产生 SPWM 脉冲序列波 u_{da}、u_{db}、u_{dc}，作为逆变器功率开关器件 VT1～VT6 的驱动控制信号。

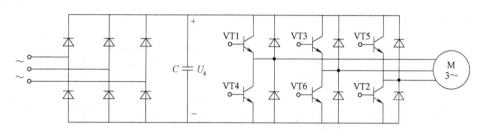

a)

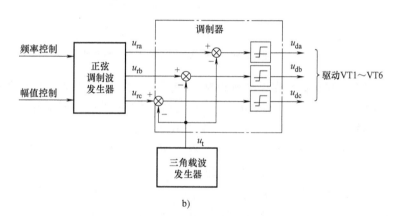

b)

图 3-32　SPWM 变频器电路原理图
a）主电路　b）控制电路

（3）SPWM 专用芯片 HEF4752　SPWM 信号可以利用单片机根据要求的电压和频率直接产生，也可以由专用芯片产生。SPWM 专用芯片有 HEF4752 和 SLE4520 等。其中，HEF4752 芯片为 28 引脚结构，如图 3-33 所示，其引脚含义如下。

1）驱动输出端。

OBM_1、OBM_2、ORM_1、ORM_2、OYM_1、OYM_2：驱动功率逆变器的开关器件，其中，下标 1 和 2 分别对应上、下桥臂。

OBC_1、OBC_2、ORC_1、ORC_2、OYC_1、OYC_2：晶闸管逆变系统的辅助输出。

2）控制信号端。

FCT：频率控制时钟输入，控制 SPWM 波的基频。

VCT：电压控制时钟输入，控制 SPWM 波的平均电压。

RCT：控制逆变器载波的最高频率。

OCT、K：控制逆变器上、下桥臂的时间延迟。

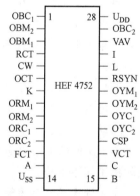

图 3-33　HEF4752 芯片的引脚

L：启、停控制。

CW：相序控制。

I：逆变器开关器件（晶闸管或晶体管）选择控制。

其余引脚为电源及一些测试端。

（4）SPWM 变频调速系统　图 3-34 所示为采用恒压频比控制的 SPWM 变频调速系统转速开环控制系统，下面对其作用原理做简要说明。

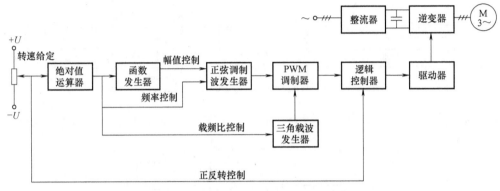

图 3-34　SPWM 变频调速系统原理框图

1）绝对值运算器。根据电动机正反转的要求，给定电位计输出正值或负值电压。在系统调频过程中，改变逆变器输出电压和频率仅需要单一极性的控制电压，所以设置了绝对值运算器，其输出的是单一极性的电压，输出电压的数值与输入相同。

2）函数发生器。函数发生器用来实现调速过程中电压 U_1 和频率 f_1 的协调关系，其输入是正比于频率 f_1 的电压信号，输出是正比于 U_1 的电压信号。

3）逻辑控制器。根据给定电位计送来的正值电压、零值电压或负值电压，经过逻辑开关，使控制系统的 SPWM 波输出按正相序、停发或逆相序送到逆变器，以实现电动机的正转、停止或反转。另外，逻辑控制器还要完成各种保护控制。

4）载频比控制。载频比 N 与 SPWM 逆变器的性能有密切关系，是三角载波频率 f_t 和正弦调制波频率 f_r 的比值。按载频比控制的不同，SPWM 逆变器的调制有同步调制、异步调制和分段调制三种方式。

同步调制方式是在改变 f_r 的同时成比例地改变 f_t，使载频比 N 始终保持不变。其优点是可以保证输出波形的对称性。由于波形对称，故不会出现偶次谐波问题。但是，当输出频率很低时，若仍保持 N 值不变，则会导致谐波含量变大，从而使电动机产生较大的脉动转矩。

异步调制方式是在改变 f_r 的同时保持 f_t 不变，使载频比 N 不断变化。采用异步调制的优点是可以使逆变器低频运行时载频比加大，从而减小谐波含量，减小电动机的谐波损耗和转矩脉动。但是，异步调制可能使 N 值出现非整数，从而导致相位连续漂移且正、负半波不对称。N 值的上限由逆变器功率开关器件的允许开关频率决定。N 值不足够大时，将引起电动机工作不平稳。

实用的大功率晶体管逆变器通常采用分段调制方式，如图 3-35 所示（图中 f_{rn} 为调制信号的最高频率）。在恒转矩区，低速段采用异步调制方式，高速段分段同步化，N 值逐级改变；在恒功率区，取 $N=1$ ，保持输出电压不变。这样就可以克服异步调制的缺点，保证输出波形对称。

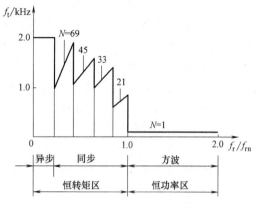

载频比控制主要用来实现图 3-35 所示的 SPWM 逆变器分段调制控制特性。

此外，图 3-34 中其他环节在前面已有介绍，故不再赘述。

图 3-35　分段调制 f_t 与 f_r 的关系曲线

3.5.3　步进伺服系统

步进电动机控制有开环和闭环两种方式。与闭环控制系统不同，开环系统无须使用位置、速度检测和反馈，不存在稳定性的问题，因此结构简单，使用维护方便，制造成本低。另外，步进电动机受控于电脉冲信号（角位移正比于脉冲数；转速正比于脉冲频率；改变脉冲分配相序，可改变电动机转动方向；脉冲的有无决定了电动机的起停。步进电动机比由直流伺服电动机或交流伺服电动机组成的开环控制系统精度高，适用于精度要求不太高的机电一体化伺服传动系统。目前，一般数控机械和普通机床的数控改造中大多采用步进电动机开环控制系统。

1. 步进电动机的开环控制

步进电动机的驱动电源由环形脉冲分配器和功率放大器等组成，其功能可以通过各种逻辑电路来实现，但是这样做的缺点是线路复杂，且缺乏灵活性。随着电子技术的发展，除功率驱动电路之外，其他硬件电路均可由软件替代实现，这样不仅简化了线路，降低了成本，而且可靠性也大大提高，加之步进电动机的控制可根据系统需要灵活改变，使用起来十分方便。图 3-36 所示为典型的利用单片机控制步进电动机的原理框图。每当脉冲输入端得到一个脉冲，步进电动机便沿着转向控制信号所确定的方向走一步。只要负载是在步进电动机允许的范围内，每个脉冲都将使电动机转动一个固定的角度（步距角）。只要知道电动机的初始位置，再根据步距角的大小以及它实际走过的步数，就可以预知步进电动机的最终位置。

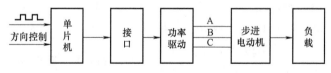

图 3-36　利用单片机控制步进电动机的原理框图

利用单片机对步进电动机进行控制有串行和并行两种方式。

所谓的串行控制是指脉冲分配器由逻辑电路构成，单片机只提供频率可调的控制脉冲信号、方向信号和励磁方式信号（图 3-37），因此，单片机与步进电动机驱动电源之间的连线数量少，但是驱动电源中必须包含环形分配器。

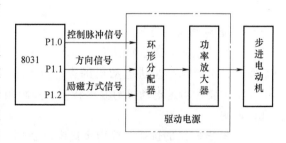

图 3-37　步进电动机的串行控制

并行控制是利用单片机的数个端口直接去控制步进电动机各相驱动电路，环形分配器的功能由单片机软件实现。实现脉冲分配功能有两种方法：一种是纯软件方法，即完全利用软件来实现相序的分配，直接输出各相导通或截止的信号；另一种是软件与硬件相结合的方法，使用专门设计的编程器接口，单片机向接口输入简单形式的代码数据，接口输出的信号用于控制步进电动机各相导通

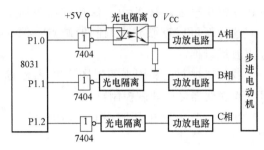

图 3-38　步进电动机的并行控制

或截止。图 3-38 所示系统采用的就是并行控制方式。该系统采用单片机 8031 作为控制器，利用 8031 的 P1 口的低三位控制步进电动机的三相绕组；7404 为 TTL 非门电路，用于提高单片机 I/O 口的驱动能力。在步进电动机单片机控制系统中必须考虑接口与电动机之间的电气隔离，这是因为单片机及其外围芯片一般工作在 +5V 弱电条件下，而步进电动机的驱动电源通常采用几十伏至上百伏的强电电压供电，如果不采取隔离措施，强电会通过电气连接耦合到弱电部分，造成单片机及其外围芯片的损坏。图 3-38 中采用的隔离器件是光电耦合器，可以隔离上千伏的电压。

2. 步进电动机的闭环控制

如前所述，步进电动机开环控制不检测电动机转子位置，因此输入脉冲不依赖转子的位置，而是事先按一定规律安排的。另外，电动机的输出转矩在很大程度上取决于驱动电源和控制方式。对于不同的电动机或电动机相同而负载不同的情况，励磁电流和失调角也将不同，输出转矩便会随之发生改变，因此很难找到通用的控制规律，步进电动机的技术性能难以提高，使得系统的位置精度和转速提高都将受到限制。由于没有转子位置反馈，也无法知道步进电动机是否失步，以及电动机的转速响应是否摆动过大。

闭环控制直接或间接地检测电动机转子的位置和速度，然后根据反馈，进行适当处理后自动给出驱动脉冲串，因此可以获得更加精确的位置控制以及更高、更加平稳的转速，从而大大提高了步进电动机的性能。

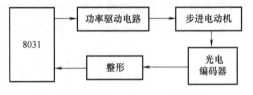

步进电动机的闭环控制有很多种方法，如核步法、延迟时间法等。图 3-39 中利用光电编码器检测电动机转子位置，其信号经整形后送

图 3-39　步进电动机的闭环控制

入单片机 8031 进行计数，再由计数值来判定步进电动机是否运行到了终点，这种方法就是核步法。

3. 步进电动机的选择

步进电动机的选择主要包括以下几个方面：根据负载性质、负载惯量、运行方式及系统控制要求，综合选择步进电动机的类型（包括驱动电源）、基本技术指标、外径安装尺寸等。以下主要对步进电动机的输出转矩、步距角，以及起动频率、运行频率等技术指标的选择进行说明。

（1）输出转矩的选择　选用步进电动机时，首先必须保证在整个调速频段内步进电动机的输出转矩大于负载所需转矩，使电动机的矩频特性（动态转矩与控制脉冲频率之间的

关系）有一定余量，否则会导致失步。

在电动机制造厂家所给的技术数据中一般没有电动机输出转矩这一指标，但可以根据最大静转矩 T_{jmax} 和实际所需工作频率范围大致估算电动机的输出转矩。T_{jmax} 是步进电动机的重要技术数据之一，是衡量步进电动机负载能力的一项重要指标。在选用步进电动机时，通常有 $T_{jmax} = （2~3）T_L$，T_L 为换算到电动机轴上的负载转矩。

（2）步距角的选择　步距角是指在一个电脉冲信号的作用下电动机转子转过的角度，它反映了步进电动机的定位精度。应根据系统的控制精度要求选择合适的步距角：对于定位精度要求不高的控制系统，可以选择步距角较大的步进电动机，这样可以降低系统成本；对于定位精度要求较高的控制系统，则应选择步距角较小的步进电动机；对于定位精度要求特别高的控制系统，还可采用细分电路来细分步距角，以满足控制系统的精度要求。

另外，还必须注意应使步距角和机械系统相匹配，以获得加工精度所要求的脉冲当量。在数控机床中，步距角应根据数控系统的脉冲当量确定，而脉冲当量由系统要求的加工精度确定。在确定了数控机床进给伺服机构的脉冲当量后，步进电动机步距角 α 的计算式为

$$\alpha = \frac{360°\delta i}{l_0} \tag{3-14}$$

式中　δ——脉冲当量（mm/脉冲）；

　　　l_0——丝杠基本导程（mm）；

　　　i——电动机和负载之间齿轮传动机构的传动比。

（3）起动频率和运行频率的选择　机电一体化系统对步进电动机起动频率和运行频率的要求是根据负载对象的工作速度提出的。在步进电动机的技术数据中，只有空载情况下电动机的最高起动频率。当步进电动机带上负载后，起动频率比空载时要下降许多。所以选择步进电动机时，应事先估算出带上负载后的起动频率，看能否满足设计要求。

估算时，如果有惯频特性资料，应先计算机械系统的负载惯量，然后根据惯频特性查出带负载惯量后的起动频率；如果没有惯频特性资料，可按以下方法近似计算带负载后的起动频率。

1）步进电动机带动惯性负载后的起动频率为

$$f_{gq} = \frac{f_q}{\sqrt{1 + \dfrac{J_L}{J_m}}} \tag{3-15}$$

式中　f_q——步进电动机空载起动频率（Hz）；

　　　J_L——负载转动惯量（kg·m²）；

　　　J_m——步进电动机转子转动惯量（kg·m²）。

2）步进电动机既带有惯性负载又带有摩擦负载，带负载后的起动频率为

$$f_{fq} = f_q \sqrt{\frac{1 - \dfrac{T_f}{T_m}}{1 + \dfrac{J_L}{J_m}}} \tag{3-16}$$

式中　T_f——负载摩擦转矩（N·m）；

T_m——步进电动机输出转矩（N·m）。

步进电动机的运行频率反映了电动机的工作速度，即快速性能。一台步进电动机的最高运行频率往往要比起动频率高出几倍，甚至十几倍。选用时，应使步进电动机的最高运行频率能够满足机械系统快速移动的要求。以数控机床进给伺服机构为例，数控机床的进给速度与电动机的运行频率有着严格对应关系，即机床的极限速度 v_{max}（快速进给速度）受电动机最高运行频率约束。所以应根据机床要求的极限速度确定最高运行频率 f_{max}，即

$$f_{max} = \frac{1000 v_{max}}{60\delta} \qquad (3-17)$$

4. 提高步进伺服系统精度的措施

1）在步进电动机开环控制系统中，信号单向传递。为了改善步进电动机的控制性能，首先必须选择良好的控制方式和高性能的功率放大电路，以提高电动机的动态转矩。由于步进电动机在起、停过程中都有惯性，尤其是在带了负载以后，当进给脉冲突变或起动频率提高时，步进电动机有可能失步，甚至无法运转。为此应设计自动升（降）速电路，使得进给脉冲在进入分配器之前，由较低的频率逐渐升高到所要求的工作频率，或者由较高的频率逐渐降低，以便电动机在较高的起动频率下或频率突变时均能正常工作。

2）在低速运行时，步进电动机的转动是步进式的，这种步进式转动势必会产生振动和噪声。为此可采用细分电路，以解决微量进给与快速移动之间的矛盾。

3）机械传动及轴承部件的制造精度和刚度将直接影响驱动位移的精度。为了提高系统的精度，必须适当提高系统各组成环节（包括机械传动和机械支承装置）的精度。

3.6 电液伺服系统

电液伺服系统是由电气信号处理部分和液压功率输出部分组成的控制系统，系统的输入是电信号。由于电信号在传输、运算、参量转换等方面具有快速和方便等特点，而液压元件是理想的功率执行元件，这样，将电、液有机结合起来，在信号处理部分采用电元件，在功率输出部分使用液压元件，两者之间利用电液伺服阀作为连接的桥梁，从而构成电液伺服系统，如图3-40所示。电液伺服系统综合了电、液两类元件的长处，具有响应速度快、输出功率大、结构紧凑等优点，因而得到了广泛的应用。

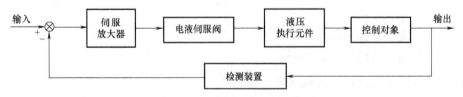

图3-40 电液伺服系统的组成框图

根据被控物理量的不同，电液伺服系统可分为位置伺服控制系统、速度伺服控制系统、力（压力）伺服控制系统。其中，最基本也是最常用的是电液位置伺服控制系统。

3.6.1 电液伺服阀

电液伺服阀根据输入的电气、机械、气动等信号，成比例地连续控制液压系统中液流的

方向、流量和压力，具有体积小、结构紧凑、功率放大系数高、线性度好、死区小、反应灵敏、精度高等优点，被广泛应用于工业设备、航空航天及军事领域的各种电液位置、速度和力伺服系统中。

　　根据控制对象的不同，电液伺服阀分为流量伺服阀和压力伺服阀；根据前置级液压控制阀的形式，分为喷嘴挡板式、射流管式、滑阀式、偏转射流式等；根据反馈形式，分为力反馈、直接反馈、电反馈、压力反馈、流量反馈和动压反馈等；根据液压控制阀的级数，分为单级、二级、三级伺服阀。

　　图 3-41 所示为双喷嘴挡板式力反馈二级电液流量伺服阀的结构原理图，以此为例介绍电液伺服阀的工作原理。该伺服阀是生产实际中应用最为广泛的一种形式，由力矩马达、液压控制阀、反馈（或力平衡）机构三部分组成。薄壁弹簧管 5 支承衔铁挡板组件 3，并作为喷嘴挡板液压控制阀的液压密封。反馈杆 6 从衔铁挡板组件中伸出，其端部小球插入滑阀 8 阀芯中间的槽中，构成阀芯对力矩马达的力反馈。力矩马达线圈中没有信号电流输入时，衔铁挡板组件由弹簧管支承在上、下导磁体 2 的中间位置，永久磁铁 1 在四个气隙中产生的极化磁通 Φ_g 相同，故力矩马达没有力矩输出。此时，挡板处于两个喷嘴 7 的中间位置，伺服阀没有输出。力矩马达线圈中有信号电流输入时，产生控制磁通 Φ_c，其大小和方向由信号电流的大小和方向决定。在气隙 b、c 中，Φ_c 与 Φ_g 方向相同；而在气隙 a、d 中，Φ_c 与 Φ_g 方向相反。因此，气隙 b、c 中的合成磁通大于气隙 a、d 中的合成磁通，

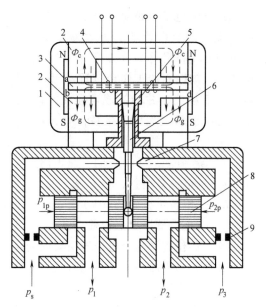

图 3-41　双喷嘴挡板式力反馈二级电液流量
伺服阀的结构原理图
1—永久磁铁　2—导磁体　3—衔铁挡板组件
4—线圈　5—弹簧管　6—反馈杆
7—喷嘴　8—滑阀　9—固定节流孔

在衔铁挡板组件中产生逆时针方向的电磁力矩，使衔铁挡板组件绕弹簧管支承旋转。此时，挡板向右偏转，使喷嘴挡板的右侧间隙减小、左侧间隙增大，控制压力 $p_{2p}>p_{1p}$，滑阀阀芯带动反馈杆端部小球左移，使反馈杆产生弹性变形，对衔铁挡板组件产生一个顺时针方向的反力矩。当作用于衔铁挡板组件上的磁力矩与弹簧管反力矩、反馈杆反力矩等各力矩达到平衡时，滑阀停止运动，处于平衡状态，并有相应的流量输出。力矩马达的输出力矩、挡板位移、滑阀位移均与输入信号电流成比例变化，在负载压差一定时，阀的输出流量也与之成正比。当输入信号电流反向时，阀的输出流量也随之反向。由于滑阀位置是通过反馈杆的变形力反馈到衔铁挡板组件上使各力矩达到平衡所决定的，故称之为力反馈式。

3.6.2　电液位置伺服控制系统

　　电液位置伺服控制系统常用于机床工作台的位置控制、机械手的定位控制、稳定平台水平位置控制等。按控制元件的种类和驱动方式，电液位置控制系统又可分为阀控式（节流

式）控制系统和泵控式（容积式）控制系统两类。其中，阀控系统更为常用，它包括阀控液压缸和阀控液压马达两种方式。这两种系统采用的检测装置和执行元件不同，但是工作原理是相似的。

1. 阀控液压缸电液位置伺服控制系统

图 3-42 所示为阀控液压缸电液位置伺服控制系统，它采用双电位器作为检测和反馈元件，控制工作台的位置，使之按照给定指令变化。

该系统由电液伺服阀、液压缸、反馈电位器、指令电位器、放大器组成。指令电位器 4 将滑臂的位置指令 x_i 转换成电压 e_i，被控制的工作台位置 x_f 由反馈电位器 3 检测，并转换成电压 e_f。两个电位器接成桥式电路，电桥的输出电压为

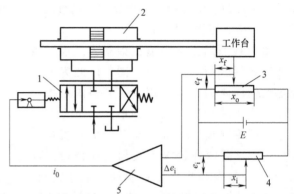

$$\Delta e_i = e_i - e_f = k(x_i - x_f) \qquad (3-18)$$

式中　k——电位器增益，$k = E/x_o$；

　　　E——电桥供桥电压（V）；

　　　x_o——电位器滑臂的行程（m）。

图 3-42　阀控液压缸电液位置伺服控制系统
1—电液伺服阀　2—液压缸　3—反馈电位器
4—指令电位器　5—放大器

工作台的位置随指令电位器滑臂的变化而变动。当工作台位置 x_f 与指令位置 x_i 相一致时，电桥的输出电压 $\Delta e_i = 0$，此时放大器输出为零，电液伺服阀处于零位，没有流量输出，工作台不动，系统处于平衡状态。

在反馈电位器的滑臂电位与指令电位器的滑臂电位不同时，例如指令电位器滑臂右移一个位移 Δx_i，在工作台位置变化之前，电桥输出偏差信号 Δe_i，经过放大器放大，转换为伺服阀控制线圈中的电流 i_0。伺服阀的阀芯产生与电流 i_0 成比例的位移，以控制阀的开口方向及开口大小，从而控制进入液压缸的液流方向和流量，驱动工作台向消除偏差的方向运动。随着工作台的移动，电桥输出偏差信号逐渐减小，当工作台位移 Δx_f 等于指令电位器滑臂位移 Δx_i 时，电桥又重新处于平衡状态，输出偏差信号等于零，工作台停止运动。如果指令电位器滑臂反向运动，则工作台也跟随着反向运动。在该系统中，工作台位置能够精确地跟随指令电位器滑臂位置的任意变化，以实现位置的伺服控制。

2. 阀控液压马达电液位置伺服控制系统

图 3-43 所示为阀控液压马达电液位置伺服控制系统，该系统采用一对旋转变压器作为角度测量装置（图中通过圆心的点画线表示转轴）。

输入轴与旋转变压器发送机轴相连，负载输出轴与旋转变压器接收机轴相连。旋转变压器检测输入轴和输出轴之间的转角误差，并将此误差信号转换成电压信号输出，即

$$e_s = k(\theta_i - \theta_L) \qquad (3-19)$$

式中　θ_i——输入轴转角，即系统的输入信号；

　　　θ_L——输出轴转角，即负载输出转角，是系统的反馈信号；

　　　k——取决于旋转变压器的常数。

当输入轴转角 θ_i 与输出轴转角 θ_L 一致时，旋转变压器的输出电压 $e_s = 0$，此时功率放大

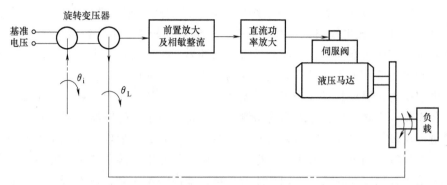

图 3-43　阀控液压马达电液位置伺服控制系统

器输出电流为零，电液伺服阀处于零位，没有流量输出，液压马达停转。当给输入轴一个角位移时，在液压马达转动之前，旋转变压器就有一个电压信号输出，经放大后转变为电流信号去控制电液伺服阀，推动液压马达转动。随着液压马达的转动，旋转变压器输出的电压信号逐渐减小，当输出轴转角 θ_L 等于输入轴转角 θ_i 时，输出电压为零，液压马达停止转动。如果输入角位移反向，则液压马达也跟随着反向转动。

3.6.3　电液速度伺服控制系统

若系统的输出量为速度，将此速度反馈到输入端，并与输入量相比较，就可以实现对系统的速度控制，这种控制系统称为速度伺服控制系统。电液速度伺服系统广泛应用于发电机组、雷达天线等需控制运转速度的装置中。图 3-44 所示为一个简单的电液速度伺服控制系统。在该系统中，输入速度指令用电压 e_i 来表示，而液压马达的实际速度由测速发电机测出，并转换成反馈电压信号 e_f。当实际输出速度信号 e_f 与指令速度信号 e_i 不一致时，产生偏差信号 Δe，此信号经放大器和电液伺服阀，控制液压马达使其转速向减小偏差的方向变化，以达到所需的进给速度。

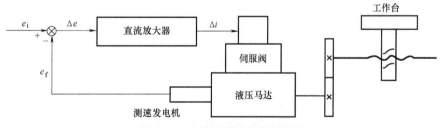

图 3-44　电液速度伺服控制系统

3.6.4　电液力伺服控制系统

以力或压力为被控制物理量的控制系统即为力控制系统。在工业生产中，经常需要对力或压力进行控制，例如材料疲劳试验机的加载控制、压力机的压力控制、轧钢机的张力控制等都采用了电液力（压力）伺服控制系统。

在轧钢过程中，热处理炉内带钢的张力波动会对钢材性能产生较大影响。因此，对带钢连续生产提出了高精度、恒张力的控制要求。图 3-45 所示为带钢张力电液伺服控制系统，以此为例来介绍电液力（压力）伺服系统的工作原理。热处理炉 3 内带钢的张力由张力辊组 2、7 来建立，以直流电动机 M_1 作为牵引、直流电动机 M_2 作为负载以产生所需要的张力。由于系统各部件的惯性大，时间滞后大，当外界干扰引起带钢内张力波动时，无法及时调整，故控制精度低，不能满足张力波动控制在 2%～3% 的要求。于是，在两张力辊组之间设立一个电液张力伺服控制系统来提高控制精度。该系统的工作原理如下：在转向左、右两轴承座下各安装一个测力传感器 6 作为检测装置。将这两个力传感器检测信号的平均值与给定信号值进行比较。当出现偏差时，信号经伺服放大器 8 放大后输入电液伺服阀 9。若实际张力与给定值相等，则偏差信号为零，电液伺服阀 9 无输出，液压缸 1 保持不动。当张力增大时，偏差信号使伺服阀在某一方向产生开口量，输出一定流量，使液压缸 1 向上移动，抬起浮动辊 5，使张力减小到给定值。反之，当张力减小时，产生的偏差信号使伺服阀 9 控制液压缸 1 向下运动，浮动辊 5 下移以张紧带钢，使张力升高到给定值。由此可见，该系统是一个恒值控制系统，可以确保带钢张力符合要求，提高钢材质量。

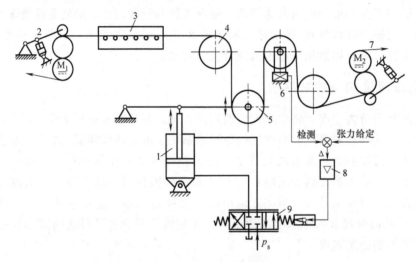

图 3-45 带钢张力电液伺服控制系统

1—液压缸 2、7—张力辊组 3—热处理炉 4—转向辊 5—浮动辊 6—测力传感器
8—伺服放大器 9—电液伺服阀

习题与思考题

3.1 简述机电一体化系统中执行元件的分类及其特点。

3.2 伺服系统的控制方式有哪几种？各有什么特点？分别适用什么场合？设计相应的系统时，都应注意什么问题？

3.3 进行机电一体化伺服系统设计时，应如何考虑机械结构因素的影响？

3.4 结合伺服系统对执行元件的基本要求，分析为何机电一体化伺服系统趋向于采用电气式执行元件？

3.5 列举几种新型执行元件，并说明其工作原理及特点。

3.6 伺服系统中一般需要检测哪些物理量？通常采用什么传感器进行检测？

3.7　简述直流伺服系统、交流伺服系统、步进伺服系统及电液伺服系统的组成及工作原理。

3.8　何谓 PWM？简述 PWM 调速的基本原理。

3.9　何谓 SPWM？SPWM 信号是数字信号还是模拟信号？

3.10　在进行步进伺服系统设计时，应如何选择步进电动机？为提高系统精度应采取什么措施？

3.11　电液伺服系统分为哪几种类型？应用最广泛的是哪种类型？

3.12　举例说明电液位置伺服控制系统的应用。

3.13　列举几个具有伺服系统的机电一体化产品实例，说明其伺服系统的结构组成及属于哪种类型的伺服系统。

3.14　早在 2005 年，时任浙江省委书记的习近平就提出了"绿水青山就是金山银山"的重要论述。《中国制造 2025》战略中更是将绿色发展作为基本方针之一，并将新能源汽车纳入重点发展的十大领域。我国的新能源汽车主要使用永磁同步电动机作为动力来源。试说明除了永磁同步电动机，新能源汽车常用的电动机还有哪些？各有何特点？

3.15　MEMS（微机电系统）是机电一体化的发展趋势之一。MEMS 同样包含着机电一体化系统的基本组成要素，但一般都是在厘米、微米甚至纳米量级。图 1-16 所示的厘米级类昆虫无人机就是一个典型的微机电系统。查阅相关资料后分析，该无人机应用了哪种微执行器？

第4章 传感检测技术

传感检测技术的关键器件是传感器。机电一体化系统对被控对象实施精确控制时，必须首先准确了解系统自身、被控对象及作业环境的状况。作为机电一体化系统的感受环节，传感器用于获取系统运行过程中所需的内部和外部的各种参数及状态，将这些非电量转化成与被测物理量有确定对应关系的电信号，并通过适当处理（如变换、放大、滤波），将其传输到后续装置中进行显示记录或数据处理后产生相应的控制信息。因此，传感检测技术是实现自动控制的关键技术，它直接影响机电一体化系统的自动化程度。机电一体化系统要求传感器能快速、精确、可靠地获取信息，并能经受各种严酷环境的考验。但是，目前传感器的发展还难以满足控制要求，不少机电一体化系统不能达到满意的效果或无法达到设计要求的关键原因就在于没有合适的传感器，因此，大力开展传感器的研究对于机电一体化的发展具有重要意义。

4.1 传感检测系统的基本组成

传感检测系统一般由传感器、中间变换装置及输出接口组成，如图 4-1 所示。

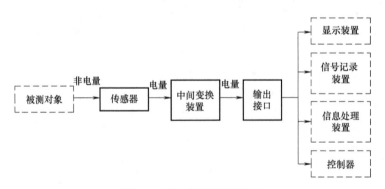

图 4-1 传感检测系统组成

1. 传感器

传感器是将机电一体化系统中被测对象的非电物理变化量转换成对应电量的一种变换器，其目的是为有效地控制机电一体化系统的动作提供信息。

传感器的种类繁多。根据被测物理量的不同，传感器可分为位移和位置传感器、速度和加速度传感器、力和力矩传感器、温度传感器、湿度传感器等。根据基本工作原理的不同，传感器可分为电阻式、电感式、电容式、磁电式、光电式传感器等。根据输出信号性质的不同，传感器又可分为模拟传感器、数字传感器、开关传感器等。

模拟传感器的输出信号为模拟信号，即在一定范围内连续变化的电量，其输入与输出的关系可能是线性或非线性的。电阻式、电感式、电容式传感器均属于模拟传感器。

数字传感器有脉冲计数型和代码型两类。脉冲计数型传感器的输出信号为脉冲信号，脉冲数与输入量成正比，通过计数器便可对输入量进行计数，可用于检测输送带上产品的个数，增量式光电码盘就属于这一种。代码型传感器所输出的信号是由“1”和“0”组成的数字代码，代码中的“1”和“0”分别代表高、低电平，可利用光电元件输出，这类传感器通常用来检测执行元件的位置或速度，绝对值型光电编码器就属于这一种。

开关传感器的输出只有“1”和“0”两个值或开（ON）和关（OFF）两个状态。当传感器的输入物理量达到设定值以上时，其输出为“ON”（1）；在设定值以下时，输出为“OFF”（0）。这种开关型输出信号直接传送给计算机进行处理，十分方便。开关传感器又有接触型（如微动开关）和非接触型（如光电开关、接近开关）之分。

2. 中间变换装置

中间变换装置是一些转换电路，用于将传感器输出的电量信号（如电阻、电容、电感等）转换成更易于测量和处理的电压或电流信号，并进行适当处理，如阻抗变换、放大、滤波等。中间变换装置包括电桥、放大器、滤波器、调制解调器等。

3. 输出接口

输出接口的作用是将信号传送至显示记录装置、信息处理装置和控制器等。

以下对机电一体化系统中常用的传感器进行介绍。

4.2　位移、位置传感器

位移、位置传感器在机电一体化领域中应用十分广泛，这是因为不仅在各种机电一体化产品中需要位移测量，而且速度、加速度、力、力矩等参数的测量也往往以位移测量为基础。在工厂自动化中，位置测量必不可少。与位移测量不同，位置测量主要用来确定被测物体是否已经到达或接近某一位置，而非一段距离的变化量，因此它只需产生和输出能够反映某种状态的开关量信号（闭合/断开或高/低电平）。

位移传感器包括直线位移传感器和角位移传感器。其中，常用的直线位移传感器有电感式传感器、电容式传感器、差动变压器式传感器、感应同步器、光栅、磁栅等；常用的角位移传感器有光电编码器、旋转变压器等。

按照检测时被测对象与测量元件是否接触，位置传感器可分为接触式和非接触式两种。接触式位置传感器即限位开关，而非接触式传感器包括接近开关和光电开关。

下面介绍几种典型的位移、位置传感器。

4.2.1　光电开关

光电开关的主要部件为发光元件（如发光二极管）和受光元件（如光电元件），根据其结构形式的不同，分为对射式、镜反射式、漫反射式、槽式和光纤式等类型。由于具有体积小、可靠性高、响应速度快、检测精度高等优点，光电开关获得了非常广泛的应用。

1. 对射式光电开关

对射式光电开关又称为透射式光电开关或透光式光电开关，包含在结构上相互分离且光轴相对放置的发光元件和受光元件，如图 4-2a 所示。发光元件发出的光线直接进入受光元件，当被检测物体经过发光元件和受光元件之间且阻断光线时，光电开关就产生了开关信号。对射式光电开关适用于不透明物体的检测。

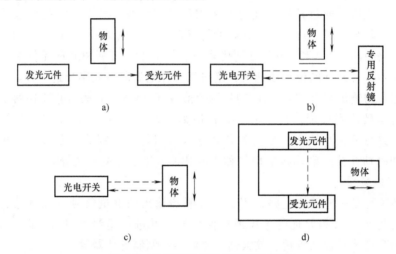

图 4-2 光电开关的工作原理示意图
a）对射式光电开关　b）镜反射式光电开关　c）漫反射式光电开关　d）槽式光电开关

2. 镜反射式光电开关

如图 4-2b 所示，镜反射式光电开关集发光元件和受光元件于一体，发光元件发出的光线经过反射镜反射回受光元件，当被检测物体经过且完全阻断光线时，光电开关就产生了开关信号。

3. 漫反射式光电开关

与镜反射式光电开关相同，漫反射式光电开关也是集发光元件和受光元件于一体，当有被检测物体经过时，物体将光电开关发光元件所发射的足够量的光线反射到受光元件上，于是光电开关就产生了开关信号，如图 4-2c 所示。漫反射式光电开关适用于表面光亮或反光率极高物体的检测。

4. 槽式光电开关

槽式光电开关通常采用标准的 U 字形结构，发光元件和受光元件分别位于 U 形槽的两边，形成一光轴，如图 4-2d 所示。当被检测物体经过 U 形槽且阻断光轴时，光电开关就产生了开关信号。槽式光电开关比较适合检测高速运动的物体，并且能分辨透明与半透明物体。

5. 光纤式光电开关

光纤式光电开关采用塑料或玻璃光纤传感器来引导光线，可以对距离较远的被检测物体进行检测。通常分为对射式和漫反射式。

4.2.2 光电编码器

光电编码器是一种光学式角度-数字检测元件。它利用光电转换原理将输出轴上的机械几何位移量转换成脉冲或数字量，具有体积小、精度高、工作可靠、接口数字化等优点，是目前应用最多的传感器之一，广泛应用于数控机床、回转台、伺服传动、机器人、雷达、军事目标测定等需要检测角位移的装置和设备中。

光电编码器主要由码盘、光电检测装置及测量电路组成。根据信号输出形式不同，光电编码器分为两种基本类型，即增量式光电编码器和绝对式光电编码器。增量式光电编码器对应每个单位角位移输出一个电脉冲，通过对脉冲计数即可实现角位移测量；绝对式光电编码器则直接输出码盘上的编码，从而检测出绝对位置。

1．增量式光电编码器

增量式光电编码器由玻璃制成的码盘、光源（发光二极管）、透镜、光电元件（光电二极管）等组成，如图 4-3 所示。码盘上沿圆周方向均布着 n 条狭缝，来自光源的光线可以通过狭缝照射到光电元件上。当码盘绕其轴线回转时，每转过一条狭缝，光电元件所接收到的光信号就明暗变化一次，光电元件输出的电信号也就强弱变化一次，经光电元件后的测量电路放大、整形后，输出一个方波脉冲。

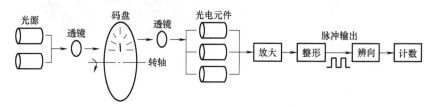

图 4-3　增量式光电编码器原理示意图

由于码盘无论正向转动还是反向转动都输出同样的脉冲，因此为使编码器的测量结果真实准确地反映转轴回转角度的大小，编码器的后面通常要设置辨向电路。辨向电路中的可逆计数器可在码盘正、反转时分别进行加、减脉冲处理，因此需要两路相位相差 90°的脉冲信号，为此编码器上要设置 A、B 两个光电元件，它们的空间位置应保证光电元件的两路输出信号相位相差 90°。通过观察 A、B 相脉冲信号超前还是滞后就可以方便地判别出编码器的旋转方向。

增量式光电编码器一般输出三组方波脉冲信号，即除了 A、B 相之外，还有 Z 相。Z 相产生的脉冲为基准脉冲，又称为零点脉冲，它是轴每旋转一周在固定位置上输出的唯一脉冲，可用于计数器归零或基准点定位。

增量式光电编码器的优点是原理和构造简单、寿命长（机械平均寿命可在几万小时以上）、抗干扰能力强、可靠性高、价格低、精度易于保证、适合于长距离传输，其缺点是无法输出轴转动时的绝对位置信息。

2．绝对式光电编码器

绝对式光电编码器是把被测转角通过读取码盘上的图案信息直接转换成相应代码的检测元件，因而可直接输出数字量。编码盘有光电式、接触式和电磁式三种。

光电式码盘是目前应用较多的一种，其玻璃码盘上刻的不是均布的狭缝，而是按二进制规则排列的一系列透光区和不透光区。码盘上白色的区域为透光区，用"1"表示；黑色的区域为不透光区，用"0"表示。这些透光区和不透光区均布在一些圆周上，这些圆周称为码道。绝对式光电编码器由内向外有多个码道，每一个码道表示二进制的一位。为了保证低位码的精度，将内侧码道作为编码的高位，而将外侧码道作为编码的低位。于是，由内至外构成二进制编码。

图 4-4 所示为一个四位二进制绝对式光电编码器。编码器上的 4 个 LED 和 4 个光电元件分别与 4 条码道相对应。当码盘转动到某一位置上时，4 个光电元件有的受光、有的不受光，光电元件将光信号转换成相应的电信号，从而输出不同的由 "1" 和 "0" 组合而成的编码信号，以表示不同的绝对角度坐标。

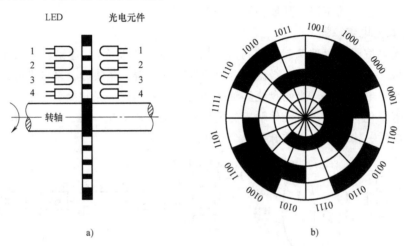

a)   b)

图 4-4 四位二进制绝对式光电编码器

a) 结构原理　b) 码盘的平面结构

很显然，这种编码器不需要计数器，在转轴的任意位置都可得到一个相对应的数字码。对于一个 n 位二进制的编码器，其码盘必须有 n 条码道。码道越多，则分辨力越高。

绝对式光电编码器的特点是能直接给出对应于每个转角的数字信息，便于计算机处理，但当进给数大于一转时，须做特别处理，而且必须用减速齿轮将两个以上的编码器连接起来，以组成多级检测装置，使得结构复杂、成本较高。

4.2.3　光栅

在高精度的位置检测系统中，大量使用光栅作为位移检测反馈元件。光栅是利用莫尔条纹现象将机械位移或模拟量转变为数字脉冲的精密测量装置，其特点是测量精确度高（可达±1μm）、响应速度快、量程范围大（一般为 1~2m，连接使用可达 10m）、可进行非接触测量、易于实现数字测量和自动控制，因而广泛用于数控机床和精密测量中。

1. 光栅的种类与构造

光栅是在透明的玻璃板上均匀地刻出许多明暗相间的条纹，或者在金属镜面上均匀地划出许多间隔相等的条纹，通常线条的间隙和宽度是相等的。根据制造方法和光学原理不同，分为透射光栅和反射光栅：透射光栅是以透光的玻璃为载体，利用光的透射现象进行检测；反射光栅是以不透光的金属（一般为不锈钢）为载体，利用光的反射现象进行检测。根据光栅的外形，又可分为长光栅（又称为直线光栅或光栅尺）和圆光栅，分别用于直线位移和角位移测量。

光栅的结构原理如图 4-5 所示，主要由主光栅（标尺光栅）、指示光栅、光电元件和光

源等组成。通常，主光栅与被测物体相连，随被
测物体的直线位移而产生位移。一般主光栅和指
示光栅的刻线密度相同，刻线之间的距离 W 称为
栅距。光栅栅距一般为 4 线/mm、10 线/mm、25
线/mm、50 线/mm、100 线/mm、200 线/mm、250
线/mm 等，国内机床上一般采用栅距为 100 线/
mm、200 线/mm 的玻璃透射光栅。光栅中光电元
件的作用是将光强信号转换为电信号，以供计算
机处理。单个光电元件只能用于计数，而不能用
于辨别方向，因此，为了确定光栅的运动方向，
至少应使用 2 个光电元件，一般为 4 个。

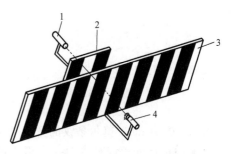

图 4-5　光栅的结构原理
1—光电元件　2—指示光栅
3—主光栅　4—光源

2. 光栅的工作原理

一般将主光栅和指示光栅平行安装，并使两者倾斜一个较小的角度 θ，此时光栅上就会
出现若干条明暗相间的条纹，这种条纹称为莫尔条纹，它们沿着与光栅条纹几乎垂直的方向
排列。莫尔条纹是光栅非重合部分光线透过而形成的亮带，由一系列菱形图案组成，如图
4-6a 中的 d—d 线区所示。图中的 f—f 线区则是由光栅的遮光效应形成的。

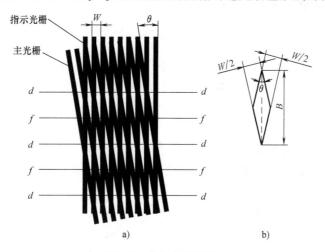

a)　　　　　　　　　　　　b)

图 4-6　莫尔条纹现象
a）莫尔条纹产生　b）参数关系

主光栅通常安装在执行机构上。当主光栅随执行机构左右移动时，莫尔条纹相应地上下
移动。利用光电元件检测明、暗条纹，输出二进制代码，使测量结果数字化。明暗条纹的移
动方向和主光栅移动方向有确切的对应关系，所以方向辨别十分容易。

光栅中的莫尔条纹具有如下特点。

1）莫尔条纹的位移与光栅的移动成比例。当指示光栅不动，主光栅左右移动时，莫尔
条纹将沿着近于栅线的方向上下移动。光栅每移动过一个栅距 W，莫尔条纹就移动过一个条
纹间距 B。另外，通过观察莫尔条纹的移动方向，就可以确定主光栅的移动方向。

2）莫尔条纹具有位移放大作用。如图 4-6b 所示，莫尔条纹的间距 B 与两光栅条纹夹角
θ 之间的关系为

$$B = \frac{W}{2\sin\dfrac{\theta}{2}} \approx \frac{W}{\theta} \qquad\qquad (4\text{-}1)$$

莫尔条纹的放大倍数为

$$K = \frac{B}{W} \qquad\qquad (4\text{-}2)$$

若 $W = 0.01\text{mm}$，莫尔条纹的宽度 W 调成 10mm，则放大倍数相当于 1000 倍。也就是说指示光栅与标尺光栅相对移动一个很小的距离 W，就可以得到一个很大的莫尔条纹移动量 B，于是可以利用测量条纹的移动来检测光栅微小的位移，从而实现高灵敏度的位移测量。

由式（4-1）和式（4-2）可得

$$K \approx \frac{1}{\theta}$$

可见 θ 越小，放大倍数越大。实际应用中，θ 角的取值范围一般都很小。例如当 $\theta = 10' = 0.0029\text{rad}$ 时，$K \approx 345$。

3）莫尔条纹具有平均光栅误差的作用。莫尔条纹由一系列刻线的交点组成，它反映了形成条纹的光栅刻线的平均位置，对各栅距误差起到了平均作用，减弱了光栅制造中的局部误差和短周期误差对检测精度的影响。

4.2.4 磁栅

磁栅利用电磁特性来进行机械位移的检测，主要用于大型机床和精密机床。与其他类型的位移传感器相比，磁栅具有结构简单、使用方便、动态范围大（1~20m）、磁信号可以重新录制等特点，其缺点是需要屏蔽和防尘。磁栅按用途分为长磁栅与圆磁栅两种，分别用于直线位移测量和角位移测量。

1. 磁栅的结构和工作原理

磁栅的结构和工作原理如图 4-7 所示，它由磁尺（磁栅）、磁头和检测电路等部分组成。

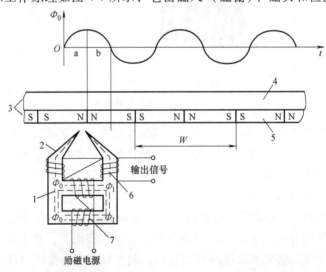

图 4-7　磁栅的结构和工作原理
1—铁心　2—磁头　3—磁尺　4—基体　5—磁性膜　6—拾磁绕组　7—励磁绕组

磁尺是采用录磁的方法，在一根基体表面涂有磁性膜的尺子上，记录下一定波长的磁信号，以此作为基准刻度标尺。磁头把磁尺上的磁信号检测出来并转换成电信号。检测电路主要用来供给磁头励磁电压并将磁头检测到的信号转换为脉冲信号输出。

磁尺一般以铜、不锈钢、玻璃或其他合金等非导磁材料为基体，涂敷、化学沉积或电镀上一层 $10 \sim 20 \mu m$ 厚的硬磁性材料（如 Ni-Co-P 或 Fe-Co 合金），并在它的表面上录制相等节距且周期变化的磁信号。磁信号的节距一般为 0.05mm、0.1mm、0.2mm、1mm。为了防止磁头对磁性膜的磨损，通常在磁性膜上涂敷一层厚度为 $1 \sim 2 \mu m$ 的耐磨塑料保护层。

磁头是进行磁-电转换的变换器，它把反映空间位置的磁信号转换为电信号输送到检测电路中。磁头有速度响应型和磁通响应型两种。速度响应型磁头（如普通录音机、磁带机的磁头）的输出电压幅值与磁通变化率成正比，只有当磁头与磁带之间有一定相对速度时才能读取磁信号，所以这种磁头只能用于动态测量，而不用于位置检测。为了在低速运动和静止时也能进行位置检测，必须采用磁通响应型磁头。

磁通响应型磁头是利用带可饱和铁心的磁性调制器原理制成的，其结构如图 4-7 所示。在用软磁材料制成的铁心上绕有两个绕组，一个为励磁绕组，另一个为拾磁绕组，这两个绕组均由两段绕向相反并绕在不同的铁心臂上的绕组串联而成。将高频励磁电流通入励磁绕组时，在磁头上产生的磁通为 Φ_1，当磁头靠近磁尺时，磁尺上的磁信号产生的磁通 Φ_0 进入磁头铁心，并被高频励磁电流所产生的磁通 Φ_1 所调制，于是在拾磁绕组中产生的感应电压为

$$U = U_0 \sin \frac{2\pi x}{W} \sin \omega t \qquad (4\text{-}3)$$

式中　U_0——输出电压系数；

　　　W——磁尺上磁信号的节距；

　　　x——磁头相对磁尺的位移；

　　　ω——励磁电压的角频率。

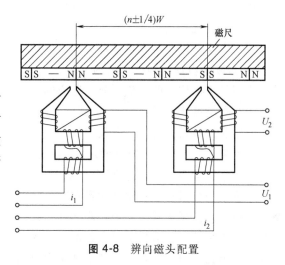

图 4-8　辨向磁头配置

这种调制输出信号跟磁头与磁尺的相对速度无关。为了辨别磁头在磁尺上的移动方向，通常采用间距为 $(n \pm 1/4) W$ 的两组磁头（其中，n 为任意正整数），如图 4-8 所示，i_1、i_2 为励磁电流。其输出电压分别为

$$\begin{cases} U_1 = U_0 \sin \dfrac{2\pi x}{W} \sin \omega t \\[2mm] U_2 = U_0 \cos \dfrac{2\pi x}{W} \sin \omega t \end{cases} \qquad (4\text{-}4)$$

U_1 和 U_2 是相位相差 90° 的两列脉冲。至于哪个超前，则取决于磁尺的移动方向。根据两个磁头输出信号的超前或滞后情况，可确定其移动方向。

2. 磁栅的测量方式

磁栅有鉴幅式和鉴相式两种测量方式。

（1）鉴幅式　如前所述，磁头有两组信号输出，将高频载波滤掉后可得到相位差为 $\pi/2$ 的两组信号为

$$
\begin{cases}
U_1 = U_0 \sin \dfrac{2\pi x}{W} \\[3mm]
U_2 = U_0 \cos \dfrac{2\pi x}{W}
\end{cases}
\tag{4-5}
$$

两组磁头相对于磁尺每移动一个节距便输出一个正弦或余弦信号，经信号处理后可进行位置检测。这种方法的检测线路比较简单，但分辨力受到录磁节距 W 的限制，若要提高分辨力就必须采用较复杂的信频电路，故不常采用。

（2）鉴相式　采用相位检测的精度大大高于录磁节距 W，而且可通过提高内插脉冲频率提高系统的分辨力。将图 4-8 中一组磁头的励磁信号移相 90°，则可得到输出电压为

$$
\begin{cases}
U_1 = U_0 \sin \dfrac{2\pi x}{W} \cos\omega t \\[3mm]
U_2 = U_0 \cos \dfrac{2\pi x}{W} \sin\omega t
\end{cases}
$$

在求和电路中相加，则得到磁头总输出电压为

$$
U = U_0 \sin\left(\frac{2\pi x}{W} + \omega t\right)
\tag{4-6}
$$

由式（4-6）可知，合成输出电压 U 的幅值恒定，其相位随磁头与磁尺的相对位置 x 变化而变化。因此，获取了输出信号的相位，就能够确定磁头的位置。

4.2.5　感应同步器

感应同步器是利用电磁感应原理把两个平面绕组间的位移量转换成电信号的一种位移传感器。由于它成本低，受环境温度影响小，测量精度高，且为非接触测量，因此在位移检测中得到了广泛应用，特别是在各种机床的位移数字显示、自动定位和数控系统中。

1. 感应同步器的种类及结构

按测量机械位移的对象不同，感应同步器可分为直线型和圆盘型两类，分别用来检测直线位移和角位移。直线型感应同步器由定尺和滑尺组成，圆盘型感应同步器由定子和转子组成。图 4-9 所示为直线型感应同步器的结构，其制造工艺是先在基板（玻璃或金属）上涂上一层绝缘粘合材料，将栅状铜箔粘牢，用制造印制电路板的腐蚀方法制成具有均匀节距的方齿形绕组。定尺的绕组是连续的，而滑尺上分布着两个励磁绕组，即正

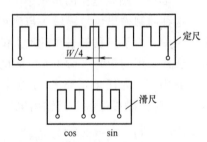

图 4-9　直线型感应同步器的结构

弦绕组和余弦绕组，并将正弦绕组和余弦绕组各自串联起来。滑尺和定尺相对平行安装，其间保持一定间隙（0.05~0.2mm）。使用时，定尺固定，滑尺相对于定尺做平移。图 4-9 中 W 为绕组节距，标准式直线型感应同步器的 W 为 2mm。

2. 感应同步器的工作原理

在滑尺的正弦绕组中施加频率为 f（一般为 2~10kHz）的交变电流时，定尺绕组感应出频率为 f 的感应电动势。感应电动势的大小与滑尺和定尺的相对位置有关。当两绕组同向对齐时，滑尺绕组磁通全部交链于定尺绕组，因而感应电动势达到正向最大值。移动 $W/4$ 后，

两绕组磁通不交链，即交链磁通量为零；再移动 $W/4$ 后，两绕组反向时，感应电动势达到负向最大值。依此类推，每移动一个节距 W，感应电动势周期性地重复变化一次。如图 4-10a 所示，其感应电动势 e_s 随位置按余弦规律变化。

同理，若在滑尺的余弦绕组中施加频率为 f 的交变电流，则定尺绕组上也感应出频率为 f 的感应电动势。其感应电动势 e_c 随位置按正弦规律变化，如图 4-10b 所示。

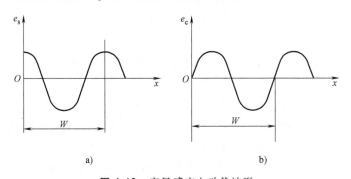

图 4-10　定尺感应电动势波形
a) 仅对正弦绕组励磁　b) 仅对余弦绕组励磁

设正弦绕组供电电压为 U_s，余弦绕组供电电压为 U_c，则正弦绕组单独供电时定尺上的感应电势为

$$e_s = KU_s\cos\theta$$

余弦绕组单独供电所产生的感应电动势为

$$e_c = -KU_c\sin\theta$$

由于感应同步器的磁路系统可视为线性的，可进行线性叠加，因此定尺上总的感应电动势 e 为

$$e = e_s + e_c = KU_s\cos\theta - KU_c\sin\theta \tag{4-7}$$

式中　K——定尺与滑尺之间的电磁耦合系数；

θ——电角度。

3. 感应同步器的测量方式

感应同步器是利用感应电压的变化来进行位置检测的。根据对滑尺绕组供电方式的不同，以及对输出电压检测方式的不同，感应同步器有鉴相式和鉴幅式两种测量方式，分别通过检测感应电压的相位和幅值来实现位移测量。

（1）鉴相式　当滑尺的两个绕组分别施加有相同频率和相同幅值但相位相差 90° 的两个励磁电压时，由于电磁感应作用，定尺绕组将产生与其频率相同的感应电动势，且随滑尺位置而变，即

$$\begin{cases} e_s = U_m\sin\omega t \\ e_c = U_m\cos\omega t \end{cases}$$

式中　U_m——滑尺励磁电压的最大幅值；

ω——滑尺励磁电压的角频率，$\omega = 2\pi f$。

则　　　$$e = e_s + e_c = KU_m\sin\omega t\cos\theta - KU_m\cos\omega t\sin\theta = KU_m\sin(\omega t - \theta) \tag{4-8}$$

式（4-8）中，$\theta = \dfrac{x}{W} \times 360°$，即滑尺相对定尺的位移 x 与定尺感应电动势相位 θ 的变化

成比例。测量时，通过鉴相器将相位的变化转换成感应电动势的变化。因此，只要测得 e，就可以知道 θ，从而就可以测量出滑尺与定尺间的相对位移 x。

（2）鉴幅式　在滑尺的两个励磁绕组上分别施加相同频率和相同相位但幅值不等的两个交流电压，即

$$\begin{cases} e_s = U_m \sin\varphi \sin\omega t \\ e_c = U_m \cos\varphi \sin\omega t \end{cases}$$

式中　φ——指令位移角。

根据线性叠加原理，定尺上总的感应电动势 e 为两个绕组单独作用时所产生的感应电动势 e_s 和 e_c 之和，即

$$\begin{aligned} e &= e_s + e_c = KU_m \sin\varphi \sin\omega t \cos\theta - KU_m \cos\varphi \sin\omega t \sin\theta \\ &= KU_m(\sin\varphi\cos\theta - \cos\varphi\sin\theta)\sin\omega t = KU_m \sin(\varphi-\theta)\sin\omega t \end{aligned} \tag{4-9}$$

式中　$KU_m \sin(\varphi-\theta)$——感应电动势的幅值。

由式（4-9）可知，感应电动势 e 的幅值随（$\varphi-\theta$）做正弦变化，当 $\varphi = \theta$ 时，$e = 0$。随着滑尺的移动，e 逐渐变化。因此，测量 e 的幅值就可以测得定尺和滑尺之间的相对位移。

4.2.6　旋转变压器

旋转变压器是一种利用电磁感应原理将转角变换为电压信号的传感器。由于其结构简单，动作灵敏，对环境无特殊要求，输出信号大，抗干扰性好，因此被广泛应用于机电一体化产品中。

1. 旋转变压器的构造和工作原理

旋转变压器在结构上与两相交流电动机相似，也由定子和转子组成。当具有一定频率（通常为 400Hz、500Hz、1000Hz、5000Hz 等）的励磁电压加于定子绕组时，转子绕组的电压幅值与转子转角成正弦、余弦函数关系，或者在一定转角范围内与转角成正比关系。前一种旋转变压器称为正余弦旋转变压器，适用于大角位移的绝对测量；后一种称为线性旋转变压器，适用于小角位移的相对测量。

如图 4-11 所示，正余弦旋转变压器一般做成两相电动机的形式。在定子上有励磁绕组和辅助绕组，它们的轴线相互成 90°。在转子上有两个输出绕组，即正弦输出绕组和余弦输出绕组，这两个绕组的轴线也相互成 90°，一般将其中一个绕组（如 $Z_1 Z_2$）短接。

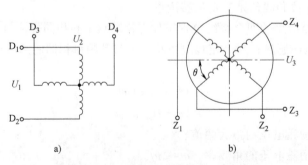

图 4-11　正余弦旋转变压器的工作原理

a）定子　b）转子

$D_1 D_2$—励磁绕组　$D_3 D_4$—辅助绕组　$Z_1 Z_2$—余弦输出绕组　$Z_3 Z_4$—正弦输出绕组

2. 旋转变压器的测量方式

对于正余弦旋转变压器，当定子两个绕组中分别通以幅值和频率相同、相位相差 90°的交变励磁电压时，便可在转子绕组中得到感应电动势 e。根据线性叠加原理，e 为励磁电压 U_1 和 U_2 的感应电动势之和，即

$$e=kU_1\sin\theta+kU_2\sin(90°+\theta)=kU_{\mathrm{m}}\sin\omega t\sin\theta+kU_{\mathrm{m}}\cos\omega t\cos\theta=kU_{\mathrm{m}}\cos(\omega t-\theta) \qquad (4\text{-}10)$$

式中　U_{m}——励磁电压的最大幅值；

$\quad\quad\omega$——励磁电压的角频率；

$\quad\quad k$——旋转变压器的变压比，$k=w_1/w_2$；

w_1、w_2——转子、定子绕组的匝数；

$\quad\quad\theta$——转子转角。

可见，测得转子绕组感应电动势的幅值和相位，便可间接测得转子转角 θ 的变化。

线性旋转变压器本质上也是正余弦旋转变压器，不同的是线性旋转变压器采用了特定的变压比 k 和接线方式，如图 4-12 所示。这样使得在一定转角（一般为±60°）范围内，其输出电压和转子转角 θ 呈线性关系，此时输出电压为

$$e=kU_1\frac{\sin\theta}{1+k\cos\theta} \qquad (4\text{-}11)$$

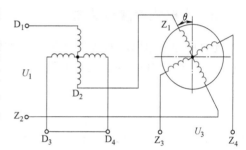

图 4-12　线性旋转变压器的工作原理

4.3　速度、加速度传感器

4.3.1　直流测速发电机

作为一种测速元件，直流测速发电机实际上就是一台微型的直流发电机。根据定子磁极励磁方式的不同，直流测速发电机可分为永磁式和电磁式两种。前者是用永久磁性材料做定子，并产生恒定磁场；后者则是利用绕在定子槽中的励磁绕组来产生磁场。

测速发电机的结构有多种，但原理基本相同。图 4-13 所示为较为常用的永磁式直流测速发电机的工作原理。当转子在恒定磁场中旋转时，电枢绕组中产生交变的电动势，再经过换向器和电刷转换为与转子转速成正比的直流电动势。

由图 4-14 所示的直流测速发电机输出特性曲线可以看出，当负载电阻 $R_{\mathrm{L}}\to\infty$ 时，其输出电压 U_{o} 与转速 n 成正比。随着负载电阻 R_{L} 变小，其输出电压下降，而且输出电压与转速之间并不能严格保持线性关系。由此可见，对于精度要求比较高的直流测速发电机，除采取其他措施（如减小转速 n，使其不超过额定转速）外，负载电阻 R_{L} 应尽量大。

直流测速发电机的特点是输出斜率大、线性度好、频率响应范围宽、工作可靠、环境适应性好，但是电刷和换向器的存在使得构造和维护比较复杂，摩擦转矩较大。

在机电一体化系统中，直流测速发电机主要用作测速和校正元件。为了提高检测灵敏度，使用时应尽可能将其与电动机轴直接相连。有的电动机本身就已安装测速发电机。

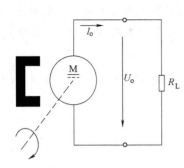

图 4-13　永磁式直流测速发电机的工作原理

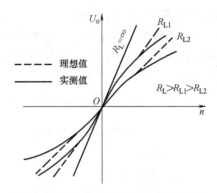

图 4-14　直流测速发电机输出特性曲线

4.3.2　光电式速度传感器

光电脉冲测速原理如图 4-15 所示。物体以速度 v 通过光电池挡板时，光电池输出阶跃电压信号，经微分电路形成两个脉冲输出，测出两脉冲之间的时间间隔 Δt 则可测得速度 v 为

$$v = \Delta x / \Delta t \tag{4-12}$$

式中　Δx—光电池挡板上两孔间距（m）。

光电式转速传感器由装在被测轴（或与被测轴相连的输入轴）上的带缝隙圆盘以及光源、光电器件和指示缝隙圆盘等组成，如图 4-16 所示。光源 1 发出的光通过带缝隙圆盘 3 和指示缝隙圆盘 4 照射到光电器件 5 上。当带缝隙圆盘 3 随被测轴转动时，由于其上的缝隙间距与指示缝隙圆盘 4 上的缝隙间距相同，因此圆盘每转一周，光电器件便输出与圆盘缝隙数相等的电脉冲。根据测量时间 t 内的脉冲数 N，就可计算出被测轴转速 n 为

$$n = \frac{60N}{Zt} \tag{4-13}$$

式中　Z——圆盘上的缝隙数；

　　　　n——转速（r/min）；

　　　　t——测量时间（s）。

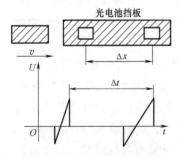

图 4-15　光电脉冲测速原理

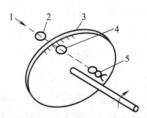

图 4-16　光电式转速传感器的结构原理
1—光源　2—透镜　3—带缝隙圆盘
4—指示缝隙圆盘　5—光电器件

4.3.3　加速度传感器

作为加速度检测元件的加速度传感器有多种形式，如应变式、压电式和电容式等。其工作原理通常是利用惯性质量在加速度作用下所产生的惯性力而造成的各种物理效应，将其进一步转化成电量，从而间接检测被测加速度。

电阻应变式加速度传感器的结构原理如图 4-17 所示，它由质量块、悬臂梁、电阻应变片和阻尼液体等构成。当传感器随被测物体运动的加速度为 a 时，质量块上产生惯性力 $F=ma$。在 F 的作用下，悬臂梁弯曲变形。可根据悬臂梁上粘贴的应变片的变形测出 F 的大小，在已知质量的情况下即可计算出被测加速度。传感器壳体内充以黏性液体提供阻尼，这样可以使系统的固有频率变得很低。

图 4-18 所示为压电式加速度传感器的结构原理。使用时，传感器固定在被测物体上，感受该物体的振动，惯性质量块产生惯性力，使压电元件产生变形。压电元件产生的变形和由此产生的电荷及被测物体的加速度成正比。压电加速度传感器可以做得体积很小、重量很轻，因而对被测对象的影响很小，加之频率范围广、动态范围宽、灵敏度高，故应用较为广泛。

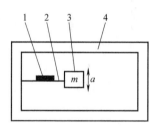

图 4-17　电阻应变式加速度传感器的结构原理
1—电阻应变片　2—悬臂梁　3—质量块　4—传感器壳体

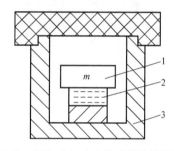

图 4-18　压电式加速度传感器的结构原理
1—惯性质量块　2—压电晶片　3—壳体

图 4-19 所示为一种空气阻尼的电容式加速度传感器。该传感器采用差动式结构，有两个固定电极，两极板之间有一个用弹簧片支承的质量块，此质量块的两端经过磨平抛光后作为可动极板。弹簧片硬度较大，使得系统的固有频率较高，故构成惯性式加速度计。当传感器测量垂直方向的振动时，由于质量块的惯性作用，因此两个固定电极相对于质量块产生位移，使电容 C_1、C_2 中一个增大、另一个减小，其差

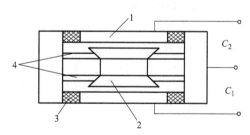

图 4-19　电容式加速度传感器
1—固定电极　2—质量块（动电极）
3—绝缘体　4—弹簧片

值正比于被测加速度。该传感器采用空气阻尼，由于气体的黏度温度系数比液体小得多，因此这种加速度传感器的精度较高，频率响应范围宽，可以测量很高的加速度值。

4.4　力、扭矩传感器

在机电一体化应用中，力和扭矩是很常用的机械参量。近年来，各种高精度力和扭矩传

感器不断出现，更以其惯性小、响应快、易于记录、便于遥控等优点得到了广泛的应用。力（扭矩）传感器按其工作原理可分为弹性式、电阻应变式、电感式、电容式、压电式和磁电式等，其中，电阻应变式传感器应用最为广泛。

4.4.1 力传感器

电阻应变式力传感器的工作原理是基于电阻应变效应，当粘贴有应变片的弹性元件在受到力的作用产生变形时，应变片将该应变转换为电阻值的变化，再经过转换电路（电桥）最终输出相应的电压或电流信号。

应变式力传感器按其量程大小和测量精度不同而有很多规格品种，其主要差别在于弹性元件的结构形式不同，以及应变片在弹性元件上粘贴的位置不同。力传感器的弹性元件通常有柱式、梁式、环式、轮辐式等。

1. 柱式弹性元件

柱式弹性元件有圆柱形、圆筒形等几种，如图 4-20 所示。这种弹性元件结构简单、承载能力大，主要用于中等载荷和大载荷（可达数兆牛）的拉（压）力传感器。其缺点是抗偏心载荷和侧向力的能力较差，所制成的传感器高度较大。在受力后，柱式弹性元件所产生的应变 ε 为

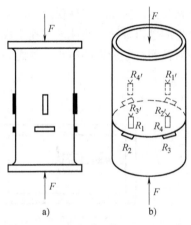

$$\varepsilon = \frac{F}{AE} \qquad (4\text{-}14)$$

式中　F——作用力；

　　　A——弹性元件的横截面面积；

　　　E——弹性元件材料的弹性模量。

图 4-20　柱式弹性元件

a）圆柱形　b）圆筒形

2. 梁式弹性元件

梁式弹性元件如图 4-21 所示，其特点是结构简单、加工方便、应变片易于粘贴、灵敏度较高，因而其主要用于小载荷、高精度的拉（压）力传感器中，可测量 0.01N 到几千牛的拉（压）力。使用时应在同一截面的正、反两面粘贴应变片。若悬臂梁的自由端有一被测力 F，则应变 ε 为

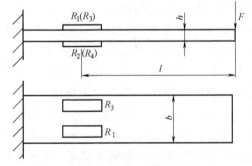

$$\varepsilon = \frac{6l}{bh^2 E} F \qquad (4\text{-}15)$$

式中　l——应变片中心距受力点的距离；

　　　b——悬臂梁宽度；

　　　h——悬臂梁厚度；

　　　E——悬臂梁材料的弹性模量。

图 4-21　梁式弹性元件

4.4.2 扭矩传感器

在电动机的最佳控制、机器人的作业控制及工具驱动控制等场合中，扭矩测量是必不可

少的，它通常以转轴扭转应变（或应力）或转轴两横截面之间的相对扭转角的测量为基础而求得。常用的扭矩传感器有应变式、压磁式、磁电感应式和光电式等，除了应变式扭矩传感器采用接触式测量方式，压磁式、磁电感应式和光电式扭矩传感器均可实现非接触式测量。

1. 应变式扭矩传感器

在扭矩作用下，转轴表面产生主应变。由材料力学得知，主应变和所受到的扭矩成正比。应变式扭矩传感器利用电阻应变片来检测主应变，并通过电桥转换输出，如图 4-22 所示。由于检测对象是旋转中的轴，因此需要通过集流环部件将应变片的电阻变化信号引出并进行测量。

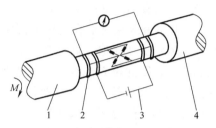

图 4-22　应变式扭矩传感器原理示意图
1—驱动源　2—集流环　3—电桥　4—负载

2. 压磁式扭矩传感器

压磁式扭矩传感器利用由具有压磁效应的铁磁材料制成的转轴在受到扭矩作用后应力变化导致磁阻发生改变的现象来实现扭矩测量。

如图 4-23 所示，传感器由两个绕有线圈的 U 形铁心 $A—A$、$B—B$ 组成，分别沿轴线方向和垂直于轴线方向布置，其开口端与被测转轴表面之间有 $1\sim2mm$ 的空隙。铁心 $A—A$ 的线圈中通以交流电流，形成穿过转轴的交变磁场。在无扭矩时，交变磁场的磁力线与 $B—B$ 的线圈不交链，无感应电动势产生，因此电桥仍处于平衡状态，输出电压为零。当有扭矩作用在转轴上时，转轴材料的磁阻沿正应力方向减小、沿负应力方向增大，从而改变了磁力线的分布，于是有部分磁力线与 $B—B$ 线圈交链，并在其中产生感应电动势，于是电桥失去平衡，有电压信号 U_o 输出。U_o 值随扭矩 M 增大而增大，并在一定范围内与 M 呈线性关系。

3. 磁电感应式扭矩传感器

图 4-24 所示为磁电感应式扭矩传感器原理示意图。传动轴的两端分别安装有磁分度圆盘 A 和 A'，其旁边各安装一个磁头 B 和 B'，用于检测两圆盘之间的转角差。当无扭矩时，两分度盘的转角差为零；当有扭矩作用在传动轴上时，两个磁头分别检测出驱动侧圆盘和负载侧圆盘的转角差。利用转角差与扭矩 M 成正比的关系，即可测量出扭矩的大小。

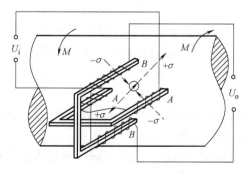

图 4-23　压磁式扭矩传感器原理示意图

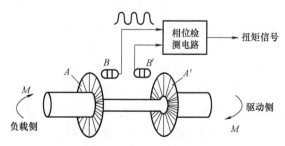

图 4-24　磁电感应式扭矩传感器原理示意图

4. 光电式扭矩传感器

与磁电感应式扭矩传感器相同，光电式扭矩传感器也是利用转轴的扭转变形来测量扭矩。不同的是，将磁感应元件换成了光电元件，磁分度盘换成了光栅盘，如图 4-25 所示。

光电式扭矩传感器在转轴上固定两个光栅盘。在转轴未承受扭矩时，两光栅盘的明、暗区正好互相遮挡，因此没有光线通过光栅照射到光电元件上，也就没有输出。当有扭矩作用后，转轴产生扭转变形，使得两光栅相对转过一个角度，部分光线透过光栅照射到光电元件上，并输出信号，该输出信号随扭矩 M 增大而增大，由此便可测得扭矩。

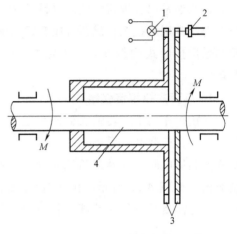

图 4-25　光电式扭矩传感器原理示意图
1—光源　2—光电元件　3—光栅盘　4—转轴

4.5　测距传感器

4.5.1　超声波测距传感器

超声波是频率高于 20kHz 的高频振动波，无法被人耳听见。与电磁波不同，超声波不可以在真空中存在，其传播需要气体、液体或固体媒介。检测用的超声波频率通常在几十万赫兹以上，这样它的波长很短，方向性好，具有良好的穿透性。与光波相似，超声波在介质中传播时遵循几何光学的基本规律，具有反射和折射等特性。因此，当超声波从一种介质入射到另一种介质中时，在介质界面，入射波的一部分被介质吸收，一部分被反射，还有一部分将透过介质。这些都是超声波传感器的应用基础。超声波广泛用于无损检测、医学成像，以及放射性、易燃易爆等难以接近的环境中的无侵入式检测，测量物理参量可为距离、厚度、液位、流速、黏度等。

超声波检测的基本原理是，在掌握了某些非声量的物理量（如密度、流量等）与描述超声波介质声学特性的超声量（声速、衰减、声阻抗）之间存在的直接或间接关系的基础上，通过超声量的测定来测得被测物理量。

超声波传感器的核心器件是超声波发射器和超声波接收器，它们也称为超声波探头。发生器与接收器的原理基本相同，都是基于压电材料的逆压电效应或铁磁材料的磁致伸缩效应，将电能转变为机械能或将机械能转变为电能。它们实质上是可逆的换能器，这就是用于产生超声波的发射器反过来也可以用作接收器。因此，对于以脉冲方式工作的超声波传感器，同一个换能器既可作为发射器又可作为接收器。

超声波检测的过程通常为超声波发射电路经发射换能器向被测介质发射超声波，接收换能器接收与被测介质相作用之后的超声波，从中得到所需信息，如图 4-26 所示。

超声波传感器的检测方式主要有脉冲法和多普勒频移法两种。其中，脉冲法更为常用；当发射器和反射器之间有相对移动时可以考虑采用多普勒频移法。

基于脉冲法的超声波距离测量原理如图 4-27 所示。控制电路产生一定频率的脉冲信号

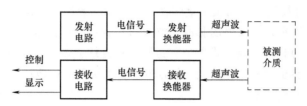

图 4-26 超声波检测过程

并送给发射电路，经放大后激励超声探头而
发射超声波脉冲。该超声波脉冲遇到被测物
体而发生反射，反射回波则另一个或同一个
超声探头接收。假设超声波在介质中的传播
速度为 v，在介质界面的入射角为 θ，同时测
定超声波从发射到接收的时间间隔为 t，则被
测距离 d 为

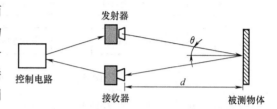

图 4-27 基于脉冲法的超声波距离测量原理

$$d = \frac{vt\cos\theta}{2} \tag{4-16}$$

式中　t——单次测距的时间，一般需重复测量并取其平均结果。

在实际使用时应当注意的是，在超声波传播路径上除了被测对象之外不能有其他反射物
或障碍物存在。其次，超声波在各种介质中的传播速度不同，且随温度而变化，因此 v 是变
化的，必须引入适当的补偿以减小误差。

倒车雷达是汽车泊车或倒车时的安全辅助装置，大多采用超声波测距原理，主要由超声
波传感器、控制器和显示器（或蜂鸣器）等部分组成。驾驶者在倒车时，将汽车的挡位推
到倒车挡，起动倒车雷达，在控制器的控制下，安置于车尾保险杠上的探头发送超声波，遇
到障碍物后产生回波信号。传感器接收到回波信号后经控制器进行数据处理，从而计算出车
体与障碍物之间的距离，判断出障碍物的位置，再由显示器显示距离并发出警示信号，从而
使驾驶者倒车时不至于撞上障碍物。在整个过程中，驾驶者无须回头便可知车后的情况，使
其摆脱泊车、倒车和起动车辆时前后左右探视所带来的困扰，有助于清除视野死角和视线模
糊的缺陷，使得停车和倒车更加容易也更加安全。

4.5.2　激光测距传感器

激光检测是以由激光器发射的激光为光源，利用激光的方向性、单色性、相干性以及随
时间、空间的可聚焦性等特点实现测量，无论在测量精确度和测量范围上都具有明显的优越
性。例如，利用激光的方向性，可做成激光准直仪和激光经纬仪；利用激光的单色性和相干
性，激光干涉仪可实现对长度、位移、厚度、表面形状和表面粗糙度等的检测；将激光束以不
同形式照射在运动的固体或流体上，产生多普勒效应，可测量运动物体速度、流体流度等。

激光测距的基本原理与超声波测距相同，向被测目标发射激光后，通过测量激光在被测
距离上往返一次所需要的时间 t，即可求出距离 d 为

$$d = \frac{vt}{2} \tag{4-17}$$

式中　v——激光的传播速度。

　　时间 t 的测量有直接测量和间接测量两种方式，激光测距相应地分为脉冲式和相位式两种方法。脉冲式激光测距是当发射的脉冲光波被目标物体反射回来后，利用一个时间测量装置直接测出激光往返的时间。相位式激光测距则是让连续光波通过调制器使激光强度按调制信号随时间而变化，测出该光波在时间 t 内的相位变化从而间接地计算出时间，图 4-28 所示为相位式激光测距的原理框图。

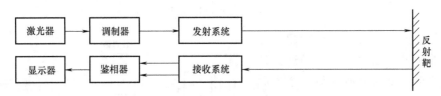

图 4-28　相位式激光测距的原理框图

　　与普通光相比，激光具有高方向性（即高平行度，是指光束的发散角小）、高单色性（激光的频率宽度约为普通光的频率宽度的 1/10）、高亮度（红宝石激光器的激光亮度超过人工光源中亮度最高的高压脉冲氙灯几百亿倍）等特征。激光的这些特点对于远距离测量、判定待测目标方位、提高接收系统的信噪比以及保证测量的精确性都至关重要。

　　目前，在激光测距的基础上又进一步发展了激光雷达，不仅能测出目标的距离，而且可以测出目标的方位，以及目标运动的速度和加速度。激光雷达已成功地用于对人造卫星进行测距和跟踪。例如，采用红宝石激光器的激光雷达，其测距范围为 500~2000km，而误差却仅有几米。

4.6　视觉传感器

　　视觉传感器是利用光电转换原理，将被测物体的光学图像转换为电信号，即把入射到传感器光敏单元上按空间分布的光强信号转换为按时序串行输出的电信号，具有体积小、析像度高、功耗小等优点，在机电一体化系统中获得了日益广泛的应用。与相关的图像处理软件配合使用，视觉传感器可以实现机器视觉形状和损伤识别、图像处理、零件尺寸非接触测量、瑕疵品识别等功能。

　　目前常用的视觉传感器主要有 CCD 和 CMOS 两种类型。其中，CCD 型视觉传感器解析度高、信噪比高、动态特性好，但是成本也较高，常用于一些高端系统或要求较高的场合；而 CMOS 型视觉传感器体积小、功耗低、价格便宜，常用于一些低端系统或要求较低的场合。

4.6.1　CCD 和 CMOS 视觉传感器

　　电荷耦合器件（Charge Coupled Device，CCD）于 1969 年在贝尔实验室研制成功。它是利用内光电效应，由光敏单元集成的一种光电传感器，集电荷产生、存储、转移和输出为一体。单个光敏单元称为像素，以一定尺寸大小并按某一规则排列，从而组成 CCD 线阵或面阵。

　　CCD 光敏单元的核心是 MOS 电容器（图 4-29），是一种金属-氧化物-半导体结构的电容器。在 N 型或 P 型硅衬底上热氧化生成厚约 120nm 的二氧化硅层，该二氧化硅层具有介质作用，然后在二氧化硅层上按一定次序沉积一层金属电极，形成电容阵列，即 MOS 电容器阵列，最后加上输入、输出端，便构成了 CCD 器件。

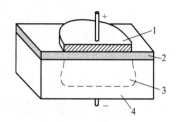

图 4-29　MOS 电容器
1—金属电极　2—二氧化硅层
3—少数载流子耗尽区　4—硅衬底

CCD 视觉传感器工作过程是：首先由光学系统将被测物体成像在 CCD 的受光面上，受光面下的许多光敏单元形成了许多像素点，这些像素点将投射到其上的光强转换成电荷信号并进行存储；然后在时钟脉冲信号的控制下，读取反映光强的被存储电荷信号并顺序输出，从而完成了从光图像到电信号的转换过程。

CCD 视觉传感器具有体积小、轻便、响应快、灵敏度高、稳定性好、以光为媒介、可以对任何地点的图像进行识别和检测等优点，同时它是一种数字传感器，其输出可以直接以数字方式进行存储（例如数码照相机），便于计算机处理。基于上述优点，CCD 视觉传感器自出现以来迅速发展，尤其是在工业检测和工业视觉等领域得到了广泛的应用。

互补金属氧化物半导体（Complementary Metal-Oxide-Semiconductor，CMOS）与 CCD 几乎同时出现。这两种成像器件均采用硅材料，其光谱响应和量子效率几乎相同，两者的光敏单元和电荷存储容量也相似。但由于结构和制作工艺方法的不同，它们的性能差别很大。CMOS 器件是将光敏二极管、MOS 场效应管、MOS 放大器和 MOS 开关电路集成在同一芯片上而成。除了集成度高外，CMOS 还具有功耗低、体积小、生产成本低、抗干扰能力强、只需单一电源、容易与其他芯片整合等优点，因此在民用方面得到了广泛应用，如高速摄影、医疗、消费品领域。目前，CMOS 技术快速发展，正在逐渐缩小与 CCD 的性能差距。最新一代 CMOS 视觉传感器利用先进的像素技术，其性能已达到甚至超过 CCD 视觉传感器。

CMOS 视觉传感器由一个像素光电二极管和数种 MOS 晶体管构成。通过镜头入射的光在硅底板内进行光电转换而产生电荷，该电荷在读出晶体管的源极聚集，经读出晶体管传送至漏极，并经放大晶体管放大后传送至竖直信号端，最后经竖直扫描和水平扫描而依次输出。图 4-30 所示为 CMOS 视觉传感器构成示意图。

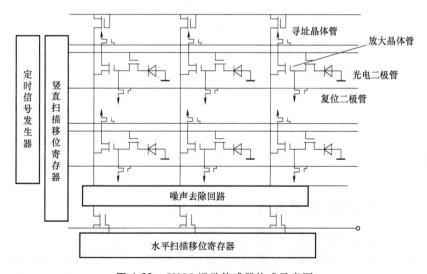

图 4-30　CMOS 视觉传感器构成示意图

如前所述，CCD 只能将不同的光线照度转换为一定的电荷量，却不能将其转换为对应的电压值。也就是说，将电荷转换为电压及信号放大等环节都是在由光敏单元转移出来之后完成的。因此，就感光单元而言，CCD 的电路结构比 CMOS 简单，但是在电荷耦合、转移、输出等环节上，CCD 却比 CMOS 复杂得多。

4.6.2 视觉传感器的应用

视觉传感器在生产自动化中得到了广泛应用，它可以判别被测物体的位置、尺寸、形状和异物的混入。例如，在汽车制造厂可以检验由机器人涂抹到车门边框的胶珠是否连续，宽度是否正确；在食品加工厂可以检验饮料瓶盖是否正确密封，装罐液位是否正确，封盖之前是否有异物掉落瓶中；在制药厂的药品包装生产线上，可以检验泡罩式包装中是否有药片破损或缺失等。

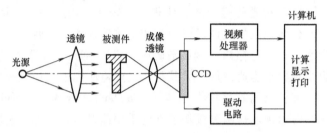

图 4-31 工件尺寸测量系统

1. 工件尺寸测量

工件尺寸测量系统如图 4-31 所示。成像透镜将被测工件放大成像于 CCD 传感器的光敏阵列上，视频处理器对 CCD 输出信号进行存储和数字处理，并将测得结果进行显示或判断，从而实现对工件形状和尺寸的非接触测量。

2. 热轧板材宽度测量

图 4-32 所示为热轧板材宽度测量系统。两个 CCD 线阵传感器布置于热轧板材的上方，板端的一小部分处于传感器的视场内，依据几何光学的方法，可以分别测出宽度 l_1、l_2，在两个传感器视场宽度 l_m 已知的情况下，可以根据传感器的输出计算出板材的宽度 l。图中最右侧的 CCD 传感器用来摄取激光器在板材上的反射光像，其输出信号用于补偿因板厚变化而造成的测量误差。整个系统由计算机控制，可以实现热轧板材宽度的在线实时检测。对于宽度为 2m 的热轧板，最终的测量精度可达板宽的±0.025%。

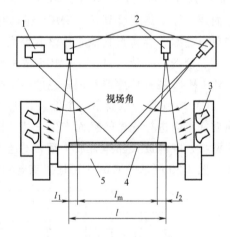

图 4-32 热轧板材宽度测量系统
1—激光器 2—CCD 线阵传感器
3—光源 4—板材 5—轧辊

4.7 智能传感器

4.7.1 智能传感器的定义及特点

目前关于智能传感器尚无统一的定义。早期人们只是简单地强调在工艺上将传统的传感器与微处理器紧密结合，认为将传感器的敏感元件及其信号调理电路与微处理器集成在一块芯片上即构成智能传感器。随着传感技术的不断发展，人们逐渐认识到传感器与微处理器的结合如果没有赋予智能，只能是微机化的传感器，则并不是真正意义上的智能传感器。本书对智能传感器给出如下定义：智能传感器是一种带有微处理器的传感器，是传感器和微处理器赋予智能的结合，兼具信息检测、信息处理、信息记忆、逻辑思维与判断等功能，是传感器、计算机和通信技术结合的产物。

与传统传感器相比，智能传感器具有以下特点。

1. 精度高

智能传感器可以自动校零以去除零点，与标准参考基准实时对比以自动进行整体系统标定，自动校正整体系统的非线性误差等系统误差，对海量采集数据进行统计处理以消除偶然误差的影响，对微弱信号进行测量等。这些功能保证了智能传感器具有很高的测量精度。

2. 可靠性和稳定性高

智能传感器能够自动补偿由工作条件与环境参数发生变化引起的特性漂移，如由温度变化引起产生的零点和灵敏度的漂移；当被测参数变化后能自动切换量程；能实时自动进行自我检验，以分析和判断所采集到的数据的合理性，并针对异常情况给予应急处理，如进行报警或给出故障提示。因此，智能传感器具有很高的可靠性和稳定性。

3. 信噪比和分辨力高

智能传感器利用软件进行数字滤波、相关分析等，可以去除输入数据中的噪声，从而提取出有用信息；利用数据融合和神经网络技术，可以消除多参数状态下交叉灵敏度的影响，从而保证在多参数状态下对特定参数测量的高分辨能力。

4. 自适应性强

智能传感器具有很强的逻辑判断和信息处理能力，能够根据系统工作情况决策各部分的供电情况及上下位计算机之间的数据传送速率，使系统能够以最优传送效率在最优低功耗状态下运行。

5. 性价比高

与传统传感器不同，智能传感器降低了对硬件性能的苛刻要求，而是依靠强大的软件实现性能大幅度提高，因此具有很高的性价比。

4.7.2　智能传感器的基本组成及基本功能

如图 4-33 所示，智能传感器主要由传感器、微处理器（或微型计算机）及相关电路组成。其中，微处理器是智能传感器的核心，它充分发挥各种软件的功能，赋予传感器以智能，使传感器的性能大大提高。

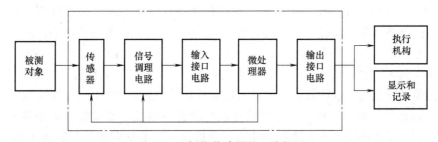

图 4-33　智能传感器的组成框图

传感器将被测对象的非电量信号转换成相应的电信号，经信号调理电路进行放大、滤波、阻抗变换,以及输入接口电路的 A/D 转换后,送到微处理器对接收信号进行计算、存储及数据处理。微处理器一方面可以通过反馈回路对传感器和信号调理电路进行调节,以实现对测量过程的调节和控制;另一方面将处理结果传送到输出接口电路,经接口电路处理后按需要的格式输出。

相比于传统传感器,智能传感器在功能上有极大提高,主要体现在自我完善能力、自我管理和自适应能力、自我辨识和运算处理能力以及交互信息能力等几个方面。

1)在自我完善能力方面,具有自校正、自校零、自校准功能,以改善传感器的静态性能,提高传感器的静态测量精度;具有智能化频率自补偿功能,以提高传感器响应速度,改善其动态特性;具有多信息融合功能,从而抑制交叉敏感性,提高系统稳定性。

2)在自我管理和自适应能力方面,具有自检验、自诊断、自寻故障、自恢复功能;具有判断、决策、自动切换量程功能。

3)在自我辨识和运算处理能力方面,具有从噪声中辨识微弱信号及消噪功能;具有多维空间的图像辨识与模式识别功能;具有数据的自动采集、存储、记忆与信息处理功能。

4)在交互信息能力方面,具有双向通信、标准化数字输出及人机对话等功能。

4.7.3 智能传感器的分类

与传统传感器一样,智能传感器也可按被测物理量的类型分类,有温度、湿度、压力、速度、液位等智能传感器。除此之外,智能传感器还有以下两种分类方法。

1. 按结构的不同分类

(1)模块式智能传感器 模块式智能传感器是将微处理器、信号处理电路、输入/输出电路、显示电路和传感器做成互相独立的模块,并装配在同一壳体内。这种传感器虽然集成度不高、体积较大,但是较为实用。

(2)混合式智能传感器 混合式智能传感器将各组成部分以不同的组合方式集成在几个芯片上,然后装配在同一壳体内。目前,混合式智能传感器作为智能传感器的主要类型而被广泛地应用。

(3)集成式智能传感器 集成式智能传感器利用集成电路工艺和微机电技术将传感器敏感元件与功能强大的电子线路集成在同一芯片上(或二次集成在同一外壳内),具有集成度高、体积小、成本低、功耗低、速度快、可靠性好、测量精度高、功能强等优点,是当前传感器研究的热点和传感器发展的主要方向。

2. 按智能化程度的不同分类

(1)初级形式智能传感器 初级形式智能传感器在组成上没有微处理器,仅仅包含敏感元件、补偿电路(如温度补偿、线性补偿等)、校正电路和信号调理电路。这是智能传感器最早的商品化形式,也是使用最广泛的形式。这类传感器只具有比较简单的自动校零、非线性自校正、温度自动补偿及简单的信号处理能力,在一定程度上提高了传统传感器的精度和性能。但是其智能化程度还较低,而且智能化功能的实现是依靠硬件电路来完成的。

(2)中级形式智能传感器 中级形式智能传感器在组成上必须包含微处理器。借助微处理器,这类传感器的功能大大增强,性能显著提高。除了具有初级智能传感器的功能外,还具有自诊断和自校正功能。其智能化主要由强大的软件来实现。

(3)高级形式智能传感器 高级形式智能传感器的集成度进一步提高,敏感单元实现多维阵列化，同时配备更强大的信息处理软件，从而具有更高级的智能化功能。除具有上述两种形式传感器的所有功能外，这类传感器还具有多维检测、图像识别、分析理解、模式识别、自学习和逻辑推理等功能。所涉及的控制理论包括模糊控制、神经网络和人工智能等。高级形式智能传感器具有人类"五官"的功能，能够从复杂背景中提取出有用信息并进行智能化处理，是真正意义上的智能传感器。

4.7.4　智能传感器典型示例

1. 磁阻式智能传感器

磁阻式智能传感器利用基于异质生长薄膜的单片集成技术，将具有各向异性磁阻效应的磁性薄膜直接沉积在硅基集成电路上，并通过切割、封装、测试而获得。它具有超低功耗，而且具有成本低、尺寸小（1.3mm×2.9mm）、可表面贴装、电流消耗低（最低仅为360nA）、磁敏度非常高、探测气隙距离的能力强（为霍尔效应传感器的 2 倍）等特点。

2. 红外式气体智能传感器

红外式气体智能传感器是基于离子注入剥离单晶薄膜制备和微机电系统（MEMS）加工技术，突破单晶薄膜热释电探测器制备、硅基微型气室设计与加工、高精度信号处理专用集成电路设计与加工、传感器三维集成等技术的一种传感器。该类传感器尺寸小于 10mm×100mm×3mm，可表面贴装，其重量和成本的数量级大大降低，可用于文物保护、环境监测、高端检测仪器、智能终端及军队中的单兵监护等领域。

3. 温度智能传感器

温度智能传感器采用高温制备的热敏薄膜材料，并利用热敏材料与硅基集成电路互连与键合集成方法研制而成。相对于传统温度传感器，由于实现了敏感材料薄膜化及器件集成化，这种传感器的测温精度、响应速度等关键性能指标都有较大提升，其海水测温产品的测温范围为 $-5 \sim +50 ℃$，在水中的热时间常数为 $10 \sim 500ms$，年稳定性优于 $\pm 0.01℃$，且体积小，可贴装，因此可在海洋水文、智能家电等领域获得应用。

以下介绍用于间接测量风速和风向的无可移动组件的固态温度传感器。该传感器利用当风吹过某发热物体时，物体各部分将呈现非均匀降温这一原理，通过测量最终的温度梯度来获得风速和风向。如果发热物体是一块芯片，当其中的电流通过电阻时会产生热量，同时由风引起的温度梯度变化可被集成的热电堆所感测到。

如图 4-34 所示，当一个加热圆盘上方有气流经过时，它的冷却不是均匀的，图 4-34a 所示曲线显示出关于加热圆盘中心对称的任意两点的温度梯度 ΔT，ΔT 的大小与空气流速的二次方根成正比，其方向与空气流动的方向一致。因此，测量 ΔT 就能够同时确定风速和风向。

由于传感器必须满足能够感测到风所引起的温度梯度的要求，因此采用了如图 4-34b 所示的封装结构。芯片被粘合到一块薄陶瓷片的下方，气流从芯片另一侧的上方通过，这种简单而稳固

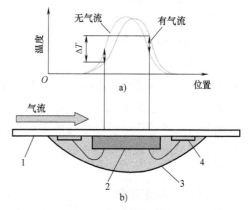

图 4-34　风速传感器测量原理

a) 温度-位置曲线　b) 传感器结构示意

1—陶瓷片　2—加热的芯片　3—半球形顶部　4—焊盘

的封装结构可以确保传感器芯片能够与气流有良好的热接触。另外，为了保证传感器仅对风的水平分量敏感，加热圆盘安装在一个符合空气动力特性的外壳中。

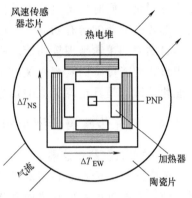

如图 4-35 所示，4 个加热器和 4 个热电堆集成在了一个传感器芯片中。热电堆以特定方式对由空气流动引起的南北、东西方向温度梯度正交分量（ΔT_{NS} 和 ΔT_{EW}）进行测量。由于硅是良好的热导体，测得的温度梯度正交分量非常小（只有零点几摄氏度），因此热电堆的输出电压为微伏级。这些输出电压信号通过芯片外电路进行数字化，并利用该数字化结果计算风速和风向（计算误差分别小于 5% 和 3°）。

图 4-35　风速传感器设计原理图

4.8　微传感器

4.8.1　微传感器的定义及特点

微传感器是指采用微电子机械加工技术制作的、芯片的特征尺寸为微米级的各类传感器的总称。它利用微细加工技术，将电子、机械、光学等部件集成在微小空间内，形成具有一定智能的优化复杂系统。

与传统技术制作的传感器相比，微传感器具有许多显著的特征和技术优势，主要体现在以下几个方面。

1. 微型化和轻量化

微型化是微传感器的显著特征之一。利用微机电系统技术，微传感器的敏感元件尺寸大多为微米级甚至亚微米级，这使得微传感器的整体尺寸也大大减小，一般微传感器封装后的尺寸可小至亚微米级，其尺寸精度可达纳米级。微传感器的体积只有常规传感器的几十分之一乃至百分之一。体积的减小也伴随着质量的减小，微传感器的质量一般在几十克乃至几克，因此具有轻量化的特征。

2. 集成化和多功能化

利用半导体工艺可以实现微传感器的集成化，这包含三方面含义：其一是将微传感器与其后级电路（如运算放大电路、温度补偿电路等）及微执行器等集成在一起，实现一体化；其二是将同类传感器集成于同一芯片上，构成阵列式传感器；其三是将不同的微传感器集成在一起而构成新的传感器。结构的集成化也势必带来功能的多样化，如将应变片和温度敏感元件、处理电路集成在同一个硅片上，制作成可同时测量压力和温度并实现温度补偿的多功能传感器。

3. 高精度和高寿命

微传感器封装后几乎可以摆脱热膨胀、挠曲和噪声等因素的不利影响，因而可以在比较恶劣的环境下稳定工作。微传感器中还大量使用智能材料和智能结构，这样可以大大提高系统的测量精度、抗干扰能力和可靠性，同时也提高系统的使用寿命。

4. 低成本和低功耗

由于采用微机电工艺制造，微传感器可以实现批量化生产，使得单件传感器的制造成本显著降低。微传感器是将微机械和微电子集成为一体的功能器件，在完成相同的工作时，微机械所消耗的能量仅为传统机械的十几分之一或几十分之一，因此微传感器的功耗一般都很低，可以是毫瓦级乃至更低的水平。

4.8.2　微传感器和传统传感器的区别

微传感器并非将传统传感器进行简单的尺度缩小而得，两者之间在设计、制造、使用及特性等方面有着本质的区别，主要表现为以下几点。

1. 设计和加工方法不同

在进行传统传感器的设计时，首先需要提出设计方案和装配图，再逐步分解，设计并加工每个零件，最后将制作好的各个零件组装调试，完成整机装配。由于尺寸微小，微传感器的零部件加工和装配都很困难，如果沿用传统的设计、加工和装配方法，则批量生产将十分困难，并会导致成本大幅度提高，难以实现商品化。另外，某些对传统传感器来说很简单的情况，对于微传感器而言就可能成为难题。例如，传感器需要布设电流线和信号线，而常规的最细引线的宽度也可能与微传感器的尺寸相似，因此，微传感器的引线设计和制作是一个很大的问题。

2. 控制方法和工作方式不同

传统的传感器往往需要手动操作和人工分析，如器件的电源启动、数据的显示控制和分析提取等。而微传感器的设计目标之一就是使其以遥感方式或自动模式工作在各种空间局促的场合。由于尺寸微小，微传感器的输出功率很小，因此一般不与外部环境直接耦合，而是用电、磁、光、声等信号作为输出。

3. 应用环境不同

普通传感器尺寸较大，具有一定的体积和工作空间占用，对环境温度、湿度、灰尘等的变化不如微传感器敏感。微传感器工作在狭小空间内而又不扰乱工作环境，对工作空间要求极小，但是极易受到周围环境的影响。例如，一颗直径约为 $10\mu m$ 的灰尘就可能阻挡微光学传感器的光源，从而影响传感器的正常使用，而这种情况在传统传感器的使用中是完全可以不予考虑的。

4. 力学性能和物理特性不同

微传感器的微小尺度会使其表现出与传统传感器迥异的现象。当微传感器的尺寸小至 $1\mu m \sim 1mm$ 时，虽然仍能用宏观领域的物理知识对微机构和微系统进行分析，但是尺寸微小化对材料的力学性能（如强度、刚度、弹性等）会产生很大影响。例如，美国伯克利大学利用多晶硅制作了 $20\mu m$ 的螺旋弹簧，其弹性超过普通硅片，甚至优于金属弹簧，这是由于材料尺寸的微小化也将减弱晶界、微裂纹等缺陷的影响。另外，尺寸微小化所引起的力尺度效应会使系统的物理特性发生变化。当物体的尺寸按比例缩小到 1/10 时，物体所受与表面积相关的力（如黏性阻力）将减小到原来的 1/100，与体积相关的重力或惯性力将减小到 1/1000，从而使得与表面积相关的力变得更为突出，表面效应十分明显。微传感器一般比普通传感器的尺寸小 2 个甚至 4~5 个数量级，这将导致微传感器与形状相似的普通传感器的受力有很大的不同。

4.8.3 微传感器典型示例

1. 力微传感器

（1）应变式力微传感器 应变式力微传感器一般是在硅基体梁上集成了应变片，应变片可采用不同的类型，如压阻式应变片或谐振式应变片。硅基梁在外力作用下产生变形，进而形成应变片上的应变。

（2）压电式力微传感器 图 4-36 所示是一种单向压电式测力微传感器，可用于测量机床的动态切削力。压电晶片 1 为 0°X 切型的石英晶片，尺寸为 $\phi8\mathrm{mm}\times1\mathrm{mm}$；上盖 2 为传力元件，其变形壁的厚度为 0.1~0.5mm，具体由测力范围决定；绝缘套 5 用于电气绝缘和定位。基座 3 内外底面对其中心线的垂直度以及上盖 2、压电晶片 1、电极 4 的上、下表面平行度与表面粗糙度均有极严格的要求，以避免增加横向灵敏度，或者晶片因应力集中而过早破碎。为了提高绝缘阻抗，传感器

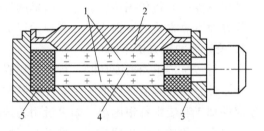

图 4-36 单向压电式测力微传感器
1—压电晶片 2—上盖 3—基座 4—电极 5—绝缘套

在装配前需要通过超声清洗等方法进行多次净化，然后在超净环境下完成装配，并于加盖之后用电子束封焊。

2. 压力微传感器

压力微传感器是微机电系统中非常成功的一类，商业化的压力微传感器在许多不同的领域都得到了广泛的应用，如汽车中空气压力、轮胎压力、供油压力的测量，供暖、通风、空调系统及航空航天系统中的压力测量，以及医学中动脉血压测量等。微型力传感器和微型压力传感器也常用在触觉传感器中，而触觉传感器的主要应用之一是置于机械手的末端以便机器人灵巧地操作物体。触觉传感器一般包含一个压力或力传感器阵列，例如，在一块 0.5mm×0.5mm 的触觉传感器芯片上可布置 100 个压力传感器。

在压力微传感器中，弹性元件一般采用蠕变、疲劳和回滞都很小的硅膜，而非传统压力传感器大多采用金属膜。

（1）压阻式压力微传感器 压阻式压力微传感器是目前得到广泛应用的压力微传感器。这种传感器是将硅片腐蚀成厚度为 10~25μm 的膜片，并在膜片的一侧采用扩散工艺或淀积工艺制出电阻。当膜片的两侧有压力差时，膜片发生变形，从而导致电阻变化。这种电阻变化可利用微电路测出，以此来感知压力的变化。

图 4-37 所示为一个典型的压阻式压力微传感器。在圆形 N 型硅膜片 2 上扩散有 4 个阻值相等的 P 型扩散电阻 3，并将这 4 个扩散电阻连成惠斯登电桥。硅膜片用硅环 1 来固定。传感器的上部为低压腔，通常与大气相通；下部为高压腔，与被测系统相连。在被测压力 p 的作用下，膜片产生应力和应变，而扩散电

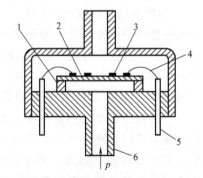

图 4-37 压阻式压力微传感器
1—硅环 2—硅膜片 3—扩散电阻 4—内部引线 5—引出线端 6—压力接管

因压阻效应其阻值发生相应变化。

（2）电容式压力微传感器　图 4-38 所示为电容式压力微传感器，其核心部件为一个对压力敏感的电容器。电容器的固定极板置于玻璃上，而活动极板置于硅膜片的表面上。将硅膜片与玻璃键合在一起，便形成了有一定间隙的电容器。当压力 p 变化引起硅膜片变形时，电容器两电极间的距离发生改变，导致电容值变化。利用测量电路检测电容的变化量，即可测出压力的变化。当然，通过微机电系统技术，可以将测量电路和压敏电容做在同一硅片上，从而大大减小整个传感器的尺寸。

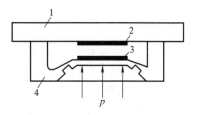

图 4-38　电容式压力微传感器
1—玻璃　2—固定极板
3—活动极板　4—硅膜片

3. 加速度微传感器

加速度微传感器有压阻式、电容式和谐振式等。其中，压阻式加速度微传感器是将加速度产生的作用加在质量块上，再由压敏电阻来测量质量块的移动，其结构示意图如图 4-39 所示。弹性硅梁一般采用悬臂梁式结构，压敏电阻制作在悬臂梁的固定端附近，质量块则固定在悬臂梁的自由端。

图 4-40 所示为悬臂梁式压阻式加速度微传感器。该传感器由一块硅片（包括敏感质量块和悬臂梁）和玻璃键合而成，从而形成质量块的封闭腔，以保护质量块并限制冲击和减振。通过扩散法，在悬臂梁上集成了 4 个压敏电阻。当质量块在被测加速度作用下运动时，悬臂梁弯曲，通过压敏电阻的阻值变化来感知加速度的大小。

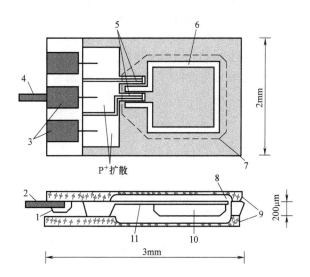

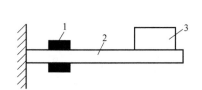

图 4-39　压阻式加速度微
传感器结构示意图
1—压敏电阻　2—硅梁　3—质量块

图 4-40　悬臂梁式压阻式加速度微传感器
1—导电环氧　2、4—引线　3—键合盘　5—压敏电阻
6、8—气隙　7—玻璃盖板上腐蚀的封闭腔轮廓
9—玻璃　10—（硅）质量块　11—硅（悬壁梁）

该传感器整体尺寸为 2mm×3mm×0.6mm，可植入人体内测量心脏的加速度，测量的最低加速度值可达 $0.001g$。

习题与思考题

4.1 传感检测系统一般由哪几部分组成？各部分的作用是什么？

4.2 在机电一体化系统中，通常用什么传感器实现位置（位移）、速度、力（力矩）、距离等物理量的检测？举例说明。

4.3 常用的光电式传感器有哪几种类型？分别适用于哪些检测场合？

4.4 简述由增量式光电编码器组成的角度-数字转换系统的工作原理。

4.5 简述光栅和磁栅的组成、工作原理及特点。

4.6 旋转变压器的鉴相测量方式和鉴幅测量方式在原理和应用上有何异同？

4.7 试选用一种传感器实现电动机转速的测量，并说明其检测方案和检测原理。

4.8 列举几种非接触式转速测量的传感器，并简述其工作原理。

4.9 扭矩传感器有哪几种？各有何特点？

4.10 试述超声波测距和激光测距的检测原理，并各举出一个应用实例。

4.11 视觉传感器主要有哪几种类型？分别说明其特点和适用场合。

4.12 列举一个视觉传感器的应用实例，并简述其检测原理。

4.13 智能传感器与传统传感器相比有何异同？

4.14 微传感器与传统传感器相比有何异同？

4.15 目前，无论是安全门禁、单位考勤，还是进站候车、刷脸支付，日常生活中应用人脸识别技术的场景越来越多。但是，这一新兴技术却被一些不法商家滥用，以此窃取客户的个人信息，2021 年央视 3·15 晚会对此进行了曝光。在震惊和愤慨之余，这一案例带给我们怎样的思考？

4.16 在央视"大国重器"栏目中曾展示了空间站建设的核心装备——21 自由度太空机械臂。该机械臂可替代航天员完成太空维修作业，以减少航天员出舱的风险。据报道，这款仿人类机械臂具有灵敏的感知能力，能够与人灵活握手而不会使人感到疼痛。请问看似冰冷的机械臂是如何做到这一点的？

第5章 计算机控制技术

计算机控制技术包括计算机技术和自动控制技术两大部分。其中，计算机技术包括计算机软件技术、硬件技术、网络与通信技术、数据库技术与信息处理技术等；自动控制技术包括在控制理论的指导下进行控制系统的设计，待设计完成后进行系统仿真和现场调试，最后使研制的系统可靠地投入运行。由于控制对象种类繁多，各自的控制要求也不同，因此自动控制技术的内容极其丰富，如高精度定位控制、速度控制、自适应控制等。在机电一体化系统中，控制计算机起指挥整个系统运行的作用，且信息处理是否正确及时直接影响到系统的工作质量和效率。因此计算机控制技术已成为促进机电一体化发展和变革最为活跃的因素。

5.1 计算机控制系统的组成及类型

5.1.1 计算机控制系统的组成

计算机控制系统是利用计算机来实现自动控制的系统，它通过对工业生产过程被控参数进行实时数据采集、实时控制决策和实时控制输出来完成对生产过程的控制。在控制系统中引入计算机，可以充分发挥其运算、逻辑判断和记忆等方面的优势，从而使控制系统更好地完成各种控制任务。

计算机控制系统由硬件和软件两大部分组成。

1. 硬件组成

计算机控制系统的硬件主要包括计算机主机及其外围设备、以模/数（A/D）转换和数/模（D/A）转换为核心的模拟量 I/O 通道和数字量 I/O 通道、人机联系设备等。其组成框图如图 5-1 所示。

（1）计算机主机 由 CPU、时钟电路和内存储器构成的计算机主机是计算机控制系统的核心部件，其主要功能是数据采集、数据处理、逻辑判断、控制量计算、超限报警等，以及向系统发出各种控制命令，指挥整个系统有条不紊地协调工作。随着微处理技术的快速发展，工业领域相继开发出一系列的工业控制计算机，如单片机、PLC、总线式工控机、分散计算机控制系统等。这些控制计算机弥补了商用计算机的缺点，更加适用于工业现场环境，也极大地提高了机电一体化系统的自动化程度。

（2）I/O 通道 I/O 通道是计算机主机与被控对象进行信息交换的桥梁，有模拟量 I/O 通道和数字量 I/O 通道之分。模拟量 I/O 通道的作用是进行 A/D 转换和 D/A 转换。由于计

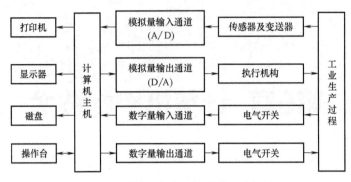

图 5-1 计算机控制系统硬件组成框图

算机只能处理数字信号，经由传感器和变送器得到的生产过程模拟量参数要先经过 A/D 转换将其转换为数字量，才能输入给计算机。而计算机输出的数字量控制信号要经过 D/A 转换变为模拟信号后输出到执行机构，以完成对生产过程的控制。数字量 I/O 通道的作用是将各种继电器、限位开关等的状态经由数字量输入接口传送给计算机，或者将计算机发出的开关动作逻辑信号通过数字量输出接口传送给生产机械中的电气开关。

（3）外围设备 在计算机控制系统中，配置外围设备主要是为了扩大计算机主机的功能。常用的外围设备有打印机、记录仪、显示器（CRT）、硬盘及外存储器等，用来打印、记录、显示和存储各种数据。

（4）操作台 操作台是人机对话的联系纽带，一般包括各种控制开关、指示灯、数字键、功能键、声讯器以及显示器等。通过操作台，操作人员可对计算机进行输入和修改控制参数操作，发出各种操作指令；计算机可向操作人员显示系统运行状态，当系统异常时发出报警信号。

2. 软件组成

计算机控制系统中的软件是指用于完成操作、监控、管理、控制、计算和自我诊断等功能的各种程序的统称。软件的优劣不仅关系到硬件功能的发挥，而且关系到计算机控制系统的品质。按功能区分，软件通常分为系统软件和应用软件两大类。

系统软件是指用来管理计算机自身的资源和便于用户使用计算机的软件。常用的系统软件包括操作系统和开发系统（如汇编语言、高级语言、数据库、通信网络软件）等。它们一般由计算机制造厂商提供，用户只需了解并掌握其使用方法，或者根据实际需要进行适当的二次开发。

应用软件是用户根据要解决的具体控制问题而编制的控制和管理程序，如数据采集和滤波程序、控制程序、人机接口程序、打印显示程序等。其中，控制程序是应用软件的核心，是基于经典控制理论和现代控制理论的各种控制算法的具体实现。

在计算机控制系统中，软件和硬件并非独立存在，两者需要相互间的有机配合和协调，只有这样才能设计出满足生产要求的高质量控制系统。

5.1.2 计算机控制系统的类型

1. 按控制装置分类

机电一体化系统大多采用计算机作为控制器，如单片机、普通个人计算机、工业计算机和 PLC 等，表 5-1 给出了各种计算机控制系统的性能比较。

表 5-1　各种计算机控制系统的性能比较

比较项目	基于单片机的控制系统	系统类型			
		基于个人计算机的控制系统		基于 PLC 的控制系统	
		普通个人计算机系统	工业计算机系统	中小型 PLC 系统	大型 PLC 系统
系统组成	自行开发(非标准化)	按要求配置各种功能接口板卡	整机已系统化，外部需另行配置	按使用要求选择主机和扩展单元	
系统功能	简单的处理功能和控制功能	数据处理功能强，可组成从简单到复杂的各类控制系统	本身已具备完整的控制功能，软件丰富，执行速度快	以逻辑控制为主，也可组成模拟量控制系统	可组成大型、复杂的多点控制系统
通信功能	根据需要通过外围芯片自行扩展	具备多种通信接口，如串行口、并行口、USB 口等	产品已提供串行口	一般具备串行口，可选用通信模块来扩展	
硬件开发工作量	多	稍少	少	很少	很少
程序语言	汇编语言为主，也可使用高级语言	汇编语言和高级语言均可	高级语言为主	梯形图为主	支持多种高级语言
软件开发工作量	很多	多	较多	很少	较多
人机界面	较差	好	很好	一般(可选配触摸屏)	好(利用组态软件)
执行速度	快	很快	很快	一般	很快
输出带负载能力	差	较差	较强	强	强
抗干扰能力及可靠性	较差	一般	好	很好	很好
环境适应性	较差	差	一般	很好	很好
应用场合	智能仪表，简单控制	实验室环境的信号采集及控制	较大规模的工业现场控制	一般规模的工业现场控制	大规模的工业现场控制，可组成监控网络
开发周期	较长	一般	一般	短	短
成本	低	较高	高	中	很高

2. 按计算机在控制系统中的应用方式分类

（1）操作指导控制系统　操作指导控制系统又称为数据处理系统（Data Processing System，DPS）。如图 5-2 所示，在操作指导控制系统中，计算机只起数据采集和处理的作用，并不直接参与生产过程的控制。计算机对检测传感装置测得的生产对象的状态参数进行采集，并根据一定的控制算法计算出最优操作方案和最佳设定值，供操作人员参考和选择。操作人员根据计算机的输出信息（如 CRT 显示图形或数据、打印机输出、报警信号等），去改变调节器的设定值或直接操作执行机构。该控制系统的特点是组成简单、控制灵活安全，尤其适合控制规律尚不明晰的系统，常常用于计算机控制系统的初期研发阶段，或者新控制算法或控制程序的试验和调试阶段。

（2）直接数字控制系统 与操作指导控制系统不同，直接数字控制（Direct Digital Control，DDC）系统中计算机的运算和处理结果直接输出并作用于生产过程。如图 5-3 所示，DDC 系统中的计算参与闭环控制，它完全取代了模拟调节器来实现多回路的 PID 控制，而且只通过改变程序就能实现复杂的控制规律，如串级控制、前馈控制、非线性控制、自适应控制、最优控制等。DDC 系统是计算机在工业生产中最普遍的一种应用形式，目前在工业控制中得到了广泛应用。

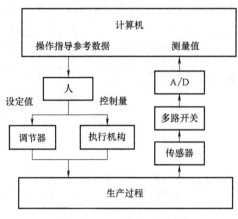

图 5-2 DPS 的组成框图

（3）监督计算机控制系统 监督计算机控制（Supervisory Computer Control，SCC）系统是指计算机根据生产工艺参数和过程参量检测值，按照预定的控制算法计算出最优设定值，直接传送给常规模拟调节器或 DDC 系统，最后由模拟调节器或 DDC 系统控制生产过程。图 5-4 所示为 SCC 系统的组成框图。由此可见，SCC 系统中计算机的输出值不直接用于控制执行机构，而是作为下一级的设定值，它并不参与到频繁的输出控制，而是着重于控制规律的修正与实现。该系统的优点是可进行复杂的控制，如最优控制和自适应控制等，并且能完成某些管理工作。由于采用了两级控制形式，当上一级出现故障时，下一级仍可独立执行控制任务，因此工作可靠性较高。

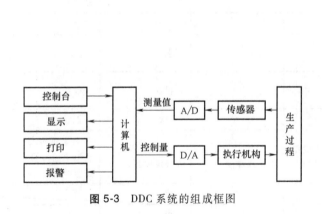

图 5-3 DDC 系统的组成框图

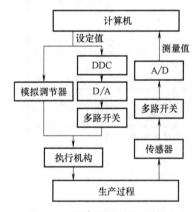

图 5-4 SCC 系统的组成框图

（4）分布式控制系统 生产过程中既存在控制问题，也存在管理问题。随着工业生产规模的不断扩大，其对控制和管理的要求也日益提高，因此出现了采取分散控制、集中操作、分级管理和分而自治原则的分布式控制系统（Distributed Control System，DCS）。DCS 综合了计算机技术、控制技术和通信技术，采用多层分级的结构形式。每级使用一台或数台计算机，各级之间通过通信总线进行连接。系统中的多台计算机用于实现不同的控制和管理功能。

图 5-5 所示为一个四级 DCS 的组成框图。其中，过程控制级位于 DCS 的最底层，对现场生产设备进行直接数字控制；控制管理级也称为车间管理级，用于负责全车间各个设备之间的协调管理；生产管理级即工厂管理级，主要负责全厂各车间的生产协调，包括生产计划

安排、备品备件管理等；经营管理级也称为企业管理级，负责整个企业的总体协调，安排总的生产计划，进行企业的经营决策等。DCS 安全可靠，通用灵活，并具有最优控制性能和综合管理能力。

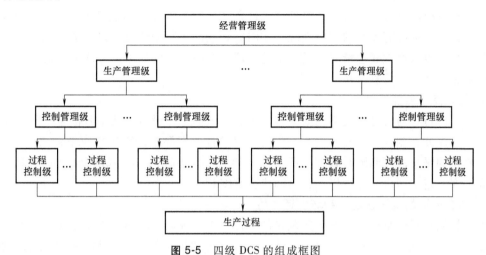

图 5-5　四级 DCS 的组成框图

5.2　控制计算机的作用及基本要求

5.2.1　控制计算机在机电一体化系统中的作用

控制计算机在机电一体化系统中的作用可大致归纳为以下几个方面。

1) 对工业生产过程执行直接控制，包括顺序控制、数字程序控制和直接数字控制。

2) 对工业生产过程实施监督和控制。例如，根据生产过程的状态参数，按照预定的生产工艺和数学模型，计算出最佳给定值，以指导生产的进行；将最佳给定值输入给模拟调节器，进行自动整定和调整，然后传送至下一级计算机进行直接数字控制。

3) 自动检测、显示和分析处理工业生产过程参数。例如，在工业生产过程中，对各物理量参数进行周期性或随机性的自动测量，并将测量结果予以显示和打印记录，以供操作人员观测和分析之用；对间接测量的参数和指标进行计算、存储、分析、判断和处理，并将信息反馈到控制中心，以便后续制订新的控制策略。

4) 对车间级或厂级自动生产线的生产过程进行协调、调度和管理，如生产计划制订和管理、人机交互管理、故障诊断和系统重构等。

5) 直接渗透到产品中形成具有一定智能的机电一体化新产品，如机器人、智能仪表等。机电一体化系统的微型化、多功能化、柔性化、智能化，以及安全可靠、成本低廉，易于操作等特性，都是源于计算机技术的应用。

5.2.2　机电一体化对控制计算机的基本要求

1. 具有完善的 I/O 通道

控制计算机必须具有丰富的模拟量 I/O 通道，以及数字量或开关量 I/O 通道，以便实现各种形式信息的采集、处理和交换，这是计算机能够投入机电一体化系统并能有效控制系统正常运行的重要保证。

2. 具有实时控制功能

控制计算机应具有时间驱动和事件驱动的能力，要能对生产过程进行实时监视和控制，因此控制计算机应配有完善的中断系统、实时时钟及高速数据通道，以保证对生产过程工况和参数的变化以及突发紧急情况等具有迅速响应和及时处理的能力，并能够实时地在计算机与被控对象之间进行信息交换。

3. 具有高可靠性

工业生产过程通常是昼夜不间断地运行的，一般的生产设备要几个月甚至一年才能停产大修一次，因此控制计算机必须具有非常高的可靠性，即要求计算机故障率低（一般来说，控制计算机的平均故障间隔时间不应低于数千甚至上万小时）、平均故障修复时间短、运行效率高。在一定时间内，计算机运行时间应占99%以上。

4. 具有很强的抗干扰能力和环境适应性

由于控制计算机是面向工业生产现场的，而在工业现场环境中，电磁干扰十分严重，因此控制计算机必须具有极高的电磁兼容性，要有很强的抗干扰能力和共模抑制能力。此外，控制计算机还应对高温度、高湿度、振动冲击、灰尘等恶劣的工作环境具有很强的适应性，这样才能符合在生产现场应用的要求。

5. 具有丰富的软件

控制计算机要配备丰富、完善的软件系统，构建能正确反映生产过程规律的数字模型，并编制能对其进行有效控制的应用程序。

5.3 常用控制计算机

机电一体化产品与非机电一体化产品的本质区别在于前者具有计算机控制的伺服系统。计算机作为伺服系统的控制器，将来自各传感器的检测信号和外部输入指令进行存储、分析、加工，并根据信息处理结果，按照一定的控制算法和程序发出指令，控制整个系统按照预定的目的运行。因此，实现机电有机融合，信息处理及机器的智能化都离不开计算机的支持，所以控制计算机在机电一体化中起着极为重要的作用。

常用控制计算机包括单片机、可编程序控制器（PLC）和总线型工业控制计算机（简称工控机）等。

5.3.1 单片机

1. 单片机及其特点

将CPU、ROM、RAM及I/O接口等计算机的主要部件集成在一块大规模集成电路（LSI）芯片上，便构成了芯片级的微型计算机。单片机是由单一芯片构成的微型计算机，故称为单片微型计算机（single chip microcomputer），简称单片机。因此，单片机具有一般微型计算机的基本功能。为了增强实时控制能力，绝大多数单片机上还集成有定时器或计数器，部分单片机还集成有A/D转换器、D/A转换器、调制解调器和PWM等功能部件。由于单片机无论从功能还是形态来说都是作为控制领域用计算机而产生和发展的，因此国外多称之为微控制器（micro controller）。典型产品包括 Intel 公司的 MCS-51 系列（8 位）和 MCS-96 系列（16 位）、ATMEL 公司的 AVR 系列（8 位）和 AT89 系列（8 位）、Microchip 公司的 PIC 系列（8 位）、Silicon Labs 公司的 C8051F 系列（8 位）、ST 公司的 STM32 系列（32 位）等。

单片机具有集成度高、控制功能强、运行速度快、抗干扰性好、体积小、重量轻、能耗低、结构简单、价格低廉、通用性好等优点，可以在不显著增加机电一体化系统（产品）的体积、能耗及成本的情况下，大大提高其性能，丰富其功能，故常用于家用电器、办公自动化、门禁系统、智能化仪表、医疗器械、自动售货、工业过程控制、农业生产控制、通信与网络系统、汽车自动驾驶、导航定位、机器人视觉、航天测控、卫星遥感遥测、电子对抗等领域。

2. MCS-51 系列单片机

MCS-51 系列单片机分为 51 和 52 两个子系列，其内部 CPU、I/O 接口及存储器的结构均相同，只是存储器的容量及其半导体制造工艺不同而已。各种芯片程序存储器（ROM）和数据存储器（RAM）容量比较见表 5-2。

表 5-2　MCS-51 系列单片机存储器容量对照

系　　列		片内存储器			片外存储器寻址范围	
		ROM		RAM	EPROM	RAM
		掩膜 ROM	EPROM			
51 子系列	8031	—	—	128B	64KB	64KB
	8051	4KB	—	128B		
	8751	—	4KB	128B		
52 子系列	8032	—	—	256B		
	8052	8KB	—	256B		
	8752	—	8KB	256B		

由表 5-2 可以看出，MCS-51 系列单片机若按存储器配置形式可分为三种类型，即无 ROM 型、ROM 型和 EPROM 型。无 ROM 型（8031 和 8032）片内没有配置程序存储器，故需外接 EPROM 来存放程序，使用灵活，早期应用广泛；ROM 型（8051 和 8052）的片内程序存储器为 ROM，在生产时由厂家将程序写入 ROM，因此用户无法对程序进行修改，可在产品定型后大量生产时选用；EPROM 型（8751 和 8752）片内程序存储器为 EPROM，利用高压脉冲写入程序，也可通过紫外线照射擦除程序，因此用户可自行多次改写，常在实验和科研中选用。

MCS-51 系列单片机均为 40 引脚双列直插塑料封装，引脚信号完全相同，大多可分为电源、时钟、I/O 口、地址总线、数据总线和控制总线等几大部分。MCS-51 单片机引脚如图 5-6 所示。各引脚含义如下。

（1）I/O 引脚　I/O 引脚共 32 个，具体如下。

P0.0~P0.7（引脚 39~32）：8 位漏极开路型双向 I/O 口，在访问片外存储器时，分时用作低 8 位地址线和 8 位双向数据总线。

P1.0~P1.7（引脚 1~8）：带有内部上拉电阻的 8 位双向 I/O 口。

P2.0~P2.7（引脚21~28）：带有内部上拉电阻的8位双向I/O口，在访问外部存储器时送出高8位地址。

P3.0~P3.7（引脚10~17）：带有内部上拉电阻的8位双向I/O口。因受封装形式的限制，P3.0口除了具有一般I/O口的功能外，还具有第二功能。P3.0~P3.7的第二功能依次分别为串行口输入端（RXD）、串行口输出端（TXD）、外部中断0输入端（$\overline{\text{INT0}}$）、外部中断1输入端（$\overline{\text{INT1}}$）、定时/计数器0外部输入端（T0）、定时/计数器1外部输入端（T1）、片外数据存储器写选通端（$\overline{\text{WR}}$）及片外数据存储器读选通端$\overline{\text{RD}}$。

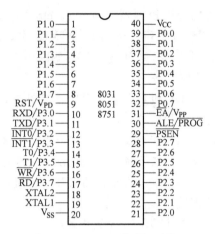

图 5-6　MCS-51 单片机引脚

（2）控制信号引脚　控制信号引脚共4个，具体如下。

RST/V_{PD}（引脚9）：单片机上电后，在此引脚上出现的两个机器周期的高电平将使单片机复位。另外，若在此引脚上接备用电源，一旦芯片在使用中主电源掉电，则该引脚的备用电源（V_{PD}）就向内部RAM供电，以保护片内RAM中的信息不丢失。

ALE/$\overline{\text{PROG}}$（引脚30）：当访问片外存储器时，ALE（地址锁存允许）的输出用于锁存低字节地址信号。即使不访问外部存储器，ALE端仍以不变的频率周期性地出现正脉冲信号，此频率为振荡器频率的1/6。此引脚对于EPROM型单片机，用于在对片内EPROM编程期间输入编程脉冲（$\overline{\text{PROG}}$）。

$\overline{\text{PSEN}}$（引脚29）：此引脚输出访问片外程序存储器的读选通信号，在CPU由外部程序存储器取指令（或常数）期间，每个机器周期有效两次。

$\overline{\text{EA}}$/V_{PP}（引脚31）：当$\overline{\text{EA}}$端保持高电平时，访问片内程序存储器，但当PC（程序计数器）值超过片内存储单元最大值时，将自动转向执行外部程序存储器内的程序。当$\overline{\text{EA}}$保持低电平时，则只访问外部程序存储器。此引脚对于EPROM型单片机，用于在EPROM编程期间施加编程电压（V_{PP}）。

（3）时钟引脚　时针引脚共2个，具体如下。

XTAL1（引脚19）：内部振荡器外接晶振的输入端1。

XTAL2（引脚18）：内部振荡器外接晶振的输入端2。

（4）电源引脚　电源引脚共2个，具体如下。

V_{CC}（引脚40）：电源正端，接+5V直流电源。

V_{SS}（引脚20）：电源负端，接电源地线。

3. 单片机应用系统

按照系统扩展及系统配置情况，单片机应用系统可分为最小应用系统和典型应用系统。

（1）最小应用系统　最小应用系统具有能维持单片机运行的最简单的配置，结构简单，成本低廉，常用来构成简单的控制系统，如开关量的输入、输出控制。对于有片内存储器的单片机，系统配置为单片机+晶振+复位电路+电源；对于无片内存储器的单片机，还应外接

EPROM 或 EEPROM 作为程序存储器使用，如图 5-7 所示。

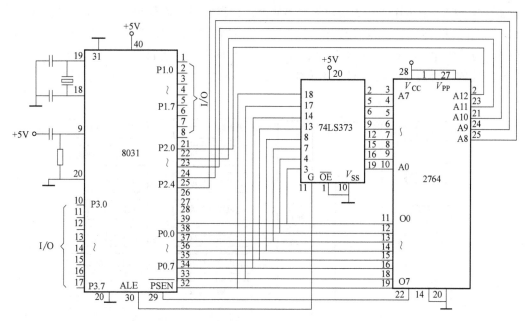

图 5-7　单片机最小应用系统

（2）典型应用系统　如图 5-8 所示，典型应用系统是指单片机为完成工业测控功能所必须具备的硬件结构系统，应具有传感检测通道、伺服驱动控制通道、人机对话系统及 I/O 通道等，包括系统配置和系统扩展两大部分。

系统配置是指为满足系统需要配置的基本外部设备，如键盘、显示器等；系统扩展是指当单片机中的片内 ROM、RAM 及 I/O 口等不能满足系统需求时应在片外进行适当的扩展。对于 MCS-51 单片机，用于 ROM 扩展的 EPROM 芯片有 2716（2KB）、2732（4KB）、2764（8KB）、27128（16KB）、27256（32KB）、27512（64KB）；EEPROM 芯片有 2816（2KB）、2816A（2KB）、2817（2KB）、2817A（2KB）、2864A（8KB）等。用于 RAM 扩展的静态 RAM 芯片有 6116（2KB）、6264（8KB）、62256（32KB）等。用于 I/O 口扩展的芯片有 8255A 等。常用扩展芯片引脚排列图及引脚说明详见本书附录。

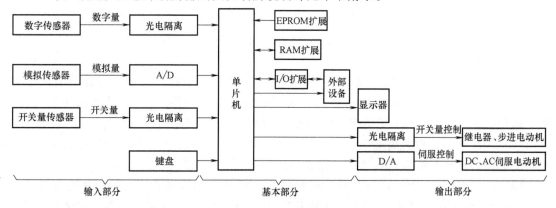

图 5-8　单片机典型应用系统

图 5-9 所示为车床数控化改造控制系统的原理框图。由于 MCS-51 单片机本身资源有限，故扩展一片 EPROM 芯片 27512 用作程序存储器，以存放系统底层程序；扩展一片 SRAM 芯片 6264 用作数据存储器，以存放用户程序；I/O 口的扩展选择了一片 8255A 芯片；选用 8279 芯片进行键盘与 LED 显示的管理；借助于 DAC0832 芯片进行模拟电压的输出；与个人计算机之间的串行通信通过 MAX233 芯片完成。另外，8255A 的一些 I/O 通道做了光电隔离与放大。

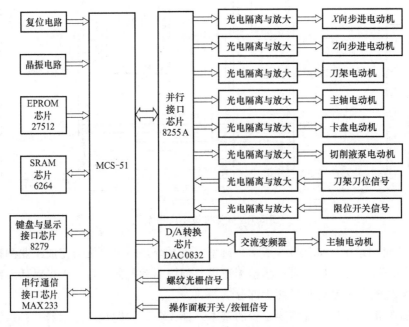

图 5-9 车床数控化改造控制系统的原理框图

5.3.2 可编程序控制器

可编程序控制器（PLC）是以微处理器为基础，综合计算机技术、自动控制技术和通信技术而于 20 世纪 60 年代发展起来的工业自动控制装置。它体积小，抗干扰能力强，运行可靠，功能齐全，运算能力强，编程简单直观，目前在工业控制中正逐步取代传统的继电接触器器逻辑控制系统、模拟控制系统及用小型机实现的直接数字控制系统，已广泛应用于钢铁、石油、化工、电力、建材、机械制造、汽车、轻纺、交通运输、环保、水处理及文化娱乐等各个行业。

早期的 PLC 是为了替代传统的继电接触器逻辑顺序控制而设计的，因此英文全称为 Programmable Logic Controller，中文译为"可编程序逻辑控制器"。随着技术的不断进步，PLC 的控制功能已远远超出逻辑控制的范畴，故改其名为"可编程序控制器"（Programmable Controller，PC）。但是为避免与个人计算机（Personal Computer，PC）的英文缩写产生混淆，人们仍倾向于使用 PLC 这一简称。

国际电工委员会（IEC）颁布的 PLC 标准草案对 PLC 的定义为"可编程序控制器是一种数字运算操作的电子系统，专为工业环境下应用而设计。它采用可编程序的存储器，用来在其内部存储执行逻辑运算、顺序控制、定时、计数和算术运算等操作的指令，并通过数字或模拟式的输入和输出，控制各种类型的机械或生产过程。可编程序控制器及其设备，都按易于与工业控制系统联成一体，易于扩充其功能的原则设计。"这一定义突出指出，PLC 直接应用于工业环境，因此具有很强的抗干扰能力及环境适应性。

目前，世界上的 PLC 生产厂家有 200 多家，但是大型、中型、小型乃至微型产品均能生产的并不多。目前较有影响力、在我国市场占有较大份额的国外公司及其产品为：①德国西门子公司，有 S5 系列和 S7 系列，其中，S7 系列是 1996 年推出的，其性能比 S5 系列有很大提高，包括 S7-200PLC（小型机）、S7-300PLC（中型机）及 S7-400PLC（大型机）；②日本欧姆龙公司，其产品涉及大、中、小、微型 PLC，尤其在中、小、微型 PLC 方面更具特长，如 C200H（中型机）、C20P（微型机）；③美国 GE 公司，有 90-70 系列、90-30 系列（中型机）、90-20 系列（小型机）；④美国莫迪康公司，其 984 机很有名，在 984-785 至984-120 之间共有 20 多个型号，最新的高端产品为昆腾 140 系列；⑤美国 AB 公司，其典型产品为 PLC-5 系列、SLC-500 系列，以及 MicroLogix PLC（小型机）、CompactLogix PLC（中型机）及 ControlLogix PLC（大型机）；⑥日本三菱公司，其典型包产品为以 FX 系列为代表的小型机系列，以及包括 A 系列、Q 系列和 L 系列的中大型机系列；⑦日本日立公司，其产品包括 H 系列、E 系列及 EC 系列；⑧日本松下公司，其典型产品包括 FP 系列、FP-X 系列；⑨日本富士公司，包括 N 系列（NB 为箱体式，NS 为模块式）和 SPE 系列等。国内PLC 厂家规模普遍不大，包括中国科学院自动化研究所（PLC-0088）、北京联想计算机集团公司（GK-40）、北京机械工业自动化研究所（PC-001/20、KB-20/40）、天津中环自动化仪表公司（DJK-S-84/86/480）、无锡华光电子工业公司（SU、SG 系列）、杭州和利时自动化有限公司（LK 大型机、LM 小型机）等。

1. PLC 的主要特点

PLC 应用了微机技术又面向工业现场控制，其特点主要体现在以下几个方面。

（1）高柔性　当系统和被控对象发生变化时，不需要改变线路接线，只需相应改变 I/O 接口与被控对象之间的连线，最主要是通过程序修改便可形成一个新的控制系统以满足新的控制要求，因而控制的灵活性和通用性大为增强。

（2）高度可靠性　PLC 专为工业环境下的应用而设计，抗干扰能力强，平均无故障时间（MTBF）一般为 5～10 年，因此是一种高度可靠的工业产品，在工业现场可直接使用。

（3）功能完善　具有数字输入/输出、模拟输入/输出、逻辑运算、算术运算、定时控制、计数控制、顺序（步进）控制、PID 调节、A/D 和 D/A 转换、通信、人机对话、自诊断等功能。不但适用于开关量控制系统，而且可用于连续流程控制系统。

（4）易于编程　PLC 的编程语言有梯形图（LAD）、语句表（STL）和顺序功能图（SFC）等，其中梯形图和语句表最为常用。梯形图是一种图形语言，从传统的继电接触器控制的电气原理图演变而来，现场技术人员无须具备许多的计算机知识便可在较短时间内理解和掌握，几乎所有的 PLC 都把梯形图作为编程的第一语言。语句表是类似于汇编语言的形式，通过指令助记符来编程。

（5）采用模块化结构，扩展方便　用户可将各种 AI、AO、DI、DO、电源、CPU、通信等模板像搭积木一样进行任意组合，以满足各种工业控制的需要。当系统需要扩展（如增加新设备或新控制点）时，只需接入空闲通道或在预留槽位上插入模板，进行简单的连接和组态即可实现。

（6）维护方便　PLC 具有完善的自诊断功能，各模板均有状态指示，如 I/O 模板各通道均有输入/输出状态指示，CPU 模板有 RUN、STOP、FORCE 状态，以及编程故障、电池电压低等状态指示。另外，在线监控软件功能很强，便于维护，可以在发生故障时很快查找出故障原因。

2. PLC 的硬件构成

（1）中央处理器（CPU）　CPU 是 PLC 的核心，其主要任务是按系统程序的要求，接收并存储由编程器输入的用户程序和数据；以扫描的方式接收现场输入设备的状态和数据；PLC 进入运行状态后，从存储器中逐条读取用户程序；完成用户程序所规定的任务，产生相应的控制信号，实现输出控制。一般采用 16 位或 32 位单片机。

（2）存储器　PLC 的存储器分为 ROM 和 RAM 两种，主要用于存放程序、变量和各种参数。用户程序由编程器写入 PLC 的 RAM，若在调试中发现错误，可用编程器进行修改，无误后再将 RAM 中的程序写入 ROM。另外，PLC 的系统程序，如监控程序、命令解释程序、管理程序、键盘输入处理程序等一般固化在 ROM 中。常用的 ROM 有 EPROM、EEP-ROM 和 FEPROM。EPROM 为可擦除可编程只读存储器，只能用紫外擦除；EEPROM 和 FEPROM 为电可擦除可编程只读存储器，其区别在于 EEPROM 按字节擦除，虽然灵活但复杂，导致成本提高、可靠性降低；FEPROM 可实现整片一次性擦除，适用于大数据量的更新。常用的 S7-200 PLC 采用 EEPROM，S7-300 和 S7-400 PLC 采用的是 FEPROM。

（3）I/O 单元　I/O 单元是 PLC 与工业现场信号联系并完成电平转换的桥梁，小型 PLC 的 I/O 接口集成在基本单元中，而中、大型 PLC 的 I/O 单元则做成模块，包括数字量 I/O 模块、模拟量 I/O 模块，以及通信模块、智能模块等。

（4）电源　PLC 的电源用于将外部交流电源转换成供 CPU、存储器、I/O 接口电路等使用的直流电源，以保证 PLC 正常工作。有的 PLC 还能向外部提供 24V 直流电源，为输入单元所连接的外部开关或传感器供电。电源有多种形式，对于箱体式 PLC，电源一般封装在基本单元的机壳内部；对于模块式 PLC，则采用独立的电源模块。此外，还可以采用锂电池作为备用电源，以保证在外部供电中断时 PLC 内部信息不会丢失。

（5）编程器　编程器是 PLC 常用的人机对话工具，用来输入程序、调试和修改程序。常见的为手持式编程器，当然也可以利用个人计算机作为编程器，但是需要在个人计算机中安装相应的编程软件，PLC 通过通信电缆与个人计算机的串行口相连。

3. PLC 的工作方式及基本工作过程

PLC 采用周期性循环扫描的工作方式。一般而言，PLC 的工作过程可分成三个阶段，即输入采样、程序执行和输出刷新。在输入采样阶段，PLC 对各个输入端进行扫描，并顺序读入所有输入端的状态（ON/OFF）。在输入采样结束后，便转入程序执行阶段。PLC 程序执行是从第一条指令开始，按先左后右、先上后下的顺序对每条指令进行扫描，直到最后一条指令结束。PLC 根据输入状态和指令内容进行逻辑运算。输出刷新阶段则是在所有指令执行完毕后，根据逻辑运算的结果向各输出端发出相应的控制信号，以驱动被控设备，实现所要求的控制功能。

为了提高工作的可靠性，及时接收外来的控制命令，PLC 的工作过程中还应包括自诊断和通信两个阶段，以完成各 I/O 接口、存储器和 CPU 等部分的故障自诊断，以及 PLC 与编程器或上位机之间的通信。如图 5-10 所示，PLC 在工作期间按"自诊断→通信→输入采样→程序执行→输出刷新→自诊断→……"的方式循环往复地不断执行，从而实现对生产过程或机械设备的连续控制，直至接收到停机命令才停止运行。上述工作过程每执行一遍所需的时间称为扫描周期，PLC 的扫描周期一般为几十毫秒，完全可以满足一般工业控制的需要。

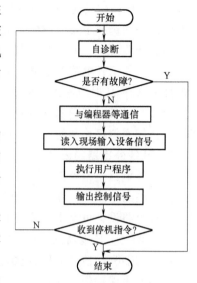

图 5-10　PLC 工作过程

4．PLC 的性能指标

（1）I/O 点数　I/O 点数是指 PLC 外部 I/O 端子数的总和，也是指 PLC 可以接收的输入和输出的控制信号的总和。I/O 点数越大，PLC 可连接的外部输入和输出设备就越多，控制规模也就越大。

（2）存储容量　存储容量是指用户程序存储器的容量，它决定了 PLC 所能存放的用户程序的大小。存储容量越大，则可存放越复杂的控制程序。

（3）扫描速度　扫描速度是指 PLC 执行用户程序的速度。PLC 用户手册一般都会给出执行各条指令所用的时间。扫描速度的快慢直接影响了用户程序执行时间，进而影响 PLC 的扫描周期。

（4）编程指令的功能和数量　PLC 编程指令功能越强，数量越多，则 PLC 的处理能力和控制能力越强，程序编制越简单和方便，越易于完成复杂的控制任务。

（5）内部元件的种类和数量　在 PLC 编程时，常常需要使用内部元件来存放变量状态、中间结果、定时器和计数器的预设值和当前值，以及各种标志位等信息。内部元件的种类和数量越多，表示 PLC 存储和处理各种信息的能力越强。

（6）特殊功能模块的种类和数量　近年来，各 PLC 制造商都非常重视特殊功能模块的开发。特殊功能模块种类越多，功能越强，则 PLC 的控制功能就越强大。

（7）可扩展能力　在进行 PLC 控制系统设计时，通常需要考虑 PLC 的可扩展能力，包括 I/O 点数的扩展、存储容量的扩展、网络功能的扩展及各种功能模块的扩展等。

5．PLC 的选择

（1）机型选择　PLC 机型的选择可根据系统的控制规模来选择合适规模的 PLC，即小型机（I/O 点数小于 256）、中型机（I/O 点数为 256 ~ 2048）或大型机（I/O 点数大于2048）；可结合工艺过程是否固定及是否对扩展灵活性有要求等情况选择合适结构形式的PLC，即整体式（CPU、存储器、I/O 接口、电源等 PLC 基本组成部分均封装在一个标准机箱中）或模块式（PLC 的各个组成部分均制成外形尺寸统一的插件式模块，并组装在具有标准尺寸的机架中）。

（2）容量选择　容量选择包括 PLC 中的 I/O 点数选择和用户存储器的存储容量选择。在实际 I/O 点数的基础上加出 10% ~ 20% 的裕量，便可得出 PLC 的 I/O 点数。存储容量的大小与 PLC 的 I/O 点数、编程人员的编程水平，以及有无通信要求、通信的数据量等因素有关，可以利用以下方法进行粗略估算：开关量所需内存容量 = 开关量点数×10，模拟量所需内存容量 = 模拟量点数×100（只有模拟量输入），或者模拟量点数×200（既有模拟量输入，又有模拟量输出），通信处理所需内存容量 = 通信接口数×200。最后，还应在上述估算容量的基础上留有 25% 的裕量，对于有经验的编程人员则可适当少留一些裕量。

（3）I/O 模块的选择　　输入模块的选择主要考虑模块的电压等级和同时接通的点数等，而输出模块的选择主要考虑模块的输出方式、输出电压、输出电流和同时接通的点数等。

（4）电源模块选择　　电源模块的选择主要考虑模块的额定输出电流必须大于 CPU 模块及扩展模块等消耗电流的总和。对于整体式 PLC，由于电源部件和 CPU 集成在一起，因此在选择 CPU 模块时应考虑所提供的电源能否满足本机 I/O 及扩展模块的需求。

（5）功能模块的选择　　功能模块的选择应根据控制系统的功能需求，相应选择特殊功能模块，如通信模块和定位控制模块等。

6. PLC 外电路的设计

PLC 外电路是指外部 I/O 设备与 I/O 端子间的连接电路，以及外部供电电路、照明电路、控制柜内电路等。在 PLC 控制系统设计中，除 PLC 机型选择及 I/O 模板、功能模块选择外，外电路设计也是十分重要的内容，将直接影响整个系统的可靠性。

（1）配套低压电器的选用　　在选择 PLC 外电路的配套电器时应考虑以下几个方面。

1）采用可靠性高的低压电器。PLC 控制系统中大量使用接触器。为了保证在长期运转过程中不发生误动作，应严格按照标准来选择接触器。根据 IEC158-1 接触器标准的规定，交流接触器的通断能力为额定电流的 8~10 倍，机械寿命为 10 万次。

2）采用小型化的低压电器。应尽量采用小触点、通断能力强、强度高、寿命长、由高导磁性和优质灭弧材料制成的低压电器。

3）采用新型的低压电器。目前市场上已推出各种新型接触器，如固态接触器、混合接触器和真空接触器等，这些接触器虽然价格较贵，但是可以克服普通电磁式交流接触器的固有缺点，因而可大大提高工作可靠性，延长使用寿命。

4）采用导轨式安装形式。低压电器的安装方式主要有两种，一种是导轨安装，另一种是用螺栓固定。应尽可能采用导轨式低压电器，因为其安装和更换都十分方便，有利于迅速排除故障。

（2）中间继电器的配置　　虽然 PLC 可以利用内部元件来代替继电接触器控制中的中间继电器，但是在有些情况下，系统中还是应配置中间继电器，例如，连接手动电路及紧急停车电路等须防备系统发生异常状况的场合；配线距离长或与高噪声源设备相连而容易产生干扰的场合；除了 PLC 以外，其他控制线路也要使用某信号的场合；大负载频繁通断的场合等。

（3）熔断器的使用　　使用熔断器的目的是当输出端负载超过其额定电流或发生短路时，保证受保护电器不被烧毁。尤其是当外电路接入感性负载时，一定要接入熔断器。接入的负载不同，熔断器容量也有所不同。对于继电器感性负载，通常选用 2A 的熔断器。一般是一个线圈接入一个熔断器，但有时为了简化结构，常将几个线圈相并联后再接入一个熔断器。此时，该熔断器的容量要大于每个线圈单独接入熔断器时各熔断器的容量总和。

（4）互锁触点的处理　　PLC 控制对于互锁有三种处理方法，即软件法（在程序中实现互锁）、硬件法（将互锁触点接入外接电路）及软硬件结合法。在可靠性要求较高的情况下，PLC 控制通常采用第三种方法。

（5）限位开关的使用　　对于机床工作台等移动部件，除需在工作行程的终端位置安装行程开关，还应在开关之外的极限位置设置限位开关，并接入外电路直接控制设备，这样可避免软件失灵导致的工作台超行程事故。

5.3.3 工控机

个人计算机是为商业和办公应用而设计的，如果直接应用于工业控制领域将表现出许多不足，如抗冲击和抗振动能力差，难于适应恶劣的工业环境等。

工控机是工业控制计算机（Industrial Personal Computer，IPC）的简称，是在工业环境下应用、专为适应工业要求而设计的计算机，它处理来自传感装置的输入信号，并把处理结果输出到执行机构去控制生产过程，同时对生产过程实施监督和管理。

由于工控机选用的 CPU 及元器件的档次较高，结构经过强化处理，因此由其组成的控制系统的性能远远高于单片机及普通个人计算机所组成的控制系统，但系统的成本也较高，适用于需进行大量数据处理、可靠性要求高的大型工业测控系统。

1．工控机的特点

与商用个人计算机相比，工控机具有以下优点。

（1）可靠性高　工控机能在粉尘、烟雾、高温、潮湿、振动、腐蚀的环境下可靠工作，其平均维修时间（MTTR）一般为 5min、平均失效前时间（MTTF）可达 10 万 h 以上，而普通个人计算机的 MTTF 仅为 10000~15000h。

（2）实时性好　工控机可对工业生产过程进行实时在线检测与控制，对工况变化能够做出快速响应，并及时进行信息采集和输出调节。

（3）具有自复位功能　工控机具有"看门狗"功能，能在系统因故障死机时，无须人工干预而自动复位，保证系统正常运行，这一功能是普通个人计算机所不具备的。

（4）可扩展性好　工控机采用多插槽无源底板结构，可插入 CPU 板及 I/O 板等各种功能模板，并且最多可扩展几十块板卡，因此系统可扩展性好，具有很强的输入/输出功能，能与工业现场的各种外设相连，以完成各种任务。

（5）开放性和兼容性好　工控机能同时利用 ISA 和 PCI 等资源，支持各种操作系统、多种编程语言、多任务操作系统，能吸收商用个人计算机的全部功能，可充分利用商用个人计算机的各种软件和硬件资源。

虽然与商用个人计算机相比工控机具有许多优势，但是也存在非常明显的劣势，如配置硬盘容量小、数据安全性低、存储选择性小、价格较高等。

2．工控机的主要结构

工控机的主要结构包括全钢机箱、无源总线底板、工业电源、主板，以及键盘、鼠标、显示器、光驱、软驱、硬盘、显卡等附件。

（1）全钢机箱　工控机采用符合 EIA 标准的全钢结构工业机箱，增强了抗电磁干扰能力，而且机箱密封并加正压进行送风散热，具有较高的防磁、防尘、抗冲击的能力，能很好地解决工业现场存在的电磁干扰、灰尘、振动、散热等问题。工控机支持 19in（1in = 25.4mm）上架标准，机箱平面尺寸统一，可集中安装在立式标准控制柜中，占用空间小，便于安装和管理。

（2）无源总线底板　工控机的无源总线底板一般以总线结构（如 PC 总线、STD 总线）设计成多插槽形式，可插接各种板卡，包括 CPU 卡、显示卡、控制卡、I/O 卡等。所有的电子组件均采用模块化设计，因此 CPU 及各功能模块均通过总线挂接在底板上，并带有压杆进行软锁定，以防止振动引起的接触不良，从而提高了抗冲击和抗振动能力。底板的插槽由多个 ISA 和 PCI 总线插槽组成，ISA 或 PCI 插槽的数量和位置根据需要作出选择。工控机采用无源总线底板结构而非商用个人计算机的大板结构，不但可以提高系统的可扩展性，方便系统升级，而且当故障发生时，查错过程简化，板卡更换方便，快速修复时间短，使得整个系统更加有效。

（3）工业电源　工控机配有高度可靠的工业电源，可抗电网浪涌和尖峰干扰，平均无故障运行时间达到 250000h。

（4）主板　主板由 CPU、存储器及 I/O 接口等组成，芯片采用工业级芯片，并且采用一体化主板，易于更换和升级。工控机主板设计独特，无故障运行时间长，装有"看门狗"计时器，能在系统出现故障时迅速报警，并在无人干预的情况下使系统自动恢复运行。

3. 工控机常用总线

（1）PC/XT 总线　PC/XT 总线是 IBM 公司 1981 年在 PC/XT 个人计算机上采用的系统总线，是最早的 PC 总线结构，也称为 PC 总线。由于是针对 8 位 Intel 8088 微处理器设计的，因此它只支持 8 位数据传输和 20 位寻址空间。这种总线具有价格低、可靠、简便、使用灵活、对插板兼容性好等特点，因此许多厂家的产品都与之兼容，品种范围非常广泛。早期的 PC/XT 总线产品主要用于办公自动化，后来很快扩大到实验室或工业环境下的数据采集和控制。

PC/XT 总线共有 62 个引脚，引脚编号为 A1～A31 及 B1～B31，引脚分布如图 5-11 所示。其中，数据线有 8 根，为 D7～D0；地址线有 20 根，为 A19～A0；控制线有 21 根，分别为地址锁存输出允许信号 ALE，中断请求信号 IRQ2～IRQ7，I/O 读信号和写信号 $\overline{IOR}$ 和 $\overline{IOW}$，存储器读信号和写信号 $\overline{MEMR}$ 和 $\overline{MEMW}$，DMA 请求信号 DRQ1～DRQ3，DMA 响应信号 $\overline{DACK0}$～$\overline{DACK3}$，地址允许信号 AEN，计数结束信号 T/C，系统复位信号 RESET DRV；状态线有 2 根，为 I/O 通道奇偶校验信号 $\overline{I/O\ CH\ CK}$、I/O 通道准备好信号 I/O CH RDY；电源线有 5 根，分别为两个 +5V 电源、一个 -5V 电源，一个 +12V 电源和一个 -12V 电源；其他类型 6 根，为晶体振荡信号 OSC、系统时钟信号 CLOCK、插件板选中信号 $\overline{CARD\ SLCTD}$、地 GND。

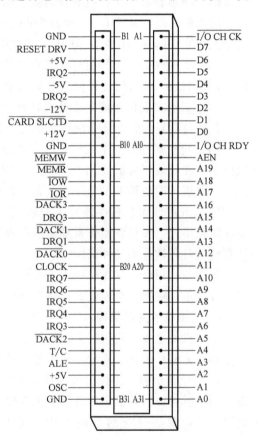

图 5-11　PC/XT 总线引脚分布

（2）ISA　工业标准体系结构（Industry Standard Architecture，ISA）总线是 IBM 公司于 1984 年为 PC/AT 计算机（采用 80286 CPU）制定的总线标准，为 16 位体系结构，也称为 AT 总线。为了充分发挥 80286 的优良性能，同时最大限度地保证与 PC/XT 总线兼容，ISA 保留了 PC/XT 总线的 62 个引脚信号，并增加了一个 36 引脚的扩展插槽，从而将数据总线由 8 位扩展到 16 位，地址总线由 20 位扩展到 24

位，而中断数目增加了 6 个，并提供了中断共享功能，DMA 通道也由 4 个扩展到 8 个。因此，与 PC/XT 总线相比，ISA 总线不仅增加了数据宽度和寻址空间，而且增强了中断处理和 DMA 传输能力，并且具备了一定的多主控功能，因此特别适合于控制外设和进行数据通信的功能模块。

在 ISA 总线中，新增加的 36 个引脚的分布情况如图 5-12 所示，其中，A17~A23 为高位地址线，使原来的 1MB 寻址范围扩大到 16MB；D8~D15 为高位数据线；$\overline{\text{SBHE}}$ 为数据总线高字节允许信号；IRQ10~IRQ15 为中断请求输入信号；DRQ0 及 DRQ5~DRQ7 为 DMA 请求信号；$\overline{\text{DACK0}}$ 及 $\overline{\text{DACK5}}$~$\overline{\text{DACK7}}$ 为 DMA 响应信号；$\overline{\text{SMEMR}}$ 和 $\overline{\text{SMEMW}}$ 为存储器读信号和写信号；$\overline{\text{MASTER}}$ 为主控信号；$\overline{\text{MEM CS16}}$ 为存储器的 16 位片选信号；$\overline{\text{I/O CS16}}$ 为 I/O 接口的 16 位片选信号。

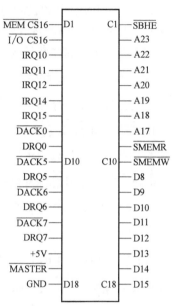

图 5-12　ISA 总线新增引脚的分布

（3）EISA 总线　扩展工业标准体系结构（Extended Industry Standard Architecture，EISA）总线是由 COMPAQ、HP、AST、EPSON 等 9 家公司组成的 EISA 集团专为 32 位 CPU 而制定的总线扩展标准。作为 ISA 总线的扩展，EISA 总线与之完全兼容。

EISA 总线是一种全 32 位总线结构，因此可以处理比 ISA 总线更多的引脚。其插槽为双层设计，上层与 ISA 卡相连，下层则与 EISA 卡相连。它保持了与 ISA 总线兼容的 8 MHz 工作频率，且由于支持突发式数据传送方法，因此可以以三倍于 ISA 总线的速度传输数据。

（4）PCI 总线　1991 年下半年，外围部件互连（Peripheral Component Interconnect，PCI）的概念一经 Intel 公司首次提出，便得到 IBM、COMPAQ、AST、HP 和 DEC 等 100 多家公司的响应，并于 1993 年正式推出 PCI 总线。作为一种先进的局部总线，PCI 已成为局部总线的新标准，是目前应用最广泛的总线结构。PCI 总线主板插槽的体积较原 ISA 总线插槽要小，但其功能却较 ISA 有较大改善，支持突发读写操作，可同时支持多达 10 个的外围设备。为了解决 PCI 总线的瓶颈问题，又出现了改进的 PCI 总线（PCI-X），它能通过增加 CPU 与打印机、网卡等外围设备之间的数据流量来提高计算机的性能。

PCI 定义了 32 位数据总线，并且可以扩展至 64 位。总线时钟频率一般有 33MHz 和 66MHz 两种。目前流行的是 32bit @ 33MHz，数据传输速率达 132MB/s。而对于 PCI-X，则最高可达 64bit@ 133MHz，这样就可以得到超过 1GB/s 的数据传输速率。

PCI 总线是一种不依附于某个具体处理器的总线。从结构上看，它是在 ISA 总线和 CPU 总线之间增加了一级总线，由 PCI 局部总线控制器（或称为"桥"）相连接。由于独立于 CPU，PCI 总线与 CPU 及其时钟频率无关，因而使高性能 CPU 的功能得以充分发挥。网络适配卡、图形卡、硬盘控制器等高速外设可以通过 PCI 挂接到 CPU 总线上，使之与高速的 CPU 总线相匹配，而不必担心在不同的时钟频率下性能会下降。PCI 总线可与各种 CPU 完全兼容，允许用户随意增加多种外设，并在高时钟频率下保持最高传输速率。

桥（bridge）是一个总线转换部件，用来连接两条总线，使总线间相互通信。在 PCI 规范中，提出了三种桥的设计，即主桥（CPU 至 PCI 的桥）、标准总线桥（PCI 至 ISA、EISA 等标准总线的桥）和 PCI 桥（PCI 与 PCI 之间的桥）。其中，主桥称为北桥，其余的桥皆称为南桥。

PCI 支持总线主控技术，允许智能设备在需要时取得总线控制权，以加速数据传送。PCI 总线具有明确而严格的规范，保证了良好的兼容性和可扩展性（利用 PCI 桥可实现无限扩展）。另外，PCI 的严格时序及灵活的自动配置能力使之成为通用的 I/O 部件标准，故广泛应用于多种平台和体系结构中。

PCI 总线插槽引脚如图 5-13 所示，其中，AD0～AD63 为地址和数据复用引脚，$\overline{C/BE0}$～$\overline{C/BE7}$ 为总线命令和字节使能信号，PAR 和 PAR64 为奇偶校验信号，$\overline{FRAME}$ 为帧周期信号，$\overline{IRDY}$ 和 $\overline{TRDY}$ 分别为主设备和从设备准备就绪信号，$\overline{STOP}$ 为从设备要求主设备停止当前数据传送的信号，$\overline{DEVSEL}$ 为外围连接响应信号，IDSEL 为初始化设备选择信号，$\overline{PERR}$ 和 $\overline{SERR}$ 分别报告奇偶校验错误和系统错误信号，$\overline{REQ}$ 和 $\overline{REQ64}$ 分别为总线占用请求和 64 位总线占用请求信号，$\overline{GNT}$ 为总线占用允许信号，CLK 为系统时钟信号，$\overline{RST}$ 为复位信号，$\overline{ACK64}$ 为 64 位总线响应信号，$\overline{LOCK}$ 为总线锁定信号，$\overline{INTA}$～$\overline{INTD}$ 为中断 A～D 信号，SBO 和 SDONE 分别为监听及监听完成信号，TDI 和 TDO 分别为测试数据输入和测试数据输出信号，TCK 为测试时钟信号，TMS 为测试模式选择信号，$\overline{TRST}$ 为测试复位信号。

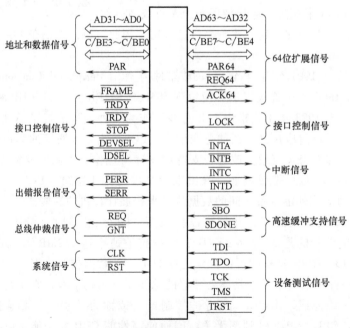

图 5-13　PCI 总线插槽引脚

（5）STD 总线　STD 总线（standard bus）是在 1978 年由美国 Pro-Log 公司首次推出的，1987 年被批准为国际标准 IEEE 961。STD 总线是面向工业应用而设计的，主要用于以微型计算机为核心的工业测控领域，如工业机器人、数控机床、数据采集系统、仪器仪表等。

　　由于对 8 位微处理器有较好的支持，STD 总线在 20 世纪 80 年代前后风行一时。随着 32 位微处理器的出现，通过附加系统总线与局部总线的转换技术，1989 年美国 EAITECH 公司又推出了对 32 位微处理器兼容的 STD32 总线标准，且与原来的 8 位总线 I/O 模板兼容。

　　如图 5-14 所示，STD 总线采用底板总线结构，即在一块底板上并行布置数据总线、地址总线、控制总线和电源线。底板上安装若干个 56 引脚的插槽，56 个引脚分别与底板上的 56 条信号线相连。底板因其上只有总线而无其他元器件，故称为"无源底板"。凡是符合 STD 总线规范的模板（如 CPU、A/D 板、I/O 板等）均可直接挂接在底板上。

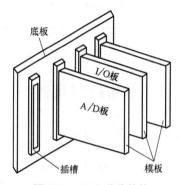

图 5-14　STD 总线结构

　　STD 总线是 56 根信号线的并行底板总线。在其 56 根信号线中，有数据总线 8 根（引脚 7 ~ 14）、地址总线 16 根（引脚 15 ~ 30）、控制总线 22 根（引脚 31 ~ 52）、电源线 10 根，其中电源线又包括逻辑电源线 6 根（引脚 1 ~ 6）和辅助电源线 4 根（引脚 53 ~ 56）。STD 总线引脚及信号定义见表 5-3。

表 5-3　STD 总线引脚及信号含义

项目	元 件 侧				电 路 侧			
	引脚	信号名称	信号流向	说明	引脚	信号名称	信号流向	说明
逻辑电源	1	+5VDC	入	逻辑电源 V_{CC}	2	+5VDC	入	逻辑电源 V_{CC}
	3	GND	入	逻辑地	4	GND	入	逻辑地
	5	V_{BAT}	入	电池电源	6	V_{BB}	入	逻辑电压
数据总线	7	D3/A19	入/出	数据总线/地址总线地址扩展	8	D7/A23	入/出	数据总线/地址总线地址扩展
	9	D2/A18	入/出		10	D6/A22	入/出	
	11	D1/A17	入/出		12	D5/A21	入/出	
	13	M/A16	入/出		14	D4/A20	入/出	
地址总线	15	A7	出	地址总线	16	A15/D15	出	地址总线/数据总线
	17	A6	出		18	A14/D14	出	
	19	A5	出		20	A13/D13	出	
	21	A4	出		22	A12/D12	出	
	23	A3	出		24	A11/D11	出	数据总线扩展
	25	A2	出		26	A10/D10	出	
	27	A1	出		28	A9/D9	出	
	29	A0	出		30	A8/D8	出	
控制总线	31	$\overline{WR}$	出	写存储器或 I/O	32	$\overline{RD}$	出	读存储器或 I/O
	33	$\overline{IORQ}$	出	I/O 地址选通	34	$\overline{MEMRQ}$	出	存储器地址选通
	35	IOEXP	入/出	I/O 扩展	36	MEMEX	入/出	存储器扩展
	37	$\overline{REFRESH}$	出	刷新定时	38	$\overline{MCSYNC}$	出	机器周期同步
	39	$\overline{STATUS1}$	出	CPU 状态	40	$\overline{STATUS0}$	出	CPU 状态
	41	$\overline{BUSAK}$	出	总线响应	42	$\overline{BUSRQ}$	入	总线请求
	43	$\overline{INTAK}$	出	中断响应	44	$\overline{INTRQ}$	入	中断请求
	45	$\overline{WAITRQ}$	入	等待请求	46	$\overline{NMIRQ}$	入	非屏蔽中断请求
	47	$\overline{SYSRESET}$	出	系统复位	48	PBRESET	入	按钮复位
	49	CLOCK	出	处理器时钟	50	CNTRL	入	辅助定时
	51	PCO	出	优先级链输出	52	PCI	入	优先级链输入

（续）

项目	元 件 侧				电 路 侧			
	引脚	信号名称	信号流向	说明	引脚	信号名称	信号流向	说明
辅助 电源	53 55	AUXGND AUX+V	入 入	辅助地 辅助正电源 （+12VDC）	54 56	AUXGND AUX-V	入 入	辅助地 辅助负电源 （-12VDC）

注："-"表示信号低电平有效。

5.4 常用控制策略

5.4.1 PID 控制

PID（proportion integration differentiation）控制也称为 PID 调节，是比例积分微分控制的简称，具有技术成熟、适应性强、调整方便等优点，在机电一体化系统中被广泛地应用。PID 控制器结构简单，稳定性好，工作可靠。机电一体化系统的参数经常发生变化，控制对象的精确数学模型难以建立，所以通常采用 PID 控制，依靠经验和现场调试情况对控制器的结构和参数进行整定，往往能够获得满意的控制效果。随着计算机技术的发展，在传统PID 控制的基础上又派生出了基于计算机技术的数字 PID 控制及许多改进的 PID 控制算法。

1. 模拟 PID 控制算法

PID 控制是根据系统的误差，利用比例、积分、微分三个环节的不同组合计算出控制量。图 5-15 所示为模拟 PID 控制系统原理框图。其中，广义被控对象包括执行机构、被控对象和测量反馈元件；点画线框内部为 PID 控制器，其输入为设定值 $x(t)$ 与被控量实测值 $y(t)$ 之差构成的偏差信号 $e(t)$，即

$$e(t) = x(t) - y(t) \tag{5-1}$$

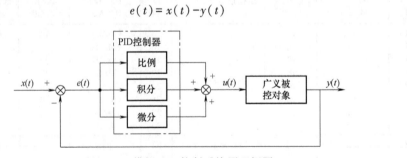

图 5-15 模拟 PID 控制系统原理框图

PID 控制作用有三种基本形式，即比例控制、积分控制和微分控制。每种作用可以单独使用，也可结合使用。

（1）比例控制 比例控制是指控制器的输出 $u(t)$ 与输入 $e(t)$ 成一定比例，其控制算法为

$$u(t) = K_P e(t) \tag{5-2}$$

式中 $u(t)$——控制器输出；

$e(t)$——偏差信号；

K_P——比例增益（比例系数）。

由图 5-16 所示的比例控制阶跃响应特性曲线可见，当系统受到干扰影响时，只要偏差一出现，比例控制就能及时地产生与之成比例的调节作用以减小偏差，具有调节及时的特点，是最基本的一种调节作用。比例调节作用的大小，主要取决于比例增益 K_P 的大小，K_P 越大，则调节作用越强，系统动作越灵敏，响应速度越快。但是 K_P 过大，会使控制器输出信号 $u(t)$ 很大，于是被控量 $y(t)$ 快速上升，可能产生较大的超调量，甚至引起振荡，从而导致系统的不稳定。另外，比例控制无法消除稳态误差，因此，对于干扰较大、惯性也较大的系统，不宜采用单纯的比例控制。

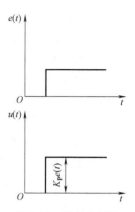

图 5-16　比例控制阶跃响应特性曲线

（2）积分控制　对于积分控制，输入与输出之间的关系为

$$u(t) = \frac{1}{T_I}\int_0^t e(t)\,\mathrm{d}t \qquad (5\text{-}3)$$

式中　T_I——积分时间常数。

积分控制器的输出 $u(t)$ 与偏差对时间的积分成正比，控制量 $u(t)$ 不但与偏差大小有关，而且与偏差出现的时间长短有关。也就是说，只要有偏差存在，输出就会随时间不断增大（图 5-17），直到偏差消除，积分作用才会停止，$u(t)$ 才不再变化。因此，只要有足够的时间，积分作用就能完全消除稳态误差，提高系统的控制精度。但也不难看出，积分控制器响应较缓慢，它不像比例控制那样，只要偏差一出现就立刻响应，而且在偏差刚出现时，调节作用很弱，不能及时克服扰动的影响，致使调节过程增长，延长了调节时间，故很少单独使用，必须与比例控制同时使用。积分作用的强弱取决于 T_I，T_I 越小，则积分速度越快，积分作用越强，但是积分作用太强会导致系统超调量加大，甚至使系统出现振荡。

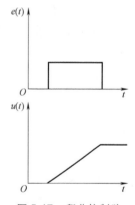

图 5-17　积分控制阶跃响应特性曲线

（3）比例积分（PI）控制　PI 控制算法为

$$u(t) = K_P\left[e(t) + \frac{1}{T_I}\int_0^t e(t)\,\mathrm{d}t\right] \qquad (5\text{-}4)$$

对于 PI 控制器，当出现阶跃扰动时，开始瞬时便会有比例输出 $u_1 = K_P e(t)$，随后在 u_1 的基础上，输出值不断增大，这是积分控制的作用。如图 5-18 所示，在 PI 控制调节初期，比例控制起主导作用，保证了系统快速响应；调节后期，则是积分控制起主导作用。随着时间延长，控制量不断增大，使稳态误差进一步减小，直至为零，最终消除稳态误差，从而保证了系统的稳态精度。因此，PI 控制既克服了比例控制存在稳态误差的缺点，又避免了积分控制响应滞后的弱点，使系统的稳态和动态特性均得到改善，故应用比较广泛。

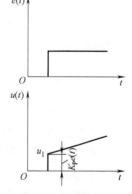

图 5-18　PI 控制阶跃响应特性曲线

（4）微分控制　微分控制算法为

$$u(t) = T_D \frac{\mathrm{d}e(t)}{\mathrm{d}t} \qquad (5\text{-}5)$$

式中　T_D——微分时间常数，T_D 越大，则控制作用越强。

在微分控制中，控制的输出与输入偏差信号 $e(t)$ 的变化速度成一定比例（图 5-19），而与偏差大小和偏差是否存在无关，故不能消除稳态误差。其效果是阻止被调参数的一切变化，具有超前调节作用，而且对大滞后的对象具有很好的控制效果，这是因为微分作用的输出只能反映输入偏差信号的变化速度，而对于一个固定不变的偏差，即使其数值很大，微分控制也不会起作用。另外，微分作用只在动态过程中有效，也就是说它只能在偏差刚刚出现的时刻产生一个较大的调节作用，所以微分控制作用一般不单独使用，必须与其他控制作用相结合。其优点是可以减小超调量，克服振荡，使系统的稳定性得到提高，同时加快系统的动态响应速度，减小调节时间，从而改善系统的动态性能。还应注意的是，如果存在噪声，噪声的快速变化会导致输出信号的产生，而微分控制器会将该输出信号视作快速变化的偏差信号，从而使控制器的输出信号显著提高。

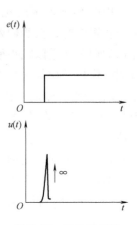

图 5-19　微分控制阶跃响应特性曲线

（5）比例微分（PD）控制　如前所述，微分控制在误差稳定时不会产生控制输出信号，也就是说控制器无法校正该误差，所以微分控制通常与比例控制配合使用。PD 控制算法为

$$u(t) = K_P \left[e(t) + T_D \frac{de(t)}{dt} \right] \tag{5-6}$$

如图 5-20 所示，在偏差出现的瞬间，PD 控制器立即输出一个很大的阶跃信号，然后按指数规律下降，直至最后微分作用完全消失，变成一个单纯的比例调节。由此可见，因为控制器具有微分控制作用，所以其初始输出信号能够快速变化，又因为控制器具有比例控制作用，所以控制输出信号会逐渐发生变化。因此，PD 控制适于处理快速变化的过程。

（6）比例积分微分（PID）控制　PI 调节作用快，可以消除稳态误差，因而得到了广泛应用。但当被控对象具有较大惯性时，则无法得到良好的调节品质。这时加入微分控制作用（即构成 PID 控制），在偏差刚刚出现且数值不是很大时，就根据偏差变化的速度，提前给出较大的调节作用，使偏差尽快消除。由于调节及时，PID 控制可以大大减小系统的动态偏差及调节时间，从而使过程的动态品质得到改善。

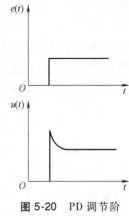

图 5-20　PD 调节阶跃响应特性曲线

PID 控制算法为

$$u(t) = K_P \left[e(t) + \frac{1}{T_I} \int_0^t e(t) \, dt + T_D \frac{de(t)}{dt} \right] \tag{5-7}$$

PID 控制是比较理想的控制策略，它将比例控制、积分控制、微分控制三种调节作用组合在一起，既具有比例控制快速响应的优势，又兼具积分控制可消除稳态误差，以及微分控制可实现超前校正的功能。如图 5-21 所示，在调节初期，首先是微分控制和比例控制起作用，微分控制抑制偏差的变化幅度和变化速度，比例控制则快速消除偏差；在调节后期，积分控制起作用，逐渐消除稳态误差。因此，PID 控制无论从稳态还是动态的角度，调节品质

均得到改善，从而成为一种应用最广泛的控制方法。但由于 PID 控制中包含微分作用，因此要求快速响应或噪声较大的系统不宜使用。

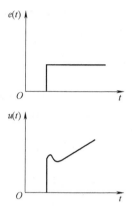

在具体使用中，PID 控制的关键在于参数（K_P、T_I、T_D）的设定。这些参数的设定通常不是靠理论计算，而是利用工程整定的方法来实现的。具体做法是：如果输出响应波形不符合理想要求，按先调 K_P、再调 T_I、最后调 T_D 的顺序，反复调整这三个参数，直至输出响应波形比较合乎理想状态为止（一般来说，在机电一体化系统的过渡过程曲线中，若前、后两个相邻波峰之比为 4∶1 时，则认为波形较为合理）。

图 5-21　PID 调节阶跃响应特性曲线

2. 数字 PID 控制算法

很显然，式（5-1）中的 $x(t)$、$y(t)$ 和 $e(t)$ 都是模拟量。因此，由式（5-7）表示的 PID 控制器是基于模拟电子技术实现的，即通过运算放大器来实现加法器、比例器、积分器和微分器。模拟 PID 控制器的不足之处在于参数不易整定，且无法进行数据存储和通信。随着计算机技术的高速发展，目前使用的几乎都是数字 PID 控制器，其控制算法通过计算机程序来实现。

（1）位置型数字 PID 控制算法　为了便于计算机实现，必须对式（5-7）进行离散化处理。首先将连续的时间 t 离散化为一系列采样时刻点 kT（k 为采样序号，$k = 0$，1，2，…；T 为采样周期），然后以求和替代积分，以向后差分替代微分，则有

$$\int_0^t e(t)\,\mathrm{d}t \approx \sum_{i=0}^k e(i)\Delta t = T\sum_{i=0}^k e(i) \tag{5-8}$$

$$\frac{\mathrm{d}e(t)}{\mathrm{d}t} \approx \frac{e(k)-e(k-1)}{\Delta t} = \frac{e(k)-e(k-1)}{T} \tag{5-9}$$

式中　$e(k)$——第 k 次采样时刻的偏差值；

$e(k-1)$——第 k-1 次采样时刻的偏差值。

将式（5-8）和式（5-9）分别代入式（5-7），便可将其变换为差分方程，即

$$u(k) = K_P\left[e(k) + \frac{T}{T_I}\sum_{i=0}^k e(i) + T_D\,\frac{e(k)-e(k-1)}{T}\right] \tag{5-10}$$

式中　$u(k)$——第 k 次采样时刻的控制器输出。

式（5-10）便是数字 PID 控制算法。

由于 PID 控制器的输出 $u(k)$ 可直接对执行机构（如调节阀）实施控制，其数值与执行机构的位置（如阀门开度）相对应，故通常称式（5-10）为位置型数字 PID 控制算法。

位置型 PID 控制算法在实际应用中往往会遇到一些问题。由于是全量输出，每个时刻的输出均与过去的状态有关，因此计算 $u(k)$ 时，不仅需要知道此次与上次采样时刻的偏差值 $e(k)$ 和 $e(k-1)$，而且还要从初始时刻开始对历次的偏差信号进行累加 $\left[\,\text{即}\,\sum_{i=0}^k e(i)\,\right]$，不但计算繁琐，而且需要占用计算机大量的内存，同时运算工作量也非常大。另外，因为计算机输出 $u(k)$ 与执行机构的实际位置直接对应，一旦计算机出现故障，$u(k)$ 会大幅度地变化，必将引起执行机构位置的剧烈变动，对产品加工制造极为不利，甚至会造成重大的生产事故。为克服位置型 PID 控制算法的缺点，增量型 PID 控制算法被开发出来。

（2）增量型 PID 数字控制算法 根据式（5-10）及递推算法，不难得出 $u(k-1)$ 的表达式，即

$$u(k-1)=K_P\left[e(k-1)+\frac{T}{T_I}\sum_{i=0}^{k-1}e(i)+T_D\frac{e(k-1)-e(k-2)}{T}\right] \tag{5-11}$$

式中 $u(k-1)$——第 $k-1$ 次采样时刻的控制器输出。

将式（5-10）和式（5-11）相减，有

$$u(k)-u(k-1)=K_P\left\{[e(k)-e(k-1)]+\frac{T}{T_I}e(k)+\frac{T_D}{T}[e(k)-2e(k-1)+e(k-2)]\right\} \tag{5-12}$$

对式（5-12）做进一步处理，可得

$$u(k)=u(k-1)+K_P\left[\left(1+\frac{T}{T_I}+\frac{T_D}{T}\right)e(k)-\left(1+\frac{2T_D}{T}\right)e(k-1)+\frac{T_D}{T}e(k-2)\right] \tag{5-13}$$

很显然，根据式（5-13）计算第 k 次输出 $u(k)$，只需知道上一采样时刻的 $u(k-1)$ 以及前后三次测量值的偏差 $e(k)$、$e(k-1)$ 和 $e(k-2)$，这样就比式（5-10）的计算要简单得多。

令 $\Delta u(k)=u(k)-u(k-1)$，则

$$\Delta u(k)=K_P\left(1+\frac{T}{T_I}+\frac{T_D}{T}\right)e(k)-K_P\left(1+\frac{2T_D}{T}\right)e(k-1)+K_P\frac{T_D}{T}e(k-2) \tag{5-14}$$

$$=q_0e(k)+q_1e(k-1)+q_2e(k-2)$$

式中，$q_0=K_P\left(1+\frac{T}{T_I}+\frac{T_D}{T}\right)$，$q_1=-K_P\left(1+\frac{2T_D}{T}\right)$，$q_2=K_P\frac{T_D}{T}$。

式（5-14）就是增量型数字 PID 控制算法，适用于以步进电动机为执行元件的机电一体化系统。虽然增量型 PID 算法和位置型 PID 算法并无本质区别，但是在算法上所做的小改进却使其具有了有别于后者的以下优点。

1）由于计算机输出的是控制量的增量，因此误动作影响小，必要时可用逻辑判断的方法去掉错误数据。

2）在使用位置型控制算法时，若要完成由手动到自动的无扰切换，则必须首先使计算机的输出值等于执行机构（如阀门）的原来位置，即 $u(k-1)\rightarrow u(k)$，这就给程序设计带来不便。而增量型算法中，控制增量只与本次及前两次的偏差有关，与阀门的原来位置无关，因而手动/自动转换时冲击小，便于实现无扰切换。

3）当计算机发生故障或有外部干扰时，由于输出通道或执行装置具有信号锁存作用，即可以保留原来的数值，因而计算机故障或外部干扰的影响较小。

4）由于不需要累加，控制增量 $\Delta u(k)$ 的计算仅与最近几次的采样值有关，相对不容易产生误差累积，故可以获得较好的控制效果。

5.4.2 模糊控制

按偏差的比例、积分和微分实现调节的 PID 控制是发展较为成熟且在过程控制中应用最广泛的一种控制策略，针对相当多的工业对象都能够取得比较令人满意的控制效果。但是在实际应用中也会受到一些限制，如 PID 控制要求被控系统的数学模型在整个控制过程中

保持不变，并且必须给出各个组成部分精确的数学模型，以满足控制系统的性能要求。另外，PID 控制器只适用于固定参数的系统，而且当操作条件改变时，原本稳定的系统可能根本无法使用，尤其是对于非线性、大滞后、有随机干扰及难于建立数学模型的系统，PID 控制是失效的。但是熟练的操作人员却可以凭借丰富的经验对这类被控对象实施可靠的控制。如果将熟练工人的操作经验总结为若干条用语言描述的控制规则，并由计算机来执行，就能利用计算机来实现人的控制经验，这就是模糊控制的基本思想。

模糊控制（fuzzy control）是以模糊集合论、模糊语言形式的知识表示和模糊逻辑推理为理论基础的计算机控制技术，是用计算机来模拟人的模糊推理和决策过程。模糊集合论是美国的 L. A. Zadeh 于 1965 年创立的，1974 年英国的 E. H. Mamdani 首次将模糊集合理论应用于锅炉和蒸汽机的控制，从此，模糊控制得到了迅速的发展，目前已在许多工程领域，特别是机电一体化领域和民用家电等领域得到广泛应用，以取代传统控制。

图 5-22 所示为模糊控制系统组成框图，其中 x 为系统设定值；y 为系统输出；e 和 $\dot{e}$ 分别是系统偏差和偏差的微分信号（即偏差变化），它们是模糊控制器的输入；u 是模糊控制器输出的控制信号。这些均为精确量，而 E、$\dot{E}$ 和 U 分别是 e、$\dot{e}$ 和 u 相对应的模糊量。由图 5-22 可见，模糊控制器主要包括模糊化、模糊推理和模糊判断三个功能环节以及知识库。其中，知识库通常由数据库和模糊规则库组成。数据库中存放的是语言变量和隶属函数等知识，模糊规则库则用来存放利用模糊语言描述的全部控制规则。

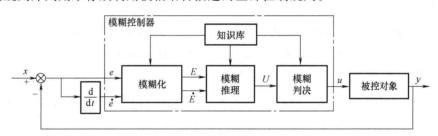

图 5-22　模糊控制系统组成框图

模糊控制器是模糊控制系统的核心组成部分。因此，在模糊控制系统中，模糊控制器的设计、仿真和调整是非常重要的内容。模糊控制器设计主要包括以下几个方面。

1）确定模糊控制器的输入变量和输出变量，并进行预处理，使之隶属于不同的基本论域（即变量的实际变化范围）。如图 5-22 所示，模糊控制器的输入变量选取为偏差 e 和偏差变化 $\dot{e}$，输出变量 u 为控制量的变化。除此之外，模糊控制器的输入变量还可以是偏差变化的速率 $\ddot{e}$。

模糊控制器输入变量的个数称为模糊控制器的维数。图 5-23 所示为模糊控制器的几种

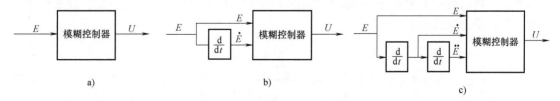

图 5-23　模糊控制器的结构形式

a）一维模糊控制器　b）二维模糊控制器　c）三维模糊控制器

结构形式。一维模糊控制器主要用于一阶被控对象，其结构简单，但由于只有偏差一个输入变量，动态控制性能并不理想。从理论上讲，模糊控制器的维数越高，控制就越精细，但是过高的维数会使得模糊控制规则过于复杂，从而给控制算法的实现带来相当大的困难。由于二维模糊控制器同时考虑了偏差和偏差变化的影响，其性能一般优于一维模糊控制器，故二维控制结构在模糊控制器中最为常用。

2）确定各个变量的模糊语言值及相应的隶属度或隶属函数，即进行模糊化。模糊语言值通常选取 3 个、5 个或 7 个，即"负（N）、零（ZO）、正（P）""负大（NB）、负小（NS）、零（ZO）、正小（PS）、正大（PB）"或"负大（NB）、负中（NM）、负小（NS）、零（ZO）、正小（PS）、正中（PM）、正大（PB）"。当然也可取更多的语言值，如 13 个，但是语言值过多，虽然控制起来更加灵活，但是控制规则也更加复杂，使得计算机的运算时间延长，从而不容易满足在线推理的需要。

在确定了模糊语言值后，要对所选取的模糊子集定义其隶属度或隶属函数。常用的隶属函数有三角波函数和正态分布函数等，具体选择时应在保证精度的前提下尽量简单化，尤其要避免隶属函数出现两个峰值。如图 5-24 所示，选取了均匀间隔的三角波隶属函数。依据问题的不同，也可采用非均匀间隔的隶属函数。

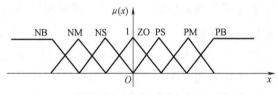

图 5-24 隶属函数选取实例

3）建立模糊控制规则或控制算法。模糊推理是建立在一系列模糊控制规则基础上的，这些规则是对手动控制策略的归纳和总结，通常由一组 if-then 结构的模糊条件语句构成。根据问题的复杂程度，规则中也可包含 else、also、and、or 等关系词。例如：if E = NB or NM and $\dot{E}$ = NB or NM then U = PB 等。另外，还可将控制规则总结为模糊控制规则表，这样就可以通过查表的方法，由 E 和 $\dot{E}$ 直接查询出相应的控制量 U。

4）确定解模糊化方法，完成输出信息的模糊判决。模糊控制器的输出是一个模糊子集，它反映的是不同控制语言取值的一种组合。但是被控对象每次只能接收一个精确的控制量，而无法接收模糊控制量，这就需要由输出的模糊子集判决出一个确定数值的控制量输出。常用解模糊化方法有最大隶属度法、加权平均法和取中位数法等。

最大隶属度法是在要判决的模糊子集 U_i 中取隶属度最大的元素 u_{max} 作为控制量。如果隶属度最大点不唯一，则取它们的平均值或区间中点值。这种方法简单、易行、实时性好，但是仅关注于隶属度最大的元素，而完全排除了其他隶属度较小的元素的影响和作用，因而所概括的信息量较少。

加权平均法也称为重心法，是模糊控制系统中应用较广泛的一种判决方法。在加权平均法中，控制量由下式决定：

$$u^* = \frac{\sum_{i=1}^{n} k_i u_i}{\sum_{i=1}^{n} k_i} \tag{5-15}$$

式中，k_i 为加权系数，应根据实际情况进行选择。通过修改加权系数，可以达到改善系统响应特性的目的。

取中位数法是将隶属函数曲线与横坐标所围成的面积平分成两部分，以分界点所对应的论域元素作为判决输出。很显然，这种方法中包含了隶属函数的所有信息，所以判决效果更好一些。

上述三种方法所得到的判决结果虽略有差别，但并不十分显著。在实际应用中，应针对控制系统的要求或运行情况的不同来选取相适应的方法，从而将模糊量转化为精确量，进而实现最终的控制目标。

5.4.3　神经网络控制

20 世纪 80 年代后期，人们受到生物神经系统的学习能力和并行机制的启发，开始模仿生物神经系统的活动，试图建立神经系统的数学模型，由此诞生了神经网络控制这一新型人工智能技术。目前，神经网络方面的研究越来越受到人们的重视，它已经越来越多地应用于解决诸如机器人控制、模式识别、专家系统、图像处理等问题，并且在机电一体化领域也显现出广阔的应用前景。

神经网络（Neural Network，NN）是由大量并且简单的神经元（neuron）广泛互联而形成的网络。神经元是对生物神经元的模拟和简化，是神经网络的基本处理单元。这些处理单元组成一种大量连接的并行分布式处理机，这种处理机可以通过学习，从外部环境中获取知识，并将知识分布存储在连接权中，而不是像计算机一样按地址存在特定的存储单元中。

1. 神经网络的结构

神经元之间相互连接的方式决定了由它们组成的神经网络的拓扑结构和信号处理方式。目前，神经网络的模型有数十种之多，每种网络模型都有各自的特点，适用范围也各不相同，最典型的两种模型是前馈型神经网络和反馈型神经网络。

1）前馈型神经网络又称为前向网络。在这种网络中，大量的神经元分层排列，有输入层、中间层和输出层。其中，输入层和输出层与外界相连；中间层可以有若干层，是网络的内部处理层，由于它们不直接与外部环境相作用，故也称为隐层。神经网络所具有的模式应变能力主要体现在隐层的神经元上。

如图 5-25 所示，在前馈型神经网络中，每一层的神经元（也称为节点）只接受前一层的输入，并输出到下一层，其间没有反馈过程。

前馈型神经网络大多是学习网络，它一旦被训练，便有了固定的连接权值（weight），此时网络相应于给定输入形式的输出将是相同的，而不管网络以前的激活性如何，这就意味着前馈型神经网络缺乏丰富的动力学特性，因而网络中也就不存在稳定性的问题。常用的 BP（反向传播）网络就是一种典型的多层前馈神经网络。

2）反馈型神经网络又称为递归网络，其中的各个神经元之间都可以相互连接，且某些神经元的输出信号可以反馈到自身或其他神经元中，因此反馈型神经网络是一种反馈动力学系统，其信号既能正向传播，也能反向传播。Hopfield 网络是反馈型神经网络中最简单、应用也最为普遍的一种模型。

图 5-26 所示为 Hopfield 反馈型神经网络的一种结构。该结构中只有一层神经元，每个神经元与所有其他神经元相连接，形成了递归结构。

2. 神经网络的学习

自学习能力是神经网络的重要特征之一，神经网络通过对样本的学习来不断地调整神经

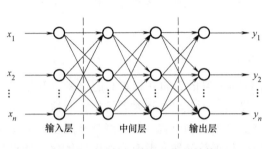

图 5-25 前馈型神经网络的结构

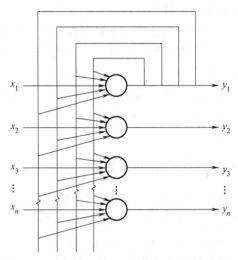

图 5-26 Hopfield 反馈型神经网络的结构

元之间的连接强度（即连接权值），使其收敛于某一个稳定的权值分布，以达到处理实际问题的需要。

目前，神经网络的学习方法有很多种，按有无导师可以分为有导师学习和无导师学习。有导师的学习方式是将导师样本加入神经网络，并不断地将网络输出与导师样本产生的期望输出进行比较，然后根据两者之间的差异来调整网络的权值，不断地减小差异，直到权值收敛于某一个稳定的权值分布。因此，有导师学习需要有导师来提供期望或目标输出信号。而无导师学习则无须知道期望输出，在训练过程中，只要向神经网络提供输入模式，网络就会按照一定的规则自主调整权值，故具有自组织能力。

3. BP 神经网络

BP（Back Propagation）网络即反向传播网络，是应用最为广泛的神经网络。该网络的各层均由神经元独立组成，每个神经元都是一个处理机，用来完成对信息的简单加工，层与层之间由一组"权"连接，每一个连接权都用来存储一定的信息，并提供信息通道。BP 网络所用的学习算法即为 BP 算法。

BP 算法是一种监督式学习算法。对于 n 个输入学习样本及与之对应的 n 个输出样本，BP 算法的学习目的是用网络的实际输出与目标输出之间的误差来修正其权值，通过连续不断地在相对误差函数斜率下降的方向上计算网络权值和误差的变化，使网络的输出值逐步逼近期望值。

BP 算法的学习过程包含信息的正向传播和误差的反向传播两个过程。在正向传播过程中，信息由输入层输入，经过中间层逐层计算传向输出层输出。每一个神经元的输出又会成为下一个神经元的一个输入，而且每一层神经元的状态只会影响下一层神经元的状态。如果输出层得到了期望输出，则学习算法结束；否则，将计算网络输出与期望输出之间的误差值，然后进行反向传播，也就是通过网络将误差信号沿原来的连接通路反传回去，修改各层神经元的权值，直至实际输出与期望输出之间的误差达到最小。BP 算法推导清晰，学习精度高，是神经网络训练最多、最为成熟的算法之一。

4. 神经网络的特点

神经网络的基本思想是从仿生学的角度出发，模拟人的神经系统的运作方式，使机器如人的大脑一样具有感知、学习和推理能力。归纳起来，神经网络具有以下特点。

（1）并行分布处理 对于神经网络，信息分布存储在网络的各个神经元及其连接权中，这种高度并行的结构和并行分布式的信息处理方式使其具有很强的容错性、鲁棒性及快速处理能力，特别适于实时控制和动态控制。

（2）非线性映射 从本质上讲，神经网络是非线性系统，能够充分逼近任意复杂的非线性关系。目前应用最多的神经网络模型是多层（层数≥3）反向传播网络，它由大量非线性神经元组成，可以映射任何非线性规律，为解决非线性控制问题带来方便。

（3）在线学习和泛化能力 神经网络具有通过训练进行学习的能力。利用所研究系统过去的数据样本对网络进行训练，接受适当训练的网络可以有泛化能力，即当输入信号中出现了训练中未经历的数据时，网络也能够进行辨识，从而归纳出全部的数据。因此，神经网络能够解决那些数学模型或描述规则难以处理的控制过程问题。

（4）适应性与集成性 神经网络能适应在线运行，并能同时进行定量和定性操作。由于具有很强的适应能力和信息融合能力，在网络运行过程中可以同时输入大量不同的控制信号，神经网络能够解决输入信号间的互补和冗余问题，并实现信息集成和融合处理。这些特性特别适用于复杂、多变量的大规模控制系统。

（5）易于实现 神经网络不但可以通过软件而且可以通过硬件来实现并行处理。近年来，实现神经网络处理能力的大规模集成电路已经问世，使神经网络的运算速度有了进一步的提高，网络实现的规模也明显增大，从而使得神经网络成为实用、快速和大规模的处理方法。

但是值得注意的是，神经网络也有其自身的局限性，主要表现为：①学习速度慢，即使比较简单的问题也需要经过几百次甚至上千次的学习才能收敛，较长的训练过程限制了神经网络在实时控制中的应用；②目标函数存在局部极小点问题，造成网络的局部收敛，影响系统的控制精度；③理想的训练样本提取比较困难，会影响网络的训练速度和训练质量；④网络结构不易优化，特别是网络中间层的层数及节点数的选取尚无理论指导，而是根据经验确定，具有一定的盲目性，因此，网络往往有很大的冗余性，无形之中也增加了网络的学习时间；⑤神经网络的学习、记忆具有不稳定性，一个训练完毕的 BP 网络，当给它提供新的记忆模式时，已有的连接权将被打乱，导致已记忆的学习模式的信息消失，于是必须将原来的学习模式连同新加入的学习模式一起重新进行训练；⑥各种神经网络模型的学习策略不同，还不能完全统一到一个完整的体系中，无法形成一个成熟完善的理论体系。

因此，虽然神经网络具有许多独特的优势，但也并不能完全取代传统的控制技术，它们之间只能取长补短、相互补充。

习题与思考题

5.1 简述计算机控制系统的基本组成。

5.2 机电一体化对控制系统的基本要求是什么？

5.3 按存储器配置形式，MCS-51 系列单片机分为哪几种类型？分别适用于什么场合？

5.4 常用的控制计算机有哪几种？各有何特点？在进行机电一体化系统设计时应如何选择？

5.5 何谓工控机？工控机中常用的总线有哪几种？简要说明。

5.6 简述开环控制与闭环控制的区别。

5.7 简述 PID 控制的优点，并列出模拟 PID 的数学模型。

5.8 P、I、D、PI、PD、PID 控制各有何特点？分别适用于哪种控制对象？

5.9 数字 PID 有哪几种控制算法？各有何优缺点？

5.10 简述模糊控制和神经网络控制的控制思想及其特点。

5.11 信息产业是 21 世纪世界经济的支柱产业，而芯片是信息产业的基础和核心，芯片技术水平已成为衡量一个国家综合国力的重要标志之一。面对我国科技的快速发展，美国针对中国芯片企业不断地采取打压和制裁手段，以力图稳固其在芯片领域的主导地位。"忆往昔峥嵘岁月稠"，1840—1842 年的鸦片战争让我们明白了"落后就要挨打"，2018 年开始的中美芯片之争又让我们清醒地认识到"落后就要被卡脖子"，请问这个案例带给我们怎样的启迪？

5.12 2020 年 12 月 23 日，时速为 350km 的高速货运动车组成功下线，这意味着在全球首次实现了时速 350km 的高铁货物快运，显著提升了我国轨道交通装备的自主创新水平。该动车组利用大数据分析、云端虚拟配载、精准重量控制和遗传算法等技术，实现了货物的智能配载和车辆负载的合理分配。作为人工智能算法之一的遗传算法，其起源最早可追溯到 20 世纪 60 年代初期，20 世纪 80 年代后即进入兴盛发展时期。通过查阅相关专业书籍或学术论文，了解一下遗传算法的基本原理、特点及其应用领域。

第6章 系统总体技术

系统总体技术是从整体目标出发，用系统的观点和方法，将各种相关技术协调配合、综合运用，从而达到整个系统最优化的目标。其中，系统的观点和方法是指将总体分解成若干个相互有机联系的功能单元，并将功能单元逐层分解，生成功能更为单一、具体的子单元，直至寻找到一个可实现的技术方案。

系统总体技术是最能体现机电一体化设计特点的技术，其原理和方法还在不断地发展和完善中。它包括的内容很多，接口技术是其重要内容之一。机电一体化系统各组成要素之间通过接口才能连接成为一个有机的整体，接口技术所要解决的主要矛盾是在机械和电气部分进行连接时电气系统的快速性与机械系统的大惯性之间的矛盾。

因此，机电一体化技术是一种复合技术，对于从事机电一体化技术和机电一体化产品研究的科技工作者来说，既要对机电一体化的各项相关技术有全面深入的了解，又要能从系统工程的角度出发，利用系统总体技术使各相关技术形成有机的结合，并着力研究和解决技术融合过程中产生的新问题。

本书主要对系统总体技术中的接口技术进行介绍。

6.1 接口的作用及分类

6.1.1 接口在机电一体化系统中的作用

如 1.2 节所述，机电一体化系统由机械本体、动力源、检测传感装置、控制单元和执行元件等子系统组成，要将各子系统有机结合以构成完整的机电一体化系统，它们之间就需要进行物质、能量和信息的传递和交换。为此，各子系统的相接处必须具备一定的联系条件，通常将这个联系条件称为接口。简单地说，接口就是各子系统之间及子系统内部各模块之间相互连接的硬件及相关协议软件。机电一体化系统的性能在很大程度上取决于接口的性能，因此机电一体化系统设计在某种意义上而言就是接口设计。

接口的功能包括以下两个方面。

1. 变换和调整

接口用于实现具有不同信号模式（如数字量和模拟量、串行码和并行码等）的环节之间信号和能量的统一，如 RS-232C 串行接口将计算机输出的并行码变换为串行码。

这一功能也涵盖放大作用，即用于实现两个信号强度相差悬殊的环节之间的能量匹配，如步进电动机驱动电路中的功率放大电路。

2. 输入/输出

接口的输入/输出功能也称为传递或耦合，用于保证变换和放大后的信号在各个环节之间得以可靠、快速、准确地传递。

6.1.2 接口的分类

从不同的角度和工作特点出发，机电一体化系统的接口有多种分类方法。

1. 根据接口的功能分类

（1）根据接口变换和调整功能分类

1）零接口：不进行任何变换和调整，输出即为输入，仅起连接作用。如输送管、插头、插座、接线柱、传动轴、导线、电缆、联轴器等。

2）无源接口（也称为被动接口）：只用无源要素（或被动要素）进行变换和调整。如齿轮减速器、进给丝杠、变压器、光学透镜、可变电阻等。

3）有源接口（也称为主动接口）：含有有源要素（或主动要素），并能与无源要素（或被动要素）进行主动匹配。如电磁离合器、运算放大器、光电耦合器、D/A 和 A/D 转换器等。

4）智能接口：含有微处理器，可进行程序编制或随适应条件而变化。如自动变速装置、各种可编程通用 I/O 接口芯片（如 8255A、8251A）、RS-232C 串行接口等。

（2）根据输入/输出功能分类

1）机械接口：完成机械与机械、机械与电气装置之间的连接。接口的输入和输出部分在形状、尺寸、精度、配合、规格等方面要相互匹配，如联轴器、管接头、法兰盘、接线柱、插头、插座等。

2）电气接口（也称为物理接口）：实现系统间电信号的连接，也称为接口电路。接口的电气物理参数（如频率、电压、电流、阻抗、电容等）应相互匹配。

3）信息接口（也称为软件接口）：这类接口受规格、标准、算法规则、语言、符号等逻辑、软件的约束。如汇编语言、高级编程语言、总线接口、通信协议等。

4）环境接口：对周围环境条件有保护和隔离作用。如防尘过滤器、防水联轴器、防爆开关等。

2. 根据接口所联系的子系统不同分类

1）人机接口：人机接口提供了人与系统间的交互界面，实现人与机电一体化系统的信息交流和反馈，保证对机电一体化系统的实时监测与有效控制。人机接口又包括输入接口和输出接口。通过输入接口，操作者向系统输入各种命令及控制参数，对系统运行进行控制；通过输出接口，操作者对系统的运行状态以及各种参数进行监测。

2）机电接口：由于机械系统与微电子系统在工作方式和速率等方面存在极大的差异，机电接口起着调整、匹配和缓冲的作用。具体作用主要体现为以下几个方面。

① 电平转换和功率放大：控制计算机的 I/O 芯片一般都是 TTL 电平，而控制设备（如接触器、继电器等线圈）的驱动电平往往较高（通常为 12V 或 24V），故必须进行电平转换。另外，在机电一体化产品中，被控对象所需要的驱动功率一般比较大，而计算机发出的数字控制信号或经 D/A 转换后得到的模拟控制信号的功率都很小，所以必须经过功率放大后才能用来驱动被控对象。实现功率放大的接口电路又称为功率接口电路。

② 抗干扰隔离：为了防止干扰信号串入系统，可以使用光电耦合器、脉冲变压器或继电器等在控制系统和被控设备之间进行电气隔离。

③ A/D 和 D/A 转换：当被控对象的检测信号和控制信号为模拟量时，必须在控制系统和被控对象之间设置 A/D 和 D/A 转换电路，以保证控制系统所处理的数字信号与被控模拟信号之间的匹配。

按照信息和能量的传递方向，机电接口又可分为信息采集接口和控制输出接口。控制计算机通过信息采集接口接收传感器输出的信号、检测机械系统的运行参数，在运算处理后发出有关控制信号，经过控制输出接口的匹配、转换和功率放大，驱动执行元件，以调节机械系统的运行状态，使其按要求动作。

6.1.3　机电一体化对接口的要求

总体来讲，机电一体化系统对接口的要求是：能够输入有关的状态信息，并能够可靠地传送相应的控制信息；能够进行信息转换，以满足系统对输入与输出的要求；具有较强的阻断干扰信号的能力，以提高系统工作的可靠性。因此，接口必须满足以下条件，否则将无法实现连接，即在逻辑上满足软件的约束限制条件，也就是接口的硬件与软件应协调；在机械上满足输入/输出结合部分的几何形状、尺寸、配合一致；在电气上满足电源、电压等级和频率一致，阻抗匹配恰当；在环境上要对环境温度、湿度、磁场、振动、尘埃等有防护能力，适应周围环境。

6.2　信息采集接口

在机电一体化产品中，控制计算机要对生产机械实施有效控制，就必须随时对其运行状态进行监视，随时检测各运行参数（如温度、速度、压力、位置等）。因此，必须选用相应的传感器将这些物理量转换为电量，再经过信息采集接口进行整形、放大、匹配、转换，使之成为控制计算机（如单片机）可以接收的信号。传感器的输出信号既有开关信号（如限位开关、行程开关等），又有频率信号（如超声波无损检测）；既有数字量信号，又有模拟量信号（如热敏电阻、应变片等）。针对不同性质的信号，信息采集接口要对其进行不同的处理，例如，对模拟信号必须进行模/数（A/D）转换，将其转换为数字量后再传送给计算机。另外，传感器要根据机械系统的结构来布置，而且现场环境往往比较恶劣，容易受到电磁干扰的影响；加之传感器与控制计算机之间通常采用长线传输，而传感器的输出信号一般都比较弱，因此在信息采集接口设计中也应考虑抗干扰的问题。图 6-1 所示为不同输出信号的传感器与单片机的接口形式。图中缓冲器的作用是对信号进行整形和放大，以避免噪声干扰；计数器的基本功能是对脉冲信号进行计数，也可以用于分频和数字运算。

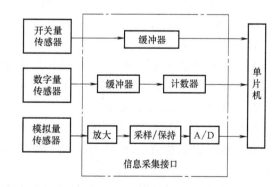

图 6-1　不同输出信号的传感器与单片机的接口形式

6.2.1 数字信号采集

数字信号包括开关量和数字量两种类型。行程开关、限位开关、光电开关等装置的输出信号只有开和关（1和0）两种状态，属于开关量。光电编码器、红外测距传感器、光栅位移传感器等数字传感器产生脉冲信号，属于数字量。以行程开关为例，开关量信号采集接口电路如图6-2所示，其采用了光电耦合器以隔断现场噪声对控制系统的干扰。当物体到达极限位置时，行程开关SQ接通，光电耦合器输出低电平，单片机8031的输入为0；当行程开关断开时，光电耦合器输出高电平，单片机的输入为1。

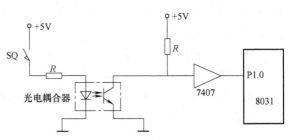

图 6-2　开关量信号采集接口电路举例

6.2.2 模拟信号采集

在机电一体化系统中，很多传感器是以模拟量形式输出信号的，如用于位置检测的差动变压器、用于温度检测的热电偶和热电阻、用于转速检测的测速发电机等。由于单片机是一个数字系统，只能接收、处理和输出数字量，这就要求信息采集接口能完成 A/D 转换功能，将传感器输出的模拟量转换成相应的数字量，再输入给单片机，这一功能通常由 A/D 转换器来实现。当然，目前有些单片机（如 MCS-96 系列等）片内集成了 A/D 转换器件，但是对于大多数单片机（如 8031）而言，则必须外部扩展 A/D 转换芯片。

1. A/D 转换器的类型

A/D 转换器是模拟输入接口中的核心部件。实现 A/D 转换的方法有很多，因此按照转换原理可以分为计数式 A/D 转换器、双积分式 A/D 转换器、并行比较式 A/D 转换器和逐位比较式 A/D 转换器。计数式 A/D 转换器结构简单，但是转换速度很慢，所以已很少使用。双积分式 A/D 转换器抗干扰能力强，价格便宜，转换精度高，但是速度比较慢，主要用于速度要求不高的场合，如数字式测量仪表中。并行式比较式 A/D 转换器的应用主要是为了适应实时处理系统快速性的要求（如图像信号处理），其转换速度最快，价格较贵，但是分辨力较低。逐位比较式 A/D 转换器结构较简单，精度较高，转换速度和价格居中，抗干扰能力较差，但是分辨力远高于并行比较式 A/D 转换器，是目前种类最多、数量最大、应用最广的 A/D 转换器。

A/D 转换器还有其他分类方法。按转换速度可分为低速、中速、高速、超高速 A/D 转换器；按分辨力可分为 8 位、10 位、12 位、14 位、16 位、32 位 A/D 转换器等。

2. A/D 转换器的性能指标

A/D 转换器的性能指标是选用 ADC（analog-to-digital converter，模拟数字转换器）芯片的基本依据，也是衡量 ADC 芯片质量的重要内容。A/D 转换器的主要性能指标有以下几种。

（1）分辨力和量化误差　A/D 转换器的分辨力是指 A/D 转换器对输入模拟信号的分辨能力，有绝对分辨力和相对分辨力之分。绝对分辨力通常用能够转换成数字量的位数 n 表示，相对分辨力为 $1/2^n \times 100\%$。

量化误差是指以有限数字对模拟信号进行量化所引起的误差，理论上最大值为 $\pm 1/2$ LSB（最低有效位）。如果模拟信号的满量程输入电压为 u_m，则位数为 n 的 A/D 转换器的 LSB 为 $u_m/(2^n-1)$。

（2）转换精度　A/D 转换器的转换精度是指模拟信号的实际量化值与理想量化值的差值。

（3）转换时间　A/D 转换器的转换时间是指完成一次 A/D 转换所需要的时间。高速全并行式 A/D 转换器的转换时间可达 $1\mu s$ 以下，中速的逐位比较 A/D 转换器的转换时间在几微秒至几百微秒之间，双积分 A/D 转换器的转换时间则在几十毫秒以上。

3. 8 位 A/D 转换芯片 ADC0809

ADC0809 是采用逐位比较原理的 8 位分辨力 A/D 转换器芯片，采用 28 引脚双列直插式封装，芯片内自带一个 8 选 1 的多路模拟量选择开关和地址译码锁存器，转换后的数字量经三态输出数据锁存器输出。ADC0809 有 8 个模拟量输入通道，通过具有锁存功能的 8 路模拟开关，可以分时进行 8 路 A/D 转换。输入模拟量量程为 0~+5V，对应的 A/D 转换值为 00H~FFH。在外部提供的最高频率为 640kHz 时钟下，每一个通道的转换时间约为 $100\mu s$；转换精度为 1 LSB。图 6-3 和图 6-4 所示分别为 ADC0809 的内部原理框图和引脚分布。

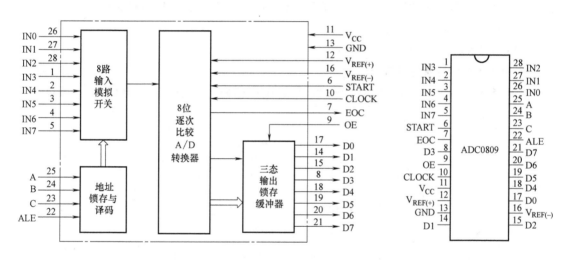

图 6-3　ADC0809 芯片内部原理框图　　　　图 6-4　ADC0809 芯片引脚分布

各引脚说明如下。

IN0~IN7（引脚 26~28、1~5）为 8 个模拟输入端。ADC0809 允许有 8 路模拟量输入，但同一时刻只能接通 1 路进行转换。

C~A（引脚 23~25）为通道地址。C 为最高位，A 为最低位。C、B、A 的 8 种组合状态 000~111 对应了 8 个模拟通道选择，见表 6-1。

ALE（引脚 22）为地址锁存允许端，是 C、B、A 这 3 根地址线的地址锁存允许信号。高电平时，数据输入到锁存器中，高电平向低电平的下降沿使地址锁存，保证地址得以正确输入。

CLOCK（引脚 10）为外部时钟输入端，决定 A/D 转换的速度。对于 ADC0809，其典型频率为 640kHz，对应的转换速度为 $100\mu s$。

START（引脚 6）为启动 A/D 转换输入信号，高电平有效。其上升沿将 ADC 内部寄存器清零，下降沿则用于启动内部控制逻辑电路，使 A/D 转换器开始工作。

表 6-1   ADC0809 模拟通道地址码

地 址 码			选能模拟通道	地 址 码			选能模拟通道
C	B	A		C	B	A	
0	0	0	IN0	1	0	0	IN4
0	0	1	IN1	1	0	1	IN5
0	1	0	IN2	1	1	0	IN6
0	1	1	IN3	1	1	1	IN7

EOC（引脚 7）为转换结束信号，在 A/D 转换期间为低电平，转换结束时由低电平变为高电平，表示 CPU 可以在三态输出锁存缓冲器中读取转换数据。

OE（引脚 9）为数据输出允许信号。OE 为低电平时，数字输出端为高阻状态；OE 为高电平时，三态锁存缓冲器的数据送到输出线上。

$V_{REF(+)}$、$V_{REF(-)}$（引脚 12、16）为参考电压输入端，一般可将 $V_{REF(+)}$ 接+5V，而 $V_{REF(-)}$ 接地。

D0~D7（引脚 17、14、15、8、18~21）为转换数据输出线，引脚 21 为最高有效位（MSB）D7。变换后的数字量经由 D0~D7 输出，可与 CPU 数据总线直接相连。

V_{CC}（引脚 11）为电源端，接+5V。

GND（引脚 13）为接地端。

4. ADC0809 与单片机接口

由图 6-5 所示 ADC0809 与单片机 8031 的接口电路可以看出，ADC0809 的启动信号

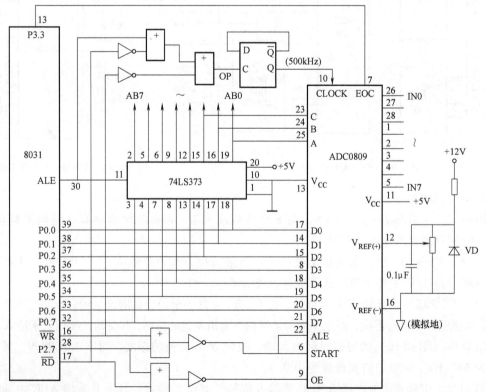

图 6-5   ADC0809 与单片机 8031 的接口电路

START 由片选线 P2.7 与写信号 $\overline{\text{WR}}$ 的或非产生，这就要求一条向 ADC0809 输入的操作指令来启动转换。ALE 与 START 相连，即根据输入的通道地址接通模拟量并启动转换。输出允许信号 OE 由读信号 $\overline{\text{RD}}$ 与片选线 P2.7 的或非产生，因此需要一条 ADC0809 的读操作指令使数据输出。

依照图 6-5 中的片选法接线，ADC0809 的模拟通道 IN0 ~ IN7 的地址为 7FF8H ~ 7FFFH，输入电压 $V_{\text{IN}} = DV_{\text{REF}}/255 = D \times 5\text{V}/255$，其中 D 为采集的数据字节。

6.3　控制输出接口

控制系统通过信息采集接口检测机械装置的运行状态，经过运算处理，发出有关控制信号，需要经过控制输出接口进行匹配、转换和功率放大，才能驱动执行元件，使其按控制要求动作。如图 6-6 所示，根据执行元件的不同，控制输出接口的任务也不同：对于交流电动机变频调速器，其控制信号应为 0 ~ 5V 电压或 4 ~ 20mA 电流信号，则接口必须进行数/模（D/A）转换；对于交流接触器等大功率器件，接口又必须对微弱的控制信号进行功率放大。另外，由于机电一体化系统中执行元件多为大功率设备，如电动机、

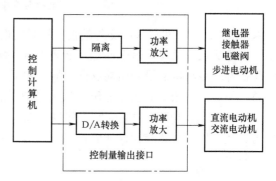

图 6-6　控制输出接口的不同形式

电热器和电磁铁等，它们工作时所产生的电磁干扰往往会影响计算机正常工作，因此在进行控制输出接口设计时还应关注抗电磁隔离问题。

6.3.1　数字信号输出

机电一体化系统常常需要驱动一些功率很大的交流或直流负载，其工作电压高，工作电流大，还很容易引入各种现场干扰。而控制计算机输出的数字控制信号功率一般都比较弱，因此必须经过功率放大后才能用于驱动负载。常用的功率驱动器件有晶闸管、功率晶体管、大功率场效应晶体管和固态继电器等。

图 6-7 所示为继电器与单片机 8051 的接口电路。继电器动作时，会对电源造成一定的干扰。因此，在单片机和继电器之间一般都采用光电耦合器来避免输出端对输入端的电磁干扰，从而保证系统安全可靠地运行。由于单片机大多采用 TTL 电平，比较微弱，不能直接驱动发光二极管，因此通常在它们之间加一级驱动器，如 7406（反相驱动器）和 7407（同相驱动器）等。

图 6-7 所示电路采用光电耦合器进行电气隔离，其驱动电流由 7406 提供；继电器的驱动由大功率晶体管 VT 实现。单片机 8051 输出的控制信号为高电平时，经反相驱动器 7406 变为低电平，发光二极管发光，使光电晶体管导通，从而使 VT 导通，于是继电器 KA 的线圈通电，其动合触点闭合，使交流 220V 电源接通。反之，当单片机输出低电平时，KA 触点断开。电阻 R_1 为限流电阻。二极管 VD 为续流二极管，其作用是保护晶体管 VT。当继电

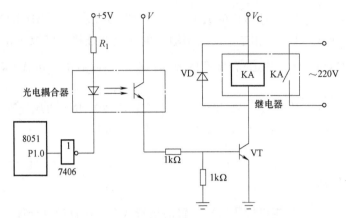

图 6-7 继电器与单片机 8051 的接口电路

器 KA 吸合时，二极管 VD 反向截止，不影响电路工作；当继电器释放时，由于线圈存在电感，会生成反电动势。这个反电动势若与 V_C 叠加在一起作用在 VT 的集电极上，很有可能将其击穿。在继电器线圈两端反向并联二极管 VD 后，为继电器线圈产生的感应电流提供了通路，不会产生很高的感应电压，从而保护了晶体管。

图 6-7 所示电路中的继电器线圈也可以是接触器线圈或步进电动机绕组。为了提高驱动能力，还可以采用达林顿晶体管输出型或晶闸管输出型光电耦合器，或者将晶体管 VT 改为达林顿电路。

6.3.2 模拟信号输出

在机电一体化产品中，很多被控对象要求以模拟量作为控制信号，如交流电动机变频调速器、直流电动机调速器、滑差电动机调速器等，而控制计算机是数字系统，无法输出模拟量，这就要求控制输出接口能将计算机输出的数字信号转换成模拟信号。这一任务主要由 D/A 转换器来完成。

1. D/A 转换器及其主要性能参数

D/A 转换器有很多种类型，按照模拟量输出方式，可分为电流输出型和电压输出型 D/A 转换器；按照分辨力，又有 8 位、10 位、12 位、16 位、32 位 D/A 转换器之分。

与 A/D 转换器相同，D/A 转换器的主要性能参数有分辨力、转换时间和转换精度等。

（1）分辨力　分辨力是指 D/A 转换器所能分辨的最小电压增量或 D/A 转换器能够转换的二进制位数，位数越多则分辨力越高。

（2）转换时间　D/A 转换器的转换时间是指数字量从输入到完成转换、输出达到最终值直至稳定所需要的时间。转换时间越短，则转换速度越快。电流型 D/A 转换较快，一般在几纳秒至几百微秒之间完成转换；电压型 D/A 转换较慢，取决于运算放大器的响应时间。

（3）转换精度　转换精度指 D/A 转换器实际输出电压与理论电压之间的差值，一般采用数字量的最低有效位（LSB）作为衡量单位，如 ±1/2LSB。

目前使用的 D/A 转换器基本上都是集成电路芯片，即 DAC（digital-to-analog converter）芯片，常用的有 8 位的 DAC0832 和 12 位的 DAC1210 等。

2. 8 位 D/A 转换芯片 DAC0832

DAC0832 芯片是 8 位电流输出型 D/A 转换器，具有价格低廉、接口简单等特点，其主要参数为：分辨力 8 位，转换时间 1μs，转换精度 ±1 LSB，参考电压 −10 ~ +10V，供电电压 +5 ~ +15V，逻辑电平输入与 TTL 兼容。如图 6-8 所示，DAC0832 由 8 位输入寄存器、8 位 DAC 寄存器和 8 位 D/A 转换器组成。DAC0832 芯片采用 20 引脚双列直插式封装，引脚分布如图 6-9 所示。各引脚含义如下。

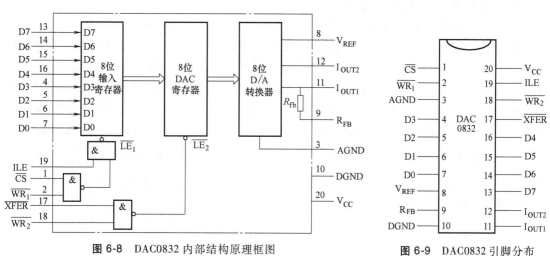

图 6-8　DAC0832 内部结构原理框图　　　　图 6-9　DAC0832 引脚分布

D7 ~ D0（引脚 13 ~ 16、4 ~ 7）为 8 位数据线，作为 8 位数字信号输入端，可直接与 CPU 的数据总线相连，D0 为最低有效位（LSB），D7 为最高有效位（MSB）。

$\overline{CS}$（引脚 1）为片选信号输入线，低电平有效，与 ILE 一起决定 $\overline{WR_1}$ 是否起作用。

ILE（引脚 19）为数据锁存允许控制信号输入线，高电平有效。

$\overline{WR_1}$（引脚 2）为第一级输入寄存器写选通控制，低电平有效，当 $\overline{CS}=0$、ILE = 1、$\overline{WR_1}=0$ 时，D0 ~ D7 上的数据被锁存到第一级输入寄存器中。

$\overline{XFER}$（引脚 17）为数据传输控制信号输入线，低电平有效。在双缓冲工作方式中，常与地址译码器连接来控制对 DAC 寄存器进行选择。

$\overline{WR_2}$（引脚 18）为 DAC 寄存器写选通控制，低电平有效，当 $\overline{XFER}=0$、$\overline{WR_2}=0$ 时，输入寄存器状态传入 DAC 寄存器中。

I_{OUT1}（引脚 11）为 D/A 转换器电流输出端 1。当输入数字量全为 1 时，I_{OUT1} 最大；当输入数字量全为 0 时，I_{OUT1} 最小。

I_{OUT2}（引脚 12）为 D/A 转换器电流输出端 2，与 I_{OUT1} 一起常作为运算放大器差动输入信号，且两个数值之和为常数。

R_{FB}（引脚 9）为反馈电阻引出端，可接一个电阻作为外接运算放大器的反馈电阻。

V_{REF}（引脚 8）为参考电压（基准电压）输入端，范围为 −10 ~ +10V。

V_{CC}（引脚 20）为芯片供电电压，范围为 +5 ~ +15V，最佳工作状态为 +15V。

AGND（引脚 3）为模拟信号接地端，最好与基准电源共地。

DGND（引脚 10）为数字信号接地端，最好与电源共地。

当 $\overline{CS}$ 和 $\overline{WR_1}$ 为有效低电平、ILE 为有效高电平时，输入寄存器的输出随输入变化；这三个信号中有一个无效时，$\overline{LE_1}=0$，输入数据被锁存在寄存器中；当 $\overline{XFER}$ 和 $\overline{WR_2}$ 均为有效低电平时，$\overline{\text{LE}_1} = 1$，DAC 寄存器的输出随输入的变化而变化，即允许 D/A 转换。同样，当 $\overline{\text{XFER}}$ 和 $\overline{\text{WR}_2}$ 中任何一个变为高电平时，输入数据被锁存，禁止（停止）对输入寄存器内的数据进行 D/A 转换。

3. DAC0832 与单片机的接口电路

由于 DAC0832 有两级数据寄存器，因此可以有单缓冲、双缓冲和直通三种工作方式。在单缓冲工作方式下，芯片的输入数据被一个寄存器锁存，也就是一个寄存器处于直通工作状态，而另一个寄存器处于受控锁存状态；在双缓冲工作方式下，两个寄存器都对数据进行锁存；在直通工作方式中，数据不被锁存。图 6-10 所示为 DAC0832 芯片在单缓冲方式下与单片机的接口电路。由于 DAC0832 内部有 8 位数据输入寄存器，可以用来锁存 CPU 输出的数据。因此，CPU 的数据总线可直接接到 DAC0832 的数据输入线 D0~D7 上。按单缓冲工作方式，使输入寄存器处于锁存状态，ILE 接 +5V，$\overline{\text{WR}_1}$ 接 CPU 写信号 $\overline{\text{WR}}$，$\overline{\text{CS}}$ 接地址译码器。DAC 寄存器处于不锁存状态，所以将 $\overline{\text{XFER}}$ 和 $\overline{\text{WR}_2}$ 直接接地。通常将 AGND 和 DGND 都接在数字地上。

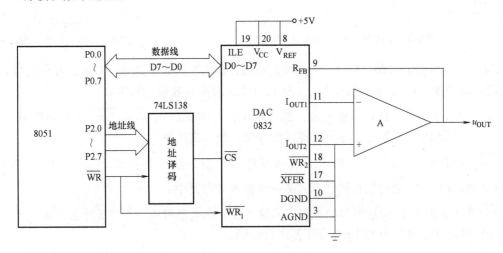

图 6-10　DAC0832 芯片与单片机的接口电路

DAC0832 的输出是电流信号，当需要模拟输出为电压信号时，可在 DAC0832 的输出端接一个运算放大器，将电流信号转换成电压信号，此时得到的输出电压 u_{OUT} 是单极性的，极性与参考电压 V_{REF} 相反，即

$$u_{\text{OUT}} = -\frac{N}{2^n} V_{\text{REF}} \tag{6-1}$$

式中　N——输入数字量。

当 $N = 11111111B$ 时 u_{OUT} 最大，即 u_{OUT} 满刻度输出；当 $N = 00000000B$ 时，$u_{\text{OUT}} = 0$。

6.4　人机交互接口

一个安全可靠的控制系统必须具备丰富、便捷的交互功能，即操作者可以通过系统显示的内容，及时掌握系统的运行状况，并可通过键盘输入参数和数据，传递操作命令，从而对系统进行人工干预，使其随时能够按照操作者的要求工作。

人机交互接口是操作者与控制计算机之间建立联系、实现信息交换的输入和输出设备的接口。在机电一体化系统中，常用的输入设备有控制开关、键盘等，常用的输出设备有状态指示灯、显示器、打印机等。扬声器、蜂鸣器、电铃等是声音信号输出设备，在机电一体化系统中也有广泛的应用。

按照信息的传递方向，人机接口可以分为输入接口和输出接口两大类。操作者通过输入接口向机电一体化系统输入各种控制命令，干预系统的运行状态，以完成所要求的各种任务。而机电一体化系统则通过输出接口向操作者显示系统的各种状态、运行参数及结果等信息。

6.4.1　输入接口

输入接口中最重要的是键盘输入接口。键盘是若干按键（包括点动按钮和拨动开关）的集合，是操作者向系统提供干预命令及数据的接口设备。常用的键盘有编码键盘和非编码键盘两种类型。其中，编码键盘能自动识别按下的键并产生相应代码，并以并行或串行方式发送给控制计算机。这种键盘使用方便，接口简单，响应速度快，但需要专用的硬件电路。非编码键盘则是通过软件来实现键盘扫描、按键确认、键值计算及抖动干扰消除，这就势必要占用较多的 CPU 时间。它虽然不及编码键盘速度快，但由于无需专用硬件的支持，因此得到了更为广泛的应用。

1. 按键的确认和去抖动处理

键盘中的每一个按键便是一个开关量输入装置，通常为机械弹性开关。机械弹性开关的通断状态决定了键的闭合与断开，在电压上便反映出高电平与低电平，所以通过检测电平状态（高或低），便可确定按键是否被按下。

按键开关通过机械触点的断开或闭合来完成高低电平的切换，机械开关在其闭合与断开的瞬间必然因其弹性作用而产生抖动，电压也将随之产生一连串的抖动，如图 6-11 所示。电压抖动时间的长短与开关的机械特性有关，一般为 5~10ms。开关的稳定闭合期由操作人员的按键动作决定，一般在几百微秒至几秒之间。可以通过软件或硬件的方法来消除抖动。软件去抖是在检测到开关状态后，延时一段时间（大于抖动时间）后再次检测，如果两次检测到的开关状态相同，则认为按键状态有效。硬件

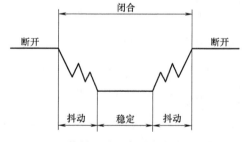

图 6-11　按键开关通断时产生的电压抖动

去抖常采用如图 6-12 所示电路，图中 74121 为带有施密特触发器输入端的单稳态多谐振荡器。

2. 键盘接口电路

图 6-13 所示为独立式键盘的接口电路。这是最简单的一种键盘接口电路，各个按键相互独立地占用一个 I/O 接口，而且各个按键的工作状态互不影响。图中上拉电阻 R 的作用是保证按键断开时 I/O 接口有确定的高电平+5V，按键闭合时为低电平 0V，同时避免单片

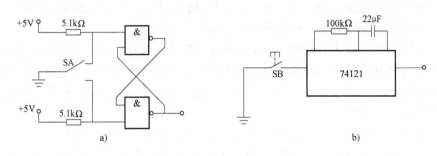

图 6-12 硬件去抖常用电路

a）双稳态滤波去抖 b）单稳态多谐振荡去抖

机输入噪声信号，以增强系统的抗干扰能力。利用软件定时读取端口状态，就能识别出按键的通断。

独立式键盘的优点是电路简单、配置灵活、软件结构简单，但每个按键必须占用一个 I/O 接口，当按键数量较多时，需占用较多的接口，比较浪费，故只适用于按键数量比较少的小型控制系统。

为了减少按键对 I/O 接口的占用及简化电路，可用矩阵式键盘代替独立式键盘。如图 6-14 所示，矩阵式键盘上的按键按行和列构成矩阵，具体来讲，键盘由一组行线（Xi）和一组列线（Yj）交叉构成。在每条行线和列线的交叉点，两线并不直接相通，而是通过一个按键来接通。采用这种矩阵结构，只需 M 条行输出线和 N 条列输入线，就可以构成有 $M \times N$ 个键的键盘。为了便于区分各个键，可以按一定规律为各个键命名，如图 6-14 中的 0~9 及 A~F 分别为 16 个键的键名。

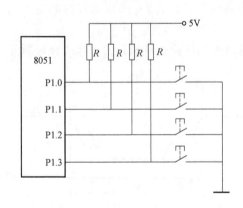

图 6-13 独立式键盘的接口电路

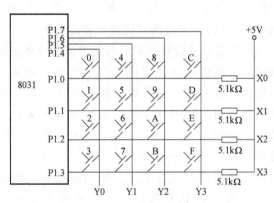

图 6-14 4×4 矩阵式键盘接口电路

在图 6-14 所示电路中，通过上拉电阻将行线接至 +5V 电源。当键盘上无键按下时，行线与列线断开，行线呈高电平。当某一个键被按下时，该键对应的行线与列线被短路。例如，9 号键被按下闭合时，行线 X1 与列线 Y2 被短路，此时 X1 的电平由 Y2 的电位决定。如果将行线接至单片机 8031 的输入口 P1.0~P1.3，列线接至单片机的输出口 P1.4~P1.7，则在 8031 的控制下，依次从 Y0~Y3 线输出低电平，并使其他线保持高电平，通过对 X0~X3 的读取即可判断有无键已闭合以及哪一个键闭合。

6.4.2 输出接口

输出接口是操作者对机电一体化系统进行监控的窗口。通过输出接口，系统操作者显示自身的运行状态、关键参数及运行结果等，并进行故障报警。下面对常用的人机输出接口做简要介绍。

1. 显示器接口

在机电一体化系统中，常用的显示器件有 LED（发光二极管）显示器、CRT（阴极射线管）显示器和 LCD（液晶显示器）等。其中，LED 和 LCD 显示器成本低，配置灵活，接口方便，故应用十分广泛。

（1）七段 LED 显示器 LED 显示器是机电一体化产品中常用的廉价输出设备，具有结构简单、体积小、可靠性高、寿命长、价格低廉等优点。它是将若干个发光二极管按照一定的形状制作在一块基板上，能够显示各种字符或符号。LED 显示器有多种组成形式，其中七段显示器最为常用。

如图 6-15a 所示，七段显示器包含 8 个 LED（编号为 a、b、c、d、e、f、g 和 dp，分别与同名引脚相连），其中 7 个条形 LED 组成"8"字形状，1 个圆点形 LED 构成小数点显示。当某一个发光二极管导通时，相应的一个点或一个笔画发亮，于是控制不同组合的二极管导通，就可以实现各种字符的显示。

根据 LED 显示器内部连接方式的不同，七段显示器分为共阴极和共阳极两种形式，分别将各段发光二极管的阴极或阳极连接在一起作为公共端，这样可以使驱动电路简单。将各段发光二极管的阴极连在一起并接地的称为共阴极显示器（图 6-15b），用高电平驱动，因此若要某个字符段发光，则必须在相应的阳极加逻辑高电平（+5V）。将各段发光二极管的阳极连在一起并接+5V 电压的称为共阳极显示器（图 6-15c），用低电平驱动，因此当某个二极管的阴极加逻辑低电平时，该 LED 导通，相应的字符段发光，否则不发光。

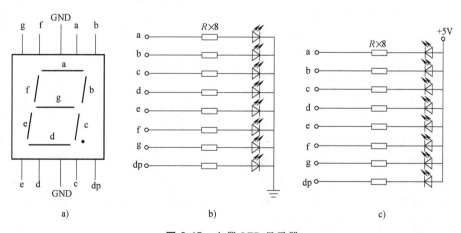

图 6-15 七段 LED 显示器

a）引脚配置 b）共阴极 c）共阳极

七段显示器虽然能显示的字符数量较少，但是控制简单，便于与单片机的接口相连，只要将一个 8 位并行输出口与显示器的发光二极管引脚相连即可。8 位并行输出口输出不同的字节数据即可获得不同的数字或字符。

（2）LED 显示器的显示方法　LED 显示器的显示方法有两种，即静态显示和动态显示。静态显示方式是指当显示器显示某一个字符时，相应的发光二极管恒定地导通或截止。用这种方法显示时，用较小的电流便能得到较高的亮度，所以可以直接由 8255 的输出口驱动。静态显示方法的优点是显示稳定，由于只有在需要更新显示内容时，计算机才执行显示更新子程序，因而占用 CPU 时间少，工作效率高。其缺点是当显示器位数较多时，需要的 I/O 接口比较多，线路比较复杂，此时应采用动态显示方式。

动态显示就是一位一位地轮流点亮显示器的各个位。对于显示器的每一位而言，每隔一段时间就点亮一次。虽然在任意时刻只有一位显示器被点亮，但是利用人眼的视觉暂留效应和发光二极管熄灭的余辉效应，当扫描频率足够高时，仍可获得稳定的显示。显示器的亮度与导通电流、点亮时间和间隔时间的比例有关。调整电流和时间参数，可以实现较高亮度、较为稳定的显示。若显示器的位数不大于 8 位，则控制显示器公共极电位只需一个 8 位并行口（称为扫描口），控制所显示的字形也需要一个公用的 8 位口（段数据口）。与静态工作方式相比，动态方式大大减少了对 I/O 接口的占用数量，节省了硬件费用。然而，为了获得稳定的显示，计算机需要定期对显示器进行刷新扫描，将占用大量的 CPU 时间，故主要适用于 CPU 相对不十分繁忙的场合。

值得一提的是，单片机的端口输出电流较小，一般在几毫安以下，而发光二极管通常需要十几到几十毫安的电流驱动才能正常发光，因此，由单片机发出的显示控制信号必须经过驱动电路才能使显示器正常工作。

（3）七段 LED 显示器接口　七段 LED 显示器的接口电路有两个任务：一是提供正确的驱动逻辑，例如，若要显示 "0"，就需要使 a、b、c、d、e、f 段导通，而 g 和 dp 段不导通，这就需要一个 8 位输出口分别对各段显示器进行控制；二是提供 LED 显示器的工作电流。图 6-16 所示为利用一片并行口扩展芯片 8255 扩展 3 位 LED 显示器的接口电路，八总线收/发器 74LS245（最大吸收电流为 24mA）起驱动作用，以提供 LED 显示器所需要的电流。限流电阻阻值为 300Ω，从而使 LED 显示器的工作电流为 10mA。

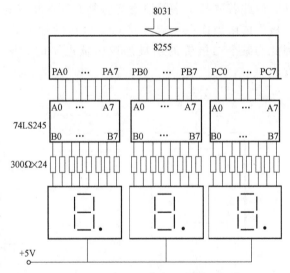

图 6-16　3 位 LED 静态显示接口电路

图 6-17 所示为通过 8155 扩展口控制 8 位共阴极 LED 显示器的接口电路。8155 的 PA 口作为扫描口，经 BIC8718 驱动器接显示器公共极；PB 口作为段数据口，经驱动后接显示器的 a、b、c、d、e、f、g、dp 各引脚，如 PB0 输出经驱动后接各显示器的 a 引脚，PB1 输出经驱动后接各显示器的 b 引脚，依此类推。

2. 声音输出接口

在机电一体化产品中，经常采用扬声器、蜂鸣器或电铃等产生声音信号以提示系统状

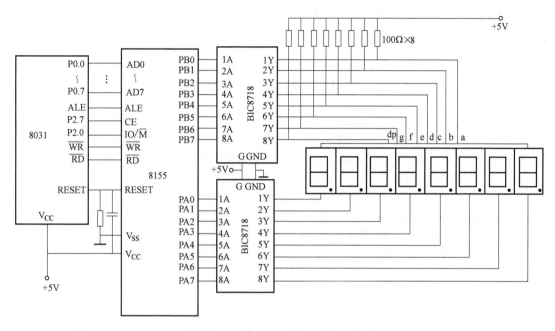

图 6-17 8 位 LED 动态显示接口电路

态，如状态异常、工序结束等。

蜂鸣器是一个双引脚器件，只需在两个引脚之间加上适当的直流电压即可发声，因此与控制计算机之间的接口简单，也易于编程。图 6-18 所示为蜂鸣器驱动接口电路，74LS07 为驱动器，当 P1.0 输出低电平时，蜂鸣器发声，而当 P1.0 输出高电平时，则停止发声。但是蜂鸣器的音量较小，因此在噪声较大的环境中通常选用扬声器来输出声音。

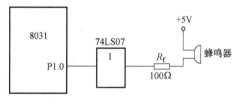

图 6-18 蜂鸣器驱动接口电路

扬声器要求以音频信号驱动，音频信号可以由硬件或软件生成。图 6-19a 所示电路利用集成电路产生音频信号，经放大后驱动扬声器。在该电路中，音频信号的频率取决于 R 和 C 的值，能否发声受单片机 8031 控制，软件设计简单。不足之处在于，一旦确定了电路参数，扬声器的驱动频率就固定了下来，所以只能以一种音调工作。对于图 6-19b 所示的驱动电路，音频信号由 8031 的软件产生，因此扬声器

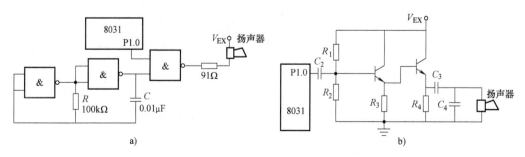

图 6-19 扬声器驱动接口电路

a) 硬件产生音频信号 b) 软件产生音频信号

的音调丰富，并且可以根据需要改变，但是软件设计工作量较大。

习题与思考题

6.1 何谓接口？机电一体化系统的接口有何功能？

6.2 根据功能的不同，接口可分为哪几种？试举例说明。

6.3 A/D 和 D/A 转换器的作用分别是什么？其性能指标分别有哪些？

6.4 A/D 转换器的转换原理有几种？各有何特点？

6.5 若 ADC0809 芯片的最大输入电压为 5V，则其所能够分辨的电压信号为多少？

6.6 试述图 6-7 所示电路的工作原理，并说明其中光电耦合器的作用。

6.7 何谓人机接口？常用的人机接口有哪些？

6.8 键盘为何要防止抖动？如何实现？

6.9 常用的键盘接口有哪几种？各有何特点？

6.10 LED 显示器的显示方法有几种？各有何特点？

6.11 近年来，智能化和无人化发展趋势已逐渐渗透到金融领域。2018 年 4 月，建设银行率先在上海南京东路商圈开放了无人银行网点。无人银行包括智能机器人、人脸识别及智慧柜员机（Smart Teller Machine，STM）。现在在许多银行网点都可以看到智慧柜员机，这是一种融合了现有柜面、电子银行、自助设备的全渠道非现金业务功能的新型自助设备。图 6-20 所示为 STM 的一个业务界面，这些操作界面其实就是一种人机交互接口。以此为例说明人机交互接口在机电一体化产品中的作用及其实现方式。

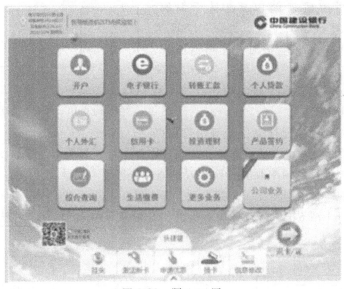

图 6-20 题 6.11 图

第7章　可靠性和抗干扰技术

7.1　可靠性技术

机电一体化系统（产品）要想能正常地发挥其功能，首先必须可靠地工作。可靠性是任何系统（产品）的主要属性之一，是考虑到时间因素的产品质量，对于提高系统的有效性、降低寿命期费用和防止产品发生故障具有重要意义。可靠性越高，意味着故障越少，寿命越长，维修费用越低；反之，可靠性越低，意味着故障越多，寿命越短，维修费用也就越高。

可靠性问题最早是由美国军用航空部门提出的。在第二次世界大战中，美国因故障而损失的飞机有21000架，是被击落飞机的1.5倍。美国运往远东的飞机经运输后机上60%的电子设备不能使用，在储存期间有50%的电子设备失效。1955年美国国防预算有30%用于维修和服务，而后又增加到70%，成为难以承受的负担。在这种巨大的压力之下，美国投入了大量人力和物力对可靠性理论及其工程应用进行研究，并逐渐推广应用到各个工业部门。目前，从最复杂的宇宙飞船到人们日常生活中使用的洗衣机、电冰箱等，都应用了可靠性技术，均有明确的可靠性指标，并取得了巨大的成功。

在我国，产品的可靠性问题已引起国家和企业的高度重视。1989年12月，原机械电子工业部召开了第一届机电行业可靠性工作会议，要求在1990年对近1000个大类的机电产品进行可靠性指标考核，到2000年扩大到5000个大类，基本覆盖全国机电产品的主要品种。目前，许多企业通过开展可靠性达标工作，明确了产品的主要故障模式及失效机制，并经采取相应措施后，产品质量和可靠性明显提高，如彩色电视机的平均无故障工作时间（MTBF）由几百小时增加到1.5万h、机床数显装置的MTBF由3000h增加到5000h、汽车的平均无故障行驶里程达2756km，企业不但获得了良好的声誉，而且取得了显著的经济效益。

7.1.1　可靠性的基本含义及指标

1. 可靠性的定义

可靠性是指产品在规定的条件下和规定的时间内完成规定功能的能力。它包含以下4项内容。

（1）产品　作为可靠性的研究对象，产品既可以是一个零件、一台设备，也可以是一个由若干零件或设备组成的系统。

（2）规定的条件 这些条件包括工作条件、环境条件和存储条件等。规定的条件不同，产品的可靠性也不同。例如，对于同一个半导体器件，在不同的温度、湿度等环境条件下，以及不同的温度、湿度等存储条件下，其可靠性不同。

（3）规定的时间 可靠性是有时间要求的，产品只能在一定的时间内达到目标可靠度。根据产品的不同，这里的"时间"可以是寿命、工作循环次数或行驶里程等相当于时间的量，而不单指狭义的小时、天数等。

规定的时间长短不同，产品的可靠性也不同。一般来说，规定的时间越长，发生故障的可能性越大，产品的可靠性越低。

（4）完成规定的功能 指能够连续地保持产品的工作能力，使各项技术指标符合规定值。

对于不可修复产品，产品不能完成规定的功能或规定功能丧失的状况称为"失效"；对于可修复产品，产品不能完成规定的功能但经过维修后可以恢复的状况称为"故障"。

失效或故障发生得越频繁，产品的可靠性越低。

2. 可靠性指标

可靠性指标是可靠性量化分析的尺度。衡量可靠性高低的指标有概率指标和寿命指标两大类，它们一般都是时间的函数。

机电一体化系统（产品）常用的可靠性指标有可靠度、失效率、寿命、平均维修时间和有效度等。

（1）可靠度 可靠度是产品在规定的条件下和规定的时间内无障碍地完成规定功能或不发生失效的概率，用 $R(t)$ 表示，其值在 $0 \sim 1$ 之间，可用下式求得

$$R(t) = \frac{N - N_F}{N} \tag{7-1}$$

式中 N——被测产品总数；

N_F——发生失效（或故障）的产品个数。

例如，对于一批相同的产品而言，$R(t) = 0.9$ 是指每 100 件产品中至少有 90 件能在规定的条件下和规定的时间内无故障地正常工作，对于单件产品则是指它在规定的条件下和规定的时间内正常工作的可能性为 90%。

（2）失效率 产品工作到某一时刻后，在单位时间内发生失效的概率称为失效率，以 $\lambda(t)$ 表示。失效率的单位为 $\%/(10^3 h)$（每千小时的百分比）或 $\%/(10^6 h)$；对于可靠性很高、失效率很小的产品，则常以菲特（fit）为单位，$1 fit = \%/(10^9 h)$。

失效率和时间的关系可用如图 7-1 所示的浴盆曲线（或称马鞍曲线）来表示，它反映了产品的失效规律。由图 7-1 可以看出，产品失效分为三个阶段，即早期失效期、偶然失效期和耗损失效期。

1）早期失效期。在这个阶段，产品的失效率高，且随着时间的增加而迅速下降。产品的早期失效一般是由元器件的质量缺陷及制造工艺缺

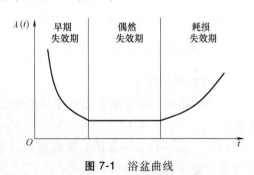

图 7-1 浴盆曲线

陷引起的，出现在系统运行的初期，可以采取相应的设计和工艺改进措施予以消除。

在系统调试运行初期，很容易暴露各元器件的损坏情况，因而失效率较高。为了尽量缩短这段时间，提高系统的利用率，在制造时需对元器件进行仔细筛选、老化处理和严格检验。当系统运行一段时间后，对性能不良的元器件进行调整和更换，系统的可靠性将日趋稳定。这一般需要 9~14 周的时间。

2）偶然失效期。偶然失效发生在系统运行一段时间后的故障偶发阶段，故障的发生是偶然独立的，大多是由使用不善引起的。其特点是失效率低且保持稳定，是系统运行的最佳状态，是系统的稳定使用期。这一阶段的长短决定了产品的有效寿命。在实际使用中，这段区域应尽可能长，且失效率越低越好。

3）耗损失效期。耗损失效出现在产品使用的后期，其特点是失效率随时间的增加而迅速上升。这是由元器件的老化和磨损引起的，说明产品的寿命即将到达极限，这时系统修复费用极高，已无修理意义。

（3）寿命 产品从开始使用到故障发生所经历的时间是产品的寿命，常用平均寿命（一批产品的寿命平均值）表示。

产品按能否修复分为不可修复和可修复产品两类。若产品或组成单元一旦发生失效便不可修复，系统处于报废状态，这类产品称为不可修复产品。若产品或组成单元虽发生故障，但经过维修其功能可恢复，这类产品称为可修复产品。绝大多数机电一体化系统（产品）都是可修复产品。

对于可修复性不同的产品，平均寿命的表示方法有所不同。

1）平均失效前时间。不可修复产品从开始使用到发生失效的平均工作时间称为平均失效前时间，用 MTTF（mean time to failure）表示，即

$$\mathrm{MTTF} = \frac{1}{N} \sum_{i=1}^{N} T_i \tag{7-2}$$

式中 T_i——第 i 个产品的失效前工作时间。

2）平均无故障工作时间。对于可修复产品，累积有效工作时间与运行期间的故障次数之比称为平均无故障工作时间（或平均故障间隔时间），用 MTBF（mean time between failure）表示，即

$$\mathrm{MTBF} = \frac{1}{\displaystyle\sum_{i=1}^{N} n_i} \sum_{i=1}^{N} \sum_{j=1}^{n_i} T_{ij} \tag{7-3}$$

式中 T_{ij}——第 i 个产品从第 j 次故障到第 $j+1$ 次故障之间的有效工作时间；

n_i——第 i 个产品的故障次数。

（4）平均维修时间 产品不可避免地都会发生故障，所以不但要考虑产品发生故障概率的高低，而且要关心它在发生故障后能否迅速地恢复。由于故障原因、故障发生部位、维修条件、维修水平等多种因素的复杂影响，维修时间是一个随机变量。

平均维修时间是产品发生故障后所需维修时间的平均值，即可修复产品累积维修时间与故障次数之比，是维修度指标，用 MTTR（mean time to restore）表示，即

$$MTTR = \frac{\sum_{i=1}^{n} t_i}{n} \tag{7-4}$$

式中　t_i——产品发生第 i 次故障后的维修时间；

　　　n——产品发生故障的总次数。

（5）有效度　如前所述，可靠度 $R(t)$ 是在不考虑维修的情况下，系统在规定的工作时间内正常运行的概率，反映了故障发生前的可靠性。但是大多数系统在发生故障后是可以修复的，这样就使得系统处于正常工作状态的概率大大增加。

有效度是一种综合了可靠度和维修度的可靠性指标，是指可维修系统在规定的工作条件和维修条件下正常工作的概率，用 $A(t)$ 表示，即

$$A(t) = \frac{MTBF}{MTBF+MTTR} \tag{7-5}$$

7.1.2　机电一体化系统中常见的可靠性模型

可靠性模型是对系统及其组成单元之间的可靠性逻辑关系的描述，包括可靠性框图及其相应的数学模型。

1. 串联模型

如图 7-2 所示，串联系统由 n 个单元组成，这些单元同时处于正常状态时则系统正常；若任一单元失效则整个系统失效。大多数机电产品属于串联系统。

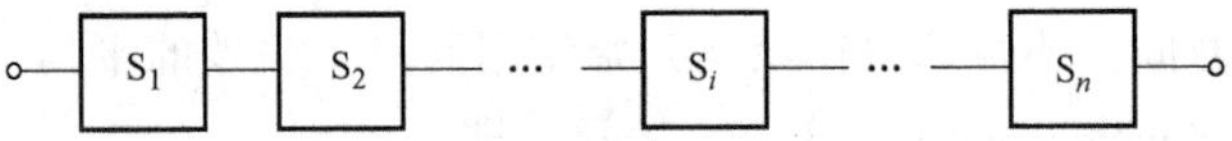

```
o—[ S₁ ]—[ S₂ ]— ··· —[ Sᵢ ]— ··· —[ Sₙ ]—o
```

图 7-2　串联系统

串联系统 S 的可靠度 R_S 等于各独立组成单元的可靠度之积，即

$$R_S = \prod_{i=1}^{n} R_i \tag{7-6}$$

式中　R_i——第 i 个单元 S_i 的可靠度。

由于串联系统的总可靠度为各组成单元可靠度的乘积，系统可靠度在很大程度上依赖于最弱单元的可靠度，因此在设计中应使各单元可靠度大致相近，即不应有可靠度过低或过高的单元出现，否则将导致系统可靠度剧降，而高可靠度单元也无法充分发挥作用。另外，由于 $R_i \leqslant 1$，因此组成串联系统的单元数越多，可靠度越低。例如，分立电路的可靠度远低于集成电路；机械传动装置的环节越多，发生故障的可能性也越大。因此，应尽可能减少系统中组成单元的数量。

2. 并联模型

对于并联系统（图 7-3），组成系统的 n 个单元中只要有一个单元处于正常状态，系统就正常；只有 n 个组成单元同时处于失效状态，系统才失效。并联系统属于工作储备系统。

如果各组成单元相互独立，则并联系统的可靠度为

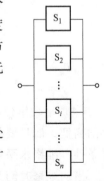

图 7-3　并联系统

$$R_S = 1 - \prod_{i=1}^{n} (1 - R_i) \qquad (7\text{-}7)$$

并联系统的可靠度大于各组成单元可靠度中的最大值，且并联单元越多，系统可靠度越高，但系统结构越复杂，费用也越高，因此并联单元数量不宜过多。例如，在动力系统、制动系统中采用并联方式时，通常取 $n=2\sim3$。

3. 混联模型

这是一种在若干个串联模型或并联模型的基础上再加以并联或串联而得到的更为复杂的可靠性模型，包括串并系统和并串系统两种，如图 7-4 所示，其可靠度分别为

$$R_S = 1-(1-R_1R_2)(1-R_3R_4) \qquad (7\text{-}8)$$

$$R_S = [\,1-(1-R_1)(1-R_3)\,][\,1-(1-R_2)(1-R_4)\,] \qquad (7\text{-}9)$$

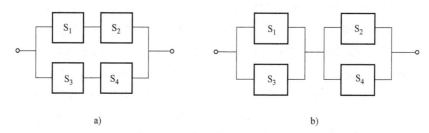

图 7-4　混联系统

a）串并系统　b）并串系统

串并系统结构简单，但系统可靠度低；并串系统则与之相反。

4. 表决模型

对于由 n 个单元组成的系统，有不少于 r 个单元正常则系统正常，这种系统称为 r/n 表决系统。例如，联轴器螺栓联接系统由 6 根螺栓组成，表面上看是 $n=6$ 的并联系统，实则为 5/6 或 4/6 表决系统；船舶双机驱动系统可视为 1/2 表决系统；飞机动力系统常用 2/3 表决系统。

图 7-5 所示为 2/3 表决系统的两种表示方法，对于这种表决系统，共有 4 种正常工作情况，即 3 个组成单元均正常，以及任意 2 个单元正常、另外 1 个单元失效。其可靠度为

$$R_S = R_1R_2R_3+(1-R_3)R_1R_2+(1-R_2)R_1R_3+(1-R_1)R_2R_3 \qquad (7\text{-}10)$$

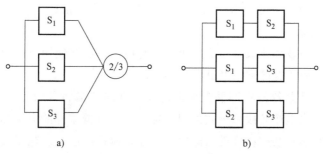

图 7-5　2/3 表决系统

a）表示方法一　b）表示方法二

5. 旁联模型

如图 7-6 所示，如果组成系统的 n 个单元中只有一个单元在正常工作，其余 $(n-1)$ 单元个均处于待机等待状态；当工作单元失效时，通过切换开关或转换装置，储备单元立即开始工作，使系统不致失效，这种系统称为旁联系统（或称为待机系统、后备系统、储备系统），如 PLC 后备系统、重要系统的发动机待机系统等。实际生产中常常采用的液压站油泵开二备一、水泵开二备一运行模式也可抽象为旁联模型。

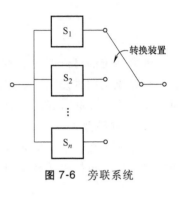

图 7-6　旁联系统

7.1.3　可靠性设计的主要内容

可靠性技术包括可靠性工程和可靠性管理两大部分。可靠性工程包含机械和结构、电子和电器、元件与系统、硬件和软件等方面的可靠性设计和试验验证。试验验证是通过采用各种试验手段，确定各种元器件的可靠性指标值（这是可靠性设计的基础）；也可以验证所设计出的产品是否达到规定的可靠性指标，若未达到则必须重新设计，直至达到规定指标为止。试验验证本身并不能提高产品的可靠性，只有设计才能决定产品的固有可靠性，并依靠管理加以保证。可靠性管理是对可靠性工程中的一切活动（包括设计、研制、制造、装配、调试、使用、维修直到报废）进行规划、组织、协调、控制与监督，以确保产品能够获得令人满意的可靠性。可靠性技术涉及的内容很多，由于篇幅所限，本小节仅对可靠性设计进行介绍。

可靠性设计是事先考虑产品可靠性的一种设计方法，其目的是使产品在完成预定功能的前提下，取得性能、重量、成本、寿命等各方面的协调，设计出高可靠性的产品。它主要包括以下几方面内容。

1. 确定产品的可靠性指标及其量值

可靠性指标有很多，分别从不同的角度反映产品的可靠性。在进行可靠性设计时，应根据产品的设计和使用要求，并结合以往经验及用户的特殊要求等，首先选择适合的可靠性指标作为设计依据。

对于可修复产品（如工程机械），常使用 MTBF 和 $A(t)$ 作为可靠性指标。例如，数控机床的 $MTBF = 3000h$，$A(t) = 0.90$；工业机器人的 $MTBF = 2000h$，$A(t) = 0.98$。对于不可修复产品（如卫星、导弹、宇宙飞船等），则以 $R(t)$ 为可靠性指标。

2. 产品的故障分析

故障是产品的一种破坏方式，产品不可靠就是由于产品在使用过程中出现故障。产品的故障分析就是确定产品的故障模式及其产生的原因。

机电一体化系统是由各种零部件组成的，零部件的故障将导致整个系统发生故障，因此，零部件的故障模式是产品故障模式的组成部分，如机械零件的磨损和断裂、电子元件的击穿等。此外，产品还有某些特殊的故障模式，如机械传动误差、电子设备的电磁干扰和数字电路的竞争冒险等。

在进行可靠性设计时，应尽可能减少产品的故障模式，特别是重要的和致命的故障模式，并延缓故障的发生。

3. 产品的可靠性分析和预测

可靠性分析的目的是建立产品的可靠性与其组成零部件的可靠性之间的定量关系。常用方法是根据产品的组成原理和功能绘出可靠性逻辑图，建立可靠性数学模型，将产品的可靠性特征量（如失效率、可靠度）表示为零部件可靠性特征量的函数，然后根据已知的各零部件的可靠性数据计算出产品的可靠性指标，进行可靠性预测。

可靠性预测不但能够使设计者对产品在现有元器件水平和生产使用条件下可能达到的可靠性指标有一个较客观的认识，而且能够使设计者发现产品的可靠性薄弱环节。

设计者在机电一体化系统（产品）从设计方案的选择、修改、实施，直至最终形成产品的过程中，通常需要进行多次可靠性预测，而且越早预测，就能够越早地发现问题并采取措施，从而越快地获得预期设计效果。

4. 产品的可靠性分配

可靠性分配是把产品经过论证确定的可靠性指标，自上而下地分配给各个子系统、部件和元器件。这样，只要系统各组成部分的可靠性指标达到了分配值，整个系统的可靠性就能达到规定的指标。

常用的可靠性分配方法有按各子系统可靠性相等原则进行分配的"等同分配法"、按各子系统预计失效率比例进行分配的"按比例分配法"以及考虑各子系统的重要程度、复杂程度、工作时间等差别进行分配的"按重要性分配法"。

对于串联系统（如机器人），可用下式进行可靠性分配，即

$$\lambda_i' = \frac{\lambda_i}{\lambda_S} \lambda_S^*$$
(7-11)

式中　　λ_i'——第 i 个子系统失效率的分配值；

　　　　λ_i——第 i 个子系统失效率的预测值；

　　　　λ_S——系统 S 失效率的预测值；

　　　　λ_S^*——系统 S 失效率的规定值。

按照上述方法进行可靠性分配后，如果系统失效率指标小于系统预计失效率，则分配给各子系统的可靠性指标小于其预计值，无法达到可靠性要求，应采取措施提高其可靠性。

7.2　抗干扰技术

在机电一体化系统中，可靠性是衡量系统好坏的重要指标，而影响系统可靠性的主要因素是干扰。干扰是普遍存在的现象，特别是在工业现场中存在着强大的干扰。为保证系统能够可靠地工作，在设计初期就应充分认识干扰的危害性，并对系统工作现场有全面了解，尽可能找出可能引起系统工作失常的干扰源，以便在系统设计时采取相应的抗干扰措施。但是由于干扰具有随机性，再加上作用机制十分复杂，有些干扰只有在将样机投入现场调试时才能够被发现，而有些干扰则很难被彻底排除。在设计系统时，若不采取充分的抗干扰措施，待样机制作完成后，其调试周期可能远远超出系统设计制造周期。因此，机电一体化系统的抗干扰设计不容忽视。

7.2.1 电磁干扰及其产生

任何机电一体化系统都是在一定的电磁环境中工作的。在机电一体化系统（产品）中，电磁干扰是引起元器件失效或数据传输处理失误，进而影响其可靠性和稳定性的最常见和最主要的因素，因此在机电一体化系统（产品）设计中应给予足够的重视。

电磁干扰（Electromagnetic Interference，EMI）是系统在工作过程中出现的一些与有用信号无关的并且对系统性能或信号传输有害的电气变化现象。这些电气变化现象使有用信号的数据发生瞬态变化，增大误差，或者掩盖有用信号而造成假象，使系统发生误动作或控制失灵，从而影响整个系统的正常工作，甚至损坏设备。例如，几毫伏的噪声就可能淹没传感器的模拟输出信号，构成严重干扰，影响系统正常运行。

电磁干扰现象在日常生活或生产中十分常见，如广播的同波道干扰、电视机中的重影、电焊机和手电钻使用时导致周边计算机运行异常、汽车点火系统引起附近电视机图像跳动并发出爆裂声，以及雷电对正在使用的电视或电话造成干扰等。

电磁干扰的产生必须同时具备干扰源、干扰对象和干扰传播途径，三者缺一不可。干扰源是指发出电磁干扰的设备（系统）或电磁能量源，又称为干扰发射器；干扰对象是指受到电磁干扰影响的设备（系统）或对电磁能量产生响应的设备（系统），又称为干扰接受器；干扰传播途径是将干扰能量从干扰源传送到干扰对象的途径，又称为干扰渠道。

干扰传播有两种方式，即传导方式和辐射方式。其中，传导方式是指电磁干扰通过金属导线或任何金属结构（包括电感器、电容器、变压器等）进行传播，即干扰源和干扰对象之间有完整的电路连接（包括导线、供电电源、公共阻抗、设备机架、金属支架、电感、电容等）；辐射方式是指电磁干扰通过空间感应进行传输。

当干扰对象处在干扰源所产生的干扰磁场或电场中时，干扰磁场将通过电感性耦合或干扰电场将通过电容性耦合进入干扰对象。一般而言，环状的金属导体受干扰的方式主要是磁场耦合，而线状的金属导体受干扰的方式主要是电场耦合。辐射干扰的强度主要取决于干扰源和干扰对象之间的距离以及它们之间的媒介。

图 7-7 所示为干扰信号进入控制器的各种途径。

关于电磁干扰应值得注意的是，任何一个电子设备都可能是一个干扰源，也就是说在一个通道中有用的信号，如果它偶然进入另一个通道，就可能成为该通道所不希望的噪声，即干扰信号。另外，同一个干扰源可以产生两种不同类型的干扰，如许多传导干扰源（如载有电流的导线）在产生传导干扰的同时，也会对周围的元器件产生辐射干扰。

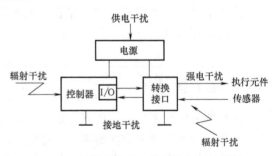

图 7-7 干扰信号进入控制器的各种途径

7.2.2 电磁干扰的分类

电磁干扰的分类有很多种方法，常用的分类方法有以下几种。

1. 按干扰传播方式分类

（1）传导干扰 传导干扰包括供电干扰、强电干扰和接地干扰。针对传导干扰，可采用隔离、滤波、合理的接地、布线等措施进行防护。

（2）辐射干扰　辐射干扰包括电磁辐射干扰和静电干扰。抗辐射干扰主要采用屏蔽技术。

2. 按干扰性质分类

（1）自然干扰　主要由雷电、太阳异常电磁辐射及来自宇宙的电磁辐射等自然现象引起的干扰。

（2）人为干扰　分为有意干扰和无意干扰。有意干扰指故意制造的电磁干扰信号，而无意干扰主要是指工业用电、高频及微波设备等引起的干扰。

（3）固有干扰　指电子元器件固有噪声引起的干扰，包括信号线之间的相互串扰、长线传输时阻抗不匹配引起的反射噪声、负载突变引起的瞬变噪声及馈电系统的浪涌干扰等。

3. 按干扰来源分类

（1）内部干扰　指系统内各部分耦合或自身产生的干扰，如多点接地造成电位差而引起的干扰、分布电容和分布电感引起的耦合干扰、元器件产生的噪声、数字电路对与之共用同一个电源的低电平模拟电路的干扰。

（2）外部干扰　指由系统外部窜入的干扰，主要是空间电或磁的影响。

4. 按干扰耦合模式分类

（1）静电干扰　指电场通过电容耦合产生的干扰，包括电路周围物件上积聚的电荷直接对电路的泄放、大载流导体产生的电场通过寄生电容对受扰装置产生的耦合干扰等。

（2）磁场耦合干扰　任何载流导体的周围空间都会产生磁场。磁场耦合干扰是指交变磁场对其周围的闭合回路产生感应电动势，从而引起耦合所形成的干扰。

（3）公共阻抗耦合干扰　指电路各部分公共导线阻抗、地阻抗和电源内阻压降相互耦合形成的干扰。

（4）漏电耦合干扰　指绝缘电阻下降产生的漏电流所引起的干扰，多发生在工作条件比较恶劣的环境中，或者器件性能退化、器件自身老化等情况下。

（5）电磁辐射干扰　指高频电流的载流导体和高中频装置（如电台、电视台等）产生的高频电磁波向周围空间辐射产生的干扰。

7.2.3　机电一体化系统中常见的电磁干扰

1. 供电干扰

交流供电网通常是多种设备共用一个电网，由此产生供电干扰。供电干扰包括附近大容量用电设备的负载变化和设备起、停时产生的电网电压波动（起动时电网电压瞬时降低，停止时又产生过电压和冲击电流）、电网瞬时断电（导致数据丢失或程序紊乱）以及雷电感应所产生的冲击电流等。

2. 强电干扰

驱动电路中的继电器、接触器和电磁铁等强电元件在断电时会产生过电压和冲击电流，从而形成强电干扰。这些干扰信号能够通过外部接口通道影响控制器内部 I/O 接口的状态，并通过 I/O 接口进入控制器。

3. 接地干扰

接地干扰是由于接地不当形成的，包括接地环路干扰和多信号共地线阻抗干扰。

（1）接地环路干扰　地线易与各种信号线、电源线及地线本身构成环路。如图 7-8 所示，当接地点 A、B 相距较远时，其电位一般不可能相同，于是形成电位差而构成接地环路 $A \rightarrow B \rightarrow D \rightarrow C \rightarrow A$。当接地环路与交变磁场交链时，电磁场就会在环路中感应出电动势并馈入系统，从而造成接地环路干扰。

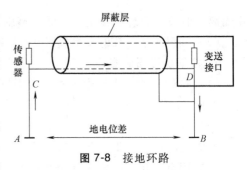

图 7-8 接地环路

（2）多信号共地线阻抗干扰 在机电一体化系统中常有多个信号回路存在公共地线的情况，如图 7-9 所示。由于地线本身阻抗，当系统工作时，各部分的电流都会流经公共地线，并在其上产生电压降。这个电压降叠加在电源电压上，并反馈回各个部分，从而造成共地阻抗耦合的相互干扰。这是机电一体化系统普遍存在的一种干扰。

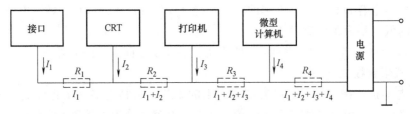

图 7-9 多信号回路共地

4. 辐射干扰

控制系统附近存在的辐射源（磁场、电磁场、静电场或电磁波辐射源等），经空间感应会对系统中的控制器、接口电路及导线造成辐射干扰，使其电平发生变化或产生脉冲干扰信号。

以场的形式入侵的干扰主要发生在高电压、大电流、高频电磁场附近。例如，高频电流流过导体时，导体周围会产生向空间传播的电磁波；大功率的电台、电视台、无线电发射机、电焊机、遥控器均产生高频电磁波，并向周围空间辐射，形成电磁辐射干扰。感性负载是最常见的干扰源，它的开合会引起电磁场发生急剧变化，触点断开时的火花放电也会产生高频辐射。

5. 静电干扰

如果设备的地线系统和大地之间无导体连接，以悬浮的"地"作为系统的参考电平，则该设备处于浮动状态，如飞机、军舰、宇宙飞船上的电子设备等。这类设备都可能带有静电。在静电场中，导体表面的不同部位会感应出不同的电荷，导体上的原有电荷经感应也会重新分配，这些都将干扰控制系统的正常运行。由于设备不与大地直接相连，易出现静电积累现象，当累积起来的电荷达到一定程度后，在设备和大地之间将产生具有很大放电电流的静电击穿现象，这种放电现象是一种破坏性很大的强干扰源。

针对静电干扰，可在采用"浮地"的设备和大地之间接入一个阻值很大的泄放电阻，以消除静电积累的影响。

7.2.4 电磁干扰的抑制与防护

机电一体化系统采取抗干扰措施的目的是抑制各种干扰信号的产生及防止干扰信号造成

危害。

　　提高机电一体化系统的抗干扰能力必须从设计阶段开始，并贯穿制造、调试和使用维护的全过程。实践证明，若在系统设计时就充分考虑干扰抑制和防护问题，则可消除未来有可能出现的大部分干扰，而且技术难度小、成本低；如果在开始使用时再去考虑解决干扰的问题，则难度大、成本高。另外，抗干扰是一个极其复杂且实践性很强的问题，预先采取抗干扰措施仅仅是一个方面，在调试过程中及时分析遇到的干扰现象，对系统的电路原理和具体的布线、屏蔽、防护形式不断进行改进，也是提高系统抗干扰能力的重要途径。

　　机电一体化系统设计的一个重要原则是电磁兼容性设计，其核心是抑制电磁干扰，使其具有电磁兼容性（Electromagnetic Compatibility，EMC），即在预定工作场所运行时，机电一体化系统应既不受到周围设备的电磁干扰影响，也不会施于周围设备。

　　电磁干扰的抑制和防护方法有很多，如屏蔽、隔离、滤波、接地等都是控制或消除干扰的基本方法和有效措施。这些抗干扰措施各具特点：①接地是系统或电路组装过程中的必备的一步，易于实现，无需定购其他元器件；②屏蔽实现起来同样比较简单，也没有复杂的内部击穿路径；③与接地、屏蔽技术相比，滤波方法的可靠性较差，且实现起来比较复杂，首先需拟定详细的技术条件，然后采购、试验、安装，设计和购置成本较高，不能用来弥补由于接地不良或不适当屏蔽产生的影响，因此只有在绝对必要的时候，才将滤波作为抑制干扰的一种手段。上述各种方法有时也相互关联，例如，当设备接地状况良好时可降低设备对屏蔽和滤波的要求，而良好的屏蔽也可使滤波的要求有所降低。除此之外，在驱动接口电路中还会用到吸收的方法来抑制干扰。

1. 滤波

　　滤波是抑制传导干扰的一种重要方法。干扰信号的频率成分往往与有用信号不同，因此借助设置在控制系统信号输入端的滤波器，可以显著减小传导干扰的电平，这是因为滤波器对叠加在有用信号上、与有用信号频率不同的成分具有良好的抑制能力，从而起到其他抗干扰方法难以起到的作用。

　　（1）滤波器的分类　常用滤波器可分为反射滤波器和损耗滤波器两大类。

　　1）反射滤波器。反射滤波器一般由无损耗的电抗元件（电容器、电感器等）组成，可以反射掉不需要的频率成分的能量，只让所需要的频率成分通过。根据干扰信号的频率特性，反射滤波器又可分为低通滤波器（用来抑制高频干扰）、高通滤波器（从高频脉冲中滤除工频干扰）、带通滤波器（用于抑制频带不连续的干扰）、带阻滤波器（用来抑制频带连续的干扰），以滤去干扰信号，而仅保留被测信号通过输入通道进入系统。如图 7-10 所示的 RC 滤波器最为常用。

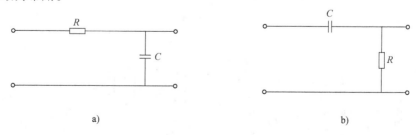

a)　　　　　　　　　　　　　　　　　b)

图 7-10　RC 滤波器
a）RC 低通滤波器　b）RC 高通滤波器

对于频谱虽然高于却非常接近于有用信号的干扰，使用 RC 滤波器无法获得理想的分离效果，此时应采用 LC 滤波器。在供电系统中，通常采用低通滤波器，以滤去电源进线中的高频分量或脉冲电流。图 7-11 所示为计算机电源采用的一种 LC 低通滤波器，以抑制由交流电网侵入的高频干扰。含有瞬间高频干扰的 220V 工频交流电源经截止频率为 50Hz 的滤波器，其高频信号被衰减，只有 50Hz 的工频信号通过滤波器到达电源变压器，从而确保正常供电。

图 7-12 所示为一种双 T 形带阻滤波器，用来消除工频串模干扰。输入信号 U_1 经过两条通路送到输出端。当信号频率较低时，C_1、C_2 和 C_3 阻抗较大，信号主要通过 R_1 和 R_2 传送到输出端；当信号频率较高时，C_1、C_2 和 C_3 容抗很小，接近短路，信号则主要通过 C_1 和 C_2 传送到输出端。只要参数选择得当，就可以使滤波器在某个中间频率 f_0 处，由 C_1、C_2 和 R_3 支路传送到输出端的信号 U_2' 与由 R_1、R_2 和 C_3 支路传送到输出端的信号 U_2'' 大小相等、相位相反，互相抵消，于是总输出为零。该滤波器一般和集成运算放大器一起使用，在低频段显示出特别的优越性，因此可用于滤除工频干扰信号。此时选择滤波器的谐振频率 $f_0 = 50Hz$。

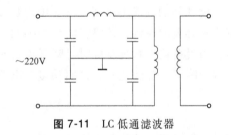

图 7-11 LC 低通滤波器   图 7-12 双 T 形带阻滤波器

2）损耗滤波器。反射滤波器的缺点是当它与信号不匹配时，一部分有用能量将被反射，重新返回信号源。这将导致干扰电平增加而非减小。此时就必须使用损耗滤波器，通过使不需要的频率成分的能量转化为涡流形式损耗掉而使干扰得到抑制。

损耗滤波器一般做成介质传输线形式，所用介质可以是铁氧体材料，也可以是其他损耗材料，如缠绕在磁心上的扼流圈、铁氧体磁环、内外表面镀有导体的铁氧体管所构成的传输线等。损耗滤波器特别适用于必须将干扰成分消除掉，而不仅仅是返回信号源的场合。目前，一些抗干扰电缆插头就装有损耗滤波器。

（2）滤波器的应用示例 如图 7-13 所示，对于由近距离传感器发出的数字或脉冲信号，可不必经过放大而直接进入由 R_1、C_1 组成的低通滤波器，以滤除高频干扰。由于经过 RC 滤波器后的脉冲往往有脉动和抖动，为了改善脉冲前沿，故增加一级施密特电路予以整形。

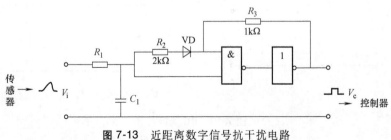

图 7-13 近距离数字信号抗干扰电路

2. 屏蔽

当干扰信号的变化频率与被测信号频率相当时，滤波无法对干扰信号进行抑制，此时应采取屏蔽措施。屏蔽是利用屏蔽体将干扰源或干扰对象包围起来，限制内部电磁能量越出某一区域或防止外来电磁能量进入某一区域，以隔断或削弱干扰场的空间耦合通道，阻止其电磁能量传输，从根本上消除串模干扰产生的根源。良好的屏蔽可以起到较好的抗干扰效果。

屏蔽体不但可以是机壳和控制柜，而且可以是蒙在通风孔、电缆或导线的进出孔、照明孔、加水孔、电表安装处的金属网及电缆的金属编织带。信号传输线必须加屏蔽体，故选用带屏蔽层的双绞线或同轴电缆，且屏蔽层应可靠接地。

（1）屏蔽的种类

1）按需要屏蔽的干扰场性质可分为电场屏蔽、磁场屏蔽及电磁场屏蔽。

电场屏蔽是在分布电容的耦合通道上布置金属屏蔽体，以消除或抑制电路之间由分布电容耦合产生的电场干扰。实施电场屏蔽时应注意：①屏蔽体力求严密，盒状屏蔽体的屏蔽效果优于板状屏蔽体，全封闭屏蔽体优于有窗孔或缝隙的屏蔽体；②屏蔽体必须良好接地，接地电阻应小于 $2.5m\Omega$，严格时应小于 $0.5m\Omega$；③屏蔽体应选择良导体材料（如铜、铝等），高频时表面应镀银；④正确选择接地点，屏蔽体的接地点应靠近被屏蔽的低电平元件的入地点。在电路布局和地线设置方面，应避免低电平电路的地线中流过较大电流。

磁场屏蔽是为了消除或抑制由磁场耦合引起的干扰。实施磁场屏蔽时应注意：①对于低频交变磁场，可选用高磁导率材料作为屏蔽体，利用其磁阻较小的特点，为干扰源产生的磁通提供低磁阻通路，并使其限制在屏蔽体内，从而实现磁场屏蔽；②对于高频交变磁场，主要是利用屏蔽壳体上感生出的涡流所产生的反磁场起到排斥原磁场的作用，因此应选用良导体材料制作屏蔽体。另外，屏蔽体应足够厚，屏蔽体越厚，磁场屏蔽的效果就越好。

一般情况下，单纯的电场或磁场很少，通常是电场和磁场同时存在，因此应将其同时屏蔽。电磁场屏蔽既包括了电场屏蔽又包括了磁场屏蔽，主要用来防止高频电磁场对受扰电路的影响。实施电磁场屏蔽时应注意的是：①屏蔽体采用良导体材料；②由于电磁场屏蔽是利用屏蔽体上的感生涡流，因此屏蔽体的厚度对屏蔽效果影响不大，但是屏蔽体的连续性却直接关系到感生涡流的大小，进而影响屏蔽效果的好坏，如果金属体在垂直于电流的方向上有缝隙，则起不到屏蔽作用，因此屏蔽体越严密越好；③装置的壳体或控制柜的屏蔽效果也不容忽视，控制柜的缝隙处必须清洁，彼此之间不应绝缘，装置的前面板一般不能单用塑料板或有机玻璃，还应衬上一块金属板，柜门应牢固，转轴应保持良好的电接触，当机壳通风孔直径大于 5mm 时，应蒙上一层金属网罩，其边缘与外壳牢固焊接，以保持屏蔽的连续性。

2）按屏蔽对象可分为主动屏蔽和被动屏蔽。

主动屏蔽是屏蔽干扰源，而被动屏蔽是屏蔽受扰对象。

3）按屏蔽部位可分为整机屏蔽、导线屏蔽、元件屏蔽和变压器屏蔽。

整机屏蔽是将整个系统或装置用屏蔽罩屏蔽起来。为了排除电磁干扰，有些精密机电设备甚至采用大型屏蔽室来做实验，这也可以看作是整机屏蔽。例如，美国大力神洲际导弹就是在一个 5 层楼高、有 5 层门的金属屏蔽室里进行测试的。

导线屏蔽既可屏蔽外来干扰，也可屏蔽本系统内各信号线之间的相互干扰。对于电场屏蔽，可直接将屏蔽层接地；对于磁场屏蔽，一端接地不起作用，可采用同轴电缆或双绞线。

元件屏蔽是将系统中容易受到干扰的元件用金属网或金属壳体屏蔽起来。

变压器屏蔽是指在变压器内设置屏蔽层，屏蔽层通常有两层、三层、四层等几种。

（2）屏蔽的应用示例　在电子仪器内部，最大的工频磁场来自电源变压器，对其进行屏蔽是抑制干扰非常有效的措施。如图 7-14 所示，在变压器绕组线包的外面覆数层铜皮作为漏磁短路环。当漏磁通穿过短路环时，铜环内感应出涡流，因而产生反磁通以抵消部分漏磁通，使变压器外的磁通减弱。变压器的外面也应进行屏蔽，一般是包上一层铁皮作为屏蔽盒。采用屏蔽电源变压器既可以抑制电源的干扰，也能够防止变压器本身对电网产生干扰。

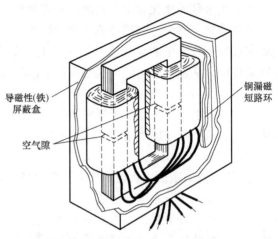

图 7-14　电源变压器屏蔽

3. 隔离

隔离技术是在无法避免接地环路时，通过使用隔离器件，将干扰源和接收系统隔离开来，使两者之间尽可能不发生电气联系，从而切断其共地耦合通道，抑制因地环路引入的干扰。为了确保稳定运行，机电一体化系统（产品）通常将强电部分与弱电部分隔离开来，以防强电电压馈入计算机或低压器件，造成干扰甚至损坏。常用的隔离器件有继电器、变压器、光电耦合器及差动式运算放大器等。

（1）继电器隔离　在如图 7-15 所示的继电器隔离电路中，利用继电器线圈接收信号，利用触点发送和传输信号。因此，继电器线圈和触点之间只有机械联系而没有直接的电气联系，从而实现了强电与弱电的隔离。

继电器隔离的特点是继电器线圈和触点之间的寄生电容≤2pF，阻抗很大，干扰难以通过寄生电容进入电子设备或机电一体化系统内部。另外，继电器的触点较多，且触点能承受较大的负载电流，因此这种隔离方法应用十分广泛。

（2）变压器隔离　变压器常用于电源隔离，用来阻断干扰信号的传导通路，并抑制干扰信号的强度。隔离变压器是最常用的隔离部件。如图 7-16 所示，隔离前、后的两个电路必须分别采用两组相互独立的电源，以切断两部分之间的地线联系。

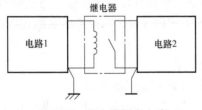

图 7-15　继电器隔离电路

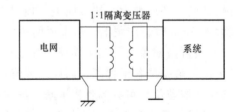

图 7-16　变压器隔离电路

以下是变压器隔离的应用。

1）交流电源隔离。为了将系统和工业电网隔开，消除公共阻抗耦合，减少负载波动影响，通常在电源变压器和低通滤波器之前安装一个 1：1 隔离变压器。为了防止通过一次侧和二次侧绕组的耦合相互干扰，隔离变压器的一次侧和二次侧之间还增加了静电屏蔽层，并将它接在二次侧的接地点上。

2）模拟地和数字地的隔离。利用隔离变压器可以将模拟信号电路和数字信号电路隔开，使共模干扰无法形成回路，从而达到抑制共模干扰的目的。

（3）光电隔离　为了防止强电干扰及其他干扰信号通过 I/O 接口进入计算机，影响其正常工作，通常采取光电隔离的方法，使计算机与强电部件不共地，从而阻断干扰信号的传导。

1）光电隔离原理　光电隔离是以光作为媒介在需要隔离的两端间进行信号传输。如图 7-17 所示，光电隔离电路主要由光电转换元件——光电耦合器构成。光电耦合器的类型很多，常用的是二极管-晶体管型光电耦合器，由砷化镓发光二极管和硅光电晶体管封装在一个管壳内组成。

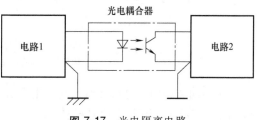

图 7-17　光电隔离电路

与普通二极管相同的是，发光二极管仍是一个 PN 结，当其上施加 1V 左右的电压时就能导通发光。光电晶体管与普通晶体管的区别仅在于用光输入代替了基极电流。当发光二极管导通发光时，光电晶体管受光照射而导通，呈低阻状态。反之，当发光二极管截止不发光时，光电晶体管也不导通而呈高阻状态。

光电耦合器的工作原理是发光二极管接收输入信号后发光，光信号作用在光电晶体管的基极上，使集电极和发射极之间导通，从而输出电信号。因此，光电耦合器的信号传输是依靠发光二极管在电压的控制下发光，然后光电晶体管接收光信号来完成的。

2）光电隔离的特点。光电隔离在机电一体化系统特别是数字系统中得到了广泛应用，其特点主要体现在以下几个方面。

① 光电耦合器密封在一个管壳内，或者以模压塑料封装，故不会受到外界光的干扰。

② 依靠光电转换传递信号，因此输入与输出之间没有直接的电气联系，也就是说切断了输入与输出之间的地线联系，故不易受到地环路干扰的影响。

③ 由于发光二极管的单向导电性，因此光电耦合器的信号传递是单向的，输出信号与输入信号之间没有相互影响。

④ 光电耦合器输入与输出之间的绝缘电阻非常大（$10^{11} \sim 10^{13}\Omega$），寄生电容很小（$0.5 \sim 2pF$），所以干扰信号很难从输出端反馈到输入端，从而起到隔离的作用。

⑤ 发光二极管只有在通过一定电流时才会发光。由于干扰源内阻一般很大（$10^5 \sim 10^6\Omega$），因此即使干扰电压的幅值很高，也无法提供足够的能量使二极管发光，从而可以有效地抑制干扰信号。

⑥ 与变压器隔离相比，光电隔离易于实现，且成本低、体积小。

3）光电隔离的作用。除了隔离的作用外，光电隔离还具有电平转换及负载驱动的作用。由图 7-18 所示电路可以看出，通过光电耦合电路可以很容易地将微机的输出信号转换为+12V。另外，达林顿晶体管输出型和

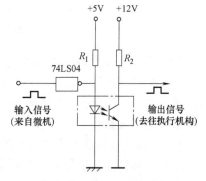

图 7-18　某光电隔离电路

晶闸管输出型光电耦合器件（图 7-19）还具有较强的负载驱动能力，因此微机输出信号通过这两种光电耦合器能够直接驱动负载。

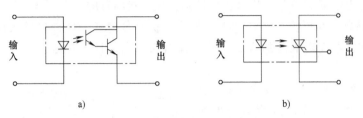

图 7-19 其他类型的光电耦合器

a）达林顿晶体管输出型　b）晶闸管输出型

对于不同类型的光电耦合器，其应用场合也不同。普通型光电耦合器（图 7-17、图 7-18）一般用于 100kHz 以下频率信号的隔离。如图 7-19a 所示，达林顿晶体管输出型光电耦合器的输入部分仍为发光二极管，输出部分以光电晶体管和放大晶体管构成达林顿晶体管，可直接用于驱动较低频率的负载。晶闸管输出型光电耦合器（图 7-19b）的输出部分为光控晶闸管，常用在大功率的隔离驱动场合。

4）光电隔离的应用。

① 组成开关电路。光电耦合器可组成开关电路，以取代常开、常闭以及常开/常闭切换的有触点开关。

② 隔离模拟地和数字地。利用光电耦合器的线性区，可直接对放大后的模拟信号进行光电耦合传送。由于光电耦合器的线性区一般只在某一特定范围内，因此应保证被传送的信号始终在线性区内变化。为了保证线性耦合，在具体应用中应严格挑选光电耦合器，并采取相应的非线性校正措施，否则将产生较大的误差。与变压器隔离相同的是，光电隔离器件前、后的两部分电路应分别采用两组独立的电源。

③ 微机和 I/O 接口之间的隔离。如图 7-20 所示，光电耦合器可以配置在微机的前向和后向通道上，以切断微机与输入、输出设备之间的电气联系，从而有效防止干扰信号进入微机系统。光电耦合器与微机之间的连接电路如图 7-21 所示。

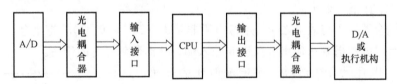

图 7-20 光电耦合器的配置方式

（4）差动式运算放大器隔离　差动式运算放大器隔离是常用的模拟 I/O 接口抗干扰方法，用于提高抗共模干扰的能力。隔离放大器通常设置在 A/D 转换器的输入端和 D/A 转换器的输出端，即放置在接口的模拟量一侧。为了提高抗干扰效果，可在接口的数字量一侧同时设置光电耦合器。

1）差动式运算放大器的抗干扰原理。如图 7-22 所示，差动式运算放大器的抗干扰原理在于，放大器的输出信号取决于两个输入端的电位差，即 $U_p - U_i$，而干扰信号的相位和大小对于两个输入端来说是相同的，因而抵消了干扰信号。

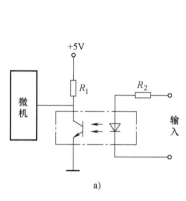
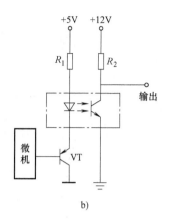

图 7-21 光电隔离 I/O 接口电路

a）输入接口   b）输出接口

2）差动式运算放大器隔离的应用。对于由传感器传来的模拟信号，通常采用差动式运算放大器来隔离干扰，如图 7-23 所示。图 7-23a 所示电路中，运算放大器起隔离干扰和信号放大的作用；R_7 和 VD 组成防反向电压电路，以避免损坏 A/D 转换器；R_8 和 C_1 组成滤波电路，以进一步滤除高频干扰信号。

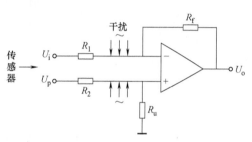

图 7-22 差动式运算放大器抗干扰原理

对于由传感器经过较长距离传来的数字或脉冲信号，可先利用运算放大器放大后再进行光电隔离，放大器接成电压跟随器形式，如图 7-23b 所示。如果采用的是光电式传感器，其输出幅值过大，波形也较差，可用稳压二极管 VD 和电阻 R_1 进行限幅和整形。如果传感器输出的波形较好，幅值又可调节，则可省去这两个元件，直接将信号放大。由于光电耦合器输出脉冲波形的上升沿和下降沿不够方正，故采用 TTL 门电路进行整形。

4．接地

接地是抑制干扰的有效措施之一，正确地将接地和屏蔽、隔离等技术相结合可解决大部分干扰问题。

（1）接地及其目的 接地是将电路、设备外壳等与作为零电位的信号电位公共参考点实现低阻抗连接。所谓的"地"是指电路系统的参考零电位点（面），而并不一定是大地。若选择大地作为接地点，必须选择导电良好的地表，并且应与电路的零参考点具有相同的电位。一般有碎石或土壤干燥的地表不适合做接地点。另外，不可以把供电系统的中线当作地线使用，以防引入干扰。

理想的接地点（面）应是零电位、零阻抗的，任何电流流过时都不会产生电压降，各接地点之间不存在电位差。但是，理想的接地点（面）并不存在，只是近似的，而且无论采用哪种接地方式，当电流流过时，地线上都会产生电压降。

接地的目的有两个：一是为了安全，也就是将电子设备的机壳、机座等与大地相连，以避免操作人员因设备存在漏电而遭受触电危险，同时保护设备安全；二是为了抑制干扰，如

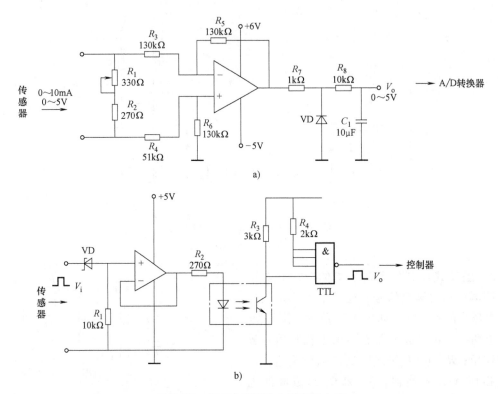

图 7-23 差动式运算放大器接口电路
a）模拟信号接口电路 b）数字或脉冲信号接口电路

屏蔽接地。

相应地，接地可分为安全接地（也称为保护接地）和工作接地。接地目的不同，"地"的概念也有所不同：安全接地中的"地"为大地，而工作接地中的"地"可以是大地，也可以是系统中其他电位参考点，如电源的某一极。

（2）机电一体化系统中几种常用的"地"

1）模拟地。传感器、变送器、放大器、A/D 和 D/A 转换器中模拟电路的零电位。

2）数字地。系统中数字电路的零电位，应与模拟地分开，使模拟信号免受数字脉冲的干扰。

3）安全地。也称为保护地、机壳地，使设备机壳（包括机架、外壳、屏蔽罩等）与大地等电位，以避免机壳带电而影响人身及设备安全。

4）系统地。上述几种"地"的最终回流点，直接与大地相连。

5）交流地。指交流供电电源地，即动力线地。其地电位很不稳定，交流地上任意两点之间往往存在几伏至几十伏的电位差，加之容易带来各种干扰，因此交流地绝对不可以与上述几种"地"相连。

（3）机电一体化系统中常用的接地方式

1）单点接地。单点接地方式是指在一个线路中只有一个物理点被定义为接地参考点，其他各个需要接地的设备都直接接到这一点上。单点接地主要有两种接法，即串联单点接地和并联单点接地。

串联单点接地也称为共同接地。如图 7-9 所示,对于采用串联单点接地的系统,各接地点电位不同,且受到其他电路工作电流的影响,加之地电阻 $R_1 \sim R_4$ 彼此串联,各电路间容易发生相互干扰。因此从防止噪声的角度看,串联单点接地方式是最不适用的。由于这种接地方式比较简单,因此当各电路的电平相差不大时可勉强使用。如果各电路的电平相差较大则无法使用,因为高电平电路会产生很大的地电流并干扰到低电平电路中去。另外,在使用这种接地方式时,应将低电平电路放在距离接地点最近的地方。

并联单点接地也称为分别接地,最适用于低频场合。对于采用这种接地方式的系统,各电路的地电位只与本电路的地电流和地电阻有关,与其他电路的地电流无关,所以不会因地电流而引起各电路间的耦合。如图 7-24 所示,这种接地方式在使用时需要连接很多根地线,因此在实际应用中较为麻烦。

2)多点接地。如前所述,单点接地在低频场合较为适用。由于这种接地方式需要的地线较多,当电路工作频率较高时,电感分量大,各地线之间的互感耦合会增大干扰,故常用多点接地方式。如图 7-25 所示,多点接地系统中各个接地点都直接接到与之最近的接地汇流排或设备底座、外壳等金属构件上,以便接地引线的长度最短。这样做的好处是高频时可以减小接地引线阻抗。

多点接地的电路构成较单点接地简单,且接地线上可能出现的高频驻波现象显著减少,因此适用于高频场合。然而,采用多点接地方式后,设备内部便存在许多地线回路,此时提高接地系统质量就显得格外重要。另外,由于接地点增加,因此应经常维护,以避免腐蚀、振动、温度变化等因素导致接地系统中出现高阻抗。

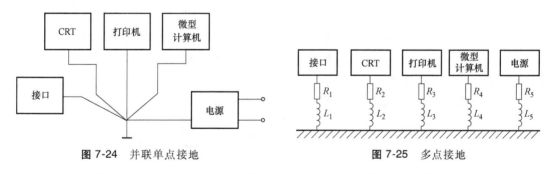

图 7-24　并联单点接地　　　　　　图 7-25　多点接地

3)复合接地。复合接地是将单点接地和多点接地方式相组合,以解决机电一体化系统中实际存在的复杂情况。

一般来说,在低频(电路频率≤1MHz)时,地线上的分布电感不构成主要威胁,往往采用单点接地方式;在高频(电路频率≥10 MHz)时,由于电感分量大,为了减少引线电感,故采用多点接地方式;当电路频率在 1~10 MHz 之间时,常采用复合接地。

在实施接地技术时应注意以下几个问题:①交流地和直流地分开,以避免地电阻将交流电力线引进的干扰传输到装置内部,保证装置的器件安全和电路工作的可靠性、稳定性;②为了避免脉冲电路工作时的突变电流对模拟量产生共态干扰,应将模拟地和数字地分开,接在各自的地线汇流排上,然后将模拟地的汇流排通过 2~4μF 的电容,以单点接地的方式接到安全地上;③严禁将交流中性线和系统地混接;④为了防止接地不当引入干扰,应采取相应的抗干扰措施,包括正确选择接地方式、减少公共地线阻抗(对于由多个设备使用公用地线串联接地而形成的环路,可采用并联接地的方法予以切断)、隔断接地环路等。对于

图 7-8 所示的由于接地点较远而形成的环路，可采用单点接地方法来切断，如图 7-26 所示；对于长线传输的数字信号，则可采用光电耦合器来切断接地环路。

（4）接地的应用示例

1）机柜内分别回流单点接地。如图 7-27 所示，机柜内的模拟地和数字地分别回流，并分别使用横向和纵向汇流排，柜内各层机架也分别设置汇流排，以最大限度地减小公共阻抗的影响。在空间上，数字地汇流排和模拟地汇流排之间应隔开，以避免汇流排之间产生电容耦合。各地之间只在最后汇聚一点，然后用导线截面面积不小于 30mm^2 的多股铜软线焊接在铜接地板上，并深埋地下。

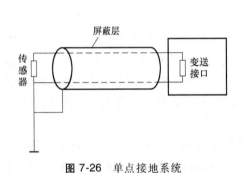

图 7-26 单点接地系统

图 7-27 分别回流法接地

1—模拟地横向汇流排　2—模拟地纵向汇流排
3—机壳　4—接地板　5—系统地　6—安全地
7—数字地纵向汇流排　8—数字地横向汇流排

2）多机柜单点接地。如图 7-28 所示，各机柜内采用分别回流单点接地。为了避免出现多点接地的情况，各个机柜均用绝缘板垫起来，然后各机柜的"地"连接在一起后采用单点接地方式。这种接地方式安全可靠，具有一定的抗干扰能力。原则上，接地电阻越小越好。但是，阻值越小，接地极的施工就越困难。接地电阻一般为 4Ω。

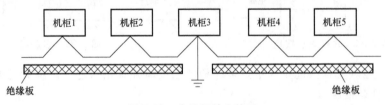

图 7-28 多机柜单点接地

3）机柜外壳接地、机芯浮空。为了提高抗干扰能力，将机柜外壳接地，但机柜内各器件、机架均与壳体绝缘，绝缘电阻大于 $50\text{M}\Omega$，从而保证机柜内信号地（模拟地和数字地）浮空，安全地与之始终隔开。这种方法安全可靠，抗干扰能力强，但是制造工艺复杂，一旦绝缘电阻降低将引入干扰。

5. 吸收

在控制器与执行元件之间的驱动接口电路中，较多使用由弱电转强电的感性负载（如继电器、接触器、晶闸管）以及用来通断感性负载的触点。工作时，触点会产生电火花，感性负载在断电时要泄放线圈中的能量，这些都将成为产生强电干扰的干扰源。为此应采取吸收的方法来抑制其产生，然后利用隔离的方法来阻断其传导。

在感性负载断开时会产生过电压，此时应在线圈上并联一个阻容吸收电路以吸收干扰电压，如图 7-29 所示。这种 RC 吸收电路既可以用于交流，也可用于直流；可根据经验来选取 R 和 C 的数值，如 $R = 10 \sim 100\Omega/(2\text{W})$，$C = 0.1 \sim 0.47\mu\text{F}/(800\text{V})$。

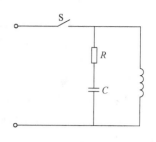

图 7-29　阻容吸收电路

6. 辐射干扰的抑制

辐射干扰的强度虽然低于传导干扰，但它对各种信号线的影响非常复杂，因为信号线都具有天线效应，不但能吸收电磁波而产生干扰电动势，而且其自身也能辐射能量，形成相互间的电场耦合和磁场耦合，因此不可忽视。

防止辐射干扰的主要方法是屏蔽和接地。要做到良好屏蔽和正确接地，应注意以下问题。

1) 消除静电干扰最简单、最基本的方法是将感应体接地，并且在接地时要防止形成接地环路。

2) 为了防止信号在传输过程中受到电磁辐射干扰，可采用带屏蔽层的信号线（金属屏蔽线），并将屏蔽层单端接地，否则外来干扰会通过屏蔽层和芯线之间的分布电容传到信号线内。当工作频率较高时，由于要利用涡流效应实现电磁屏蔽，应将两端接地以构成回路；当工作频率较低时，只需在起始端就近入地，以避免两端接地电阻压降所造成的干扰耦合。

当传输信号的数量较少时可采用双绞线，信号较多时则应尽可能选用屏蔽双绞线。屏蔽双绞线综合了屏蔽线和双绞线的优点，是较理想的信号线。

在选择双绞线时，绞距越短，则抗干扰效果越好。平行布置的两组相邻双绞线必须采用不同绞距。外来磁场引起的感应电流在同一根导线的相邻绞线回路中方向相反，因此互相抵消，起到抑制外来磁场干扰的作用。但是，双绞线的线间分布电容较大，对电场干扰几乎没有抑制能力。为了抑制电场干扰，应采用屏蔽双绞线。

在信号传输中还可以采用同轴电缆以提高抗干扰能力，如图 7-30 所示。电流产生的磁场被限制在同轴电缆外层导体和芯线之间的空间中，而在外层导体以外的空间中没有磁场，故不会干扰其他电路。其他电路产生的磁场在芯线和外层导体中产生的干扰电势方向相同，但是一个电流增大、另一个电流减小，于是相互抵消，使总的电流增量为零。同轴电缆的缺点是价格较昂贵。

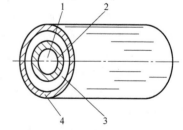

图 7-30　同轴电缆示意图
1—芯线　2—绝缘体
3—外层导线　4—绝缘外皮

3) 模拟信号线与数字信号线不能合用一根电缆；高电平电缆、脉冲引线与低电平电缆应分别敷设。

4) 绝对避免信号线和电源线合用一根电缆，信号电缆与电源电缆应尽量避免平行布设。

5) 信号线要尽量远离干扰源敷设，并远离大容量变压器、电动机等电器设备，远离不带屏蔽层的载有大电流的电源线，以防电磁感应产生干扰。

6) 当采用屏蔽线时，不能将屏蔽层用作信号传输线或零线。另外，屏蔽线必须固定，以避免绝缘层因振动摩擦产生静电而形成干扰。

7) 合理布局各部件的位置，尽可能减少长线，特别是要避免并行长线。

习题与思考题

7.1 何谓可靠性?

7.2 机电一体化系统(产品)常用的可靠性指标有哪些?

7.3 一批齿轮产品有 200 个,在规定的时间内和规定的条件下,失效齿轮有 3 个,这一批齿轮的可靠度是多少?

7.4 已知一批产品共有 1000 个,在 1000h 的工作时间内,20 个产品发生故障。求这批产品的 MTBF。

7.5 某产品在使用过程中发生 5 次故障,其维修时间分别是 1h、1.5h、2h、3h、3.5h,求其 MTTR。

7.6 图 7-31 所示为一个由表决模型和串、并联模型构成的系统。已知各单元的可靠度为 $R_1 = 0.93$,$R_2 = 0.94$,$R_3 = 0.95$,$R_4 = 0.97$,$R_5 = 0.98$,$R_6 = R_7 = 0.85$。求该系统的总可靠度。

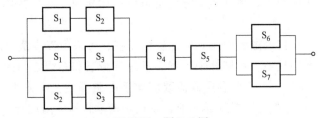

图 7-31 题 7.6 图

7.7 产品的失效可分为哪三个阶段?

7.8 对于可修复产品和不可修复产品,平均寿命分别用什么指标来衡量?

7.9 机电一体化系统的"失效"和"故障"有何异同?

7.10 为保证机电一体化系统的安全性,通常可采取哪些措施?

7.11 产生电磁干扰的三个必要条件是什么?

7.12 什么是接地?接地的目的是什么?

7.13 什么是模拟地、数字地、安全地和系统地?

7.14 在机电一体化系统中,根据电路频率的不同应如何选择接地方式?

7.15 电磁兼容设计的要求是什么?

7.16 画出光电隔离电路,并说明光电耦合器是如何起到隔离干扰的作用的。除此之外,光电耦合器还有哪些作用?

7.17 《中国制造 2025》提出,要推进制造强国建设,就要实现中国速度向中国质量的转变,将"质量为先"纳入我国实施制造强国战略的五个基本方针之中,将"加强质量品牌建设"列为战略任务和重点,并具体提出"加强可靠性设计、试验与验证技术开发应用""使重点实物产品的性能稳定性、质量可靠性、环境适应性、使用寿命等指标达到国际同类产品先进水平""大力提高国防装备质量可靠性,增强国防装备实战能力"。由此可见,提高我国产品质量可靠性的紧迫性及国家层面对产品质量可靠性的重视程度。试述我国制造业产品整体可靠性与发达国家之间存在哪些差距,产品可靠性差会对国民经济、社会发展乃至国家安全造成哪些影响?

7.18 对于任何一个机电产品,为了保证其可靠、稳定地运行,抑制和防护外部干扰是设计者尤其是使用者都极其关注的一个问题。但是,有些企业为了逃避社会责任,置诚实守信于不顾,故意人为地制造干扰。在 2021 年 3 月 30 日生态环境部举行的 3 月例行新闻发布会上,通报了唐山一些钢铁企业未落实重污染天气应急减排措施,而是采取一系列造假手段,包括串通第三方运维人员蓄意干扰自动检测设备,以达到导致生产期间的监测数据失真的目的。分组讨论这一案例带给我们的思考。

第 3 篇
应用与思政篇

第8章 机电一体化技术应用典型示例

近年来，我国的科技实力不断增强，在很多领域都取得了举世瞩目的成就，令国人为之振奋，爱国之情和民族自豪感油然而生。从时事热点中，我们不难挖掘出有关机电一体化技术应用的实例，如"可上九天揽月"的嫦娥五号、"可下五洋捉鳖"的万米级深海载人潜水器、拥有一颗强大"中国芯"的上海洋山深水港四期自动化码头、为我们日常出行带来越来越快的中国速度的"复兴号"中国标准动车组列车以及打通快递业"最后一公里"的自动送货机器人等，当然它们都离不开突破、创新、开放、融合的北斗三号全球卫星导航系统的强大助力。

8.1 北斗——中国的北斗，世界的北斗，一流的北斗

关键词：
※ 北斗精神
※ 大国担当
※ 爱国情怀
※ 民族自信

作为世界上历史最悠久、影响力极大的新兴科技商业媒体，《麻省理工科技评论》一直关注新兴技术的发展，并希望借此对未来有望为世界带来极大影响的新兴科技做出最有力的研判。《麻省理工科技评论》每年都会进行"十大突破性技术"（TR10）榜单的评选，并因其在全球的影响力以及评选的权威性和公正性而备受全球关注。

在以往的 TR10 评选中，中国较少有优势项目列入榜单，而在 2021 年 2 月 24 日发布的"2021 年十大突破性技术"中，中国至少在其中的 4 项技术中表现突出，具有明确的优势，它们分别是 mRNA 疫苗、超高精度定位、推荐算法和远程技术。其中，超高精度定位技术的重要意义在于"当定位技术精确到毫米级或更高水平，将开创全新的产业"。例如，作为超高精度定位技术的典型代表，我国的北斗三号全球卫星导航系统可实时捕捉地面上几米的位置变化，其处理精度甚至达到毫米级，已被用于检测中国山体滑坡易发地区的地表细微变化，并于当年成功预测湖南省将遭遇数十年来最为严重的山体滑坡，从而使当地村民得以提前安全撤离。如果卫星定位精度仍处于米级或分米级的水平，这

将不会有实现的可能。

卫星导航定位是通过地面基站接收到的人造卫星信号来进行定位、导航和授时（Positioning Navigation and Timing，PNT）服务的，是一个国家的关键基础设施。

1957 年 10 月 4 日，苏联成功发射世界上第一颗人造地球卫星（图 8-1），它的发射信号被美国霍普金斯大学应用物理实验室的两名年轻学者意外接收到。他们发现卫星与接收机之间形成的运动为多普勒频移效应，于是断言可以用来进行导航定位。在他们的建议下，美国于 1964 年建成国际上第 1 个卫星导航系统——子午仪。我们比较熟悉的全球定位系统（Global Positioning System，GPS）项目于 1973 年启动，由美国国防部研制和维护。

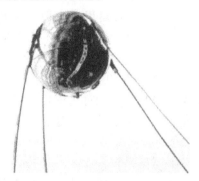

图 8-1 世界上第一颗人造地球卫星

20 世纪后期，我国开始探索适合中国国情的卫星导航系统发展道路，并逐步形成了 3 步走的发展战略：2000 年年底建成北斗卫星导航试验系统（北斗一号），向中国用户提供服务；2012 年年底建成北斗二号区域系统，向亚太地区提供服务；2020 年建成北斗三号全球系统，向全球提供服务。

2020 年 6 月 23 日 9 时 43 分，我国在西昌发射中心成功地发射了北斗系统的第 55 颗导航卫星，暨第三代北斗全球卫星导航系统（以下简称北斗三号）的最后一颗全球组网卫星。至此，北斗三号星座部署比原计划提前半年全面完成。2020 年 7 月 31 日，北斗三号正式开通。这标志着北斗卫星导航系统已成为能够比肩美国 GPS、俄罗斯格洛纳斯（GLONASS）、欧洲伽利略（Galileo）的全球卫星导航系统，从而使我国成为世界上第三个独立拥有全球卫星导航系统（Global Navigation Satellite System，GNSS）的国家，彻底打破了 GPS 对我国导航定位系统的垄断。

北斗三号有许多重大技术创新或改进，具有许多优势。例如，采用了 3 种轨道卫星（3 颗地球静止轨道卫星 GEO+3 颗倾斜地球同步轨道卫星 IGSO+24 颗中圆地球轨道卫星 MEO）组成混合星座，既能用 MEO 轨道卫星实现全球覆盖、全球服务，又具有高轨道卫星抗遮挡能力强的优点，尤其是能为亚太部地区用户提供更高性能的服务；是世界上首个集定位、授时和报文通信为一体的全球卫星导航系统；能够与其他卫星导航系统之间兼容与互操作，可采用"GPS+北斗"的双卫星导航系统，以提高系统的可用性和定位精度；卫星上的全部单机产品及元器件 100% 国产化，全面实现自主可控，彻底摆脱了原子钟、行波管放大器等产品长期依赖进口、受制于人的被动局面，为导航卫星批产研制奠定了基础。

在高精度定位导航方面，北斗在有些方面甚至超过 GPS。中南大学与北云科技在 2020 年 8 月 18 日发布的北斗高精度测试报告显示，在开阔环境下，北斗信号与 GPS 信号性能相当；在树荫遮蔽、水池多径等干扰环境下，北斗的定位精度明显高于 GPS，抗多径能力、信号跟踪稳定性、周跳探测与修复能力等信号质量指标整体优于 GPS。

北斗卫星导航系统已广泛应用在地理测绘、国防、水利、智能港口、交通、渔业、农业、航运、工程测量、铁路施工、现代物流、自动驾驶等领域。例如，依靠北斗系统等尖端科技，在 2020 年 12 月 30 日正式开通运营的京张高铁上，"复兴号"动车组增加了智能模块，在世界上首次实现时速 350km 自动驾驶功能；在 2020 年初世界爆发新冠肺炎疫情时，借助于北斗系统在测绘方面的神奇功能，湖北武汉火神山、雷神山医院才能够以令人惊叹的"中国速度"在十几天内建成；在 2020 年 5 月的珠穆朗玛峰高程测量中（图 8-2），综合运用了多种传统和现代测量技术，GNSS 卫星测量是其中重要的一环，并以北斗系统数据为主；在 2015 年 9 月 3 日举行的纪念中国人民抗日战争暨世界反法西斯战争胜利 70 周年阅兵式上，由 600 多辆军车组成的方队整齐划一地驶过天安门广场，为世人惊叹，据报道，各方队之间距离误差不超过 10cm，骑线偏差不超过 1cm，各方队整体车速控制在 10km/h。这完全得益于北斗高精度定位导航系统（图 8-3）的强大支撑。

图 8-2　北斗高精度定位设备在珠峰 GNSS 同步观测点

北斗三号全球卫星导航系统是国之重器，是我国着眼于国家安全、经济和社会发展自主建设、独立运行的全球卫星导航系统，是为全球用户提供全天候、全天时、高精度 PNT 服务的国家重要时空基础设施，对提升我国综合国力、增强民族自信心具有重要意义。按照规划，北斗系统将在 2035 年前建成更加泛在、更加融合、更加智能的综合时空体系。在北斗新时空服务的推动下，我国的智能信息产业和"中国服务"的国家品牌将誉满全球。

图 8-3　安装在阅兵坦克方阵上的北斗高精度定位导航系统

8.2　上海洋山港自动化码头——以"中国芯"打造世界之最

关键词：
※ 中国智造
※ 引领卓越
※ 世界创举

自 1993 年世界第一个自动化集装箱码头在荷兰鹿特丹港投入运营以来，目前全球共有 30 多个自动化程度不一的自动化码头。我国的自动化码头建设起步稍晚，2014 年厦门港建成国

内第一个全自动化集装箱码头，2015 年上海港和青岛港先后宣布开始规划建设自动化码头。

2017 年 12 月 10 日，上海洋山深水港四期自动化码头（以下简称"洋山港自动化码头"）开港运营，如图 8-4 所示，标志着中国港口行业在运营模式、技术应用及装备制造上实现了里程碑式的跨越升级和重大变革。码头智能系统和装备关键技术的应用，使其实现了码头集装箱装卸、水平运输、堆场装卸环节的全过程自动化控制。这座码头具有 4 大特点，即全球最大的单体自动化码

图 8-4　上海洋山港自动化码头

头、全球综合自动化程度最高的码头、国内唯一一个拥有"中国芯"的自动化码头、在亚洲港口中首次采用中国自主研发的自动导引车（AGV）及其自动换电系统的自动化码头。另外，它也开创了自动化码头的两大先河，一是双箱自动化轨道起重机首次从实验室走向实际应用，二是将电动机、制动器和减速器集成在一起，最大限度地减小了空间和布置上的限制。

在上海洋山港自动化码头中，许多核心设备和技术都已实现"中国智造"，如三大码头装卸机种——岸桥、轨道起重机和自动导引车均由振华重工制造，而振华重工是世界最大的港口机械装备制造商，已为荷兰鹿特丹港、美国长滩岛港、英国利物浦港等全球重要港口的自动化码头提供几乎所有的单机设备。值得骄傲的是，"中国智造"已不仅仅局限于"壳"，正在进入"芯"时代，自主研发的"TOS（码头生产管理系统）+ECS（自动化设备控制系统）"使洋山港自动化码头成功用上"中国芯"。国外许多港口企业到洋山港四期考察以后，都对该系统给予极大的兴趣，并积极寻求自动化改造合作。目前，全球已有七成的"无人港"陆续换上"中国芯"。

1. 自动化系统

在厦门和青岛自动化码头中，被称为码头"大脑"的运行管理系统都是由国外公司开发设计的，而洋山港四期工程的自动化系统完全采用了"中国芯"。如图 8-5 所示，分别由振华重工和上港集团自主研发的自动化设备控制系统（ECS）和码头生产管理系统（TOS）构成了码头的"心脏"和"大脑"。

TOS 覆盖自动化码头的全部业务环节，衔接上海港的各大数据信息平台（包括业务受理平台、集卡预约平台、数据分析平台、统一调度平台等）；提供智能化的生产计划模块、实时作业调度系统及可自动监控调整的过程控制系统；通过设备调度模块与协同过

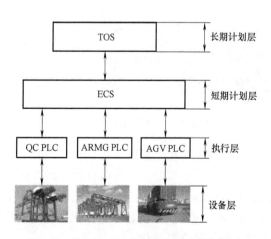

图 8-5　洋山港自动化码头自动化系统构成
QC—岸桥　ARMG—自动化轨道起重机
AGV—自动导引车

程控制系统，高效率地组织码头现场生产。

ECS 用来实现自动化码头装卸设备的调度控制及设备间的协调，主要是根据 TOS 的规划和指令完成对装卸设备的作业控制、流程优化、安全保护、监控管理和智能调度，取代了传统码头的司机及相关设备终端，智能化地指挥设备将集装箱安全、准时、高效地搬运到作业任务的目标位置，从而减少了码头的人力成本和生产过程中的人为干扰因素，避免了人身安全事故的发生，改善了码头操作人员的工作环境，大大提高

图 8-6 中控室

了码头的作业效率。通过中控室可实时监控码头运行状况并远程操作现场设备，如图 8-6 所示。

2. 自动化岸桥系统

（1）自动化双小车岸桥 岸桥又称为岸边集装箱起重机、桥式起重机，用来在岸边对船舶上的集装箱进行装卸作业。作为码头前沿生产作业的主力军，洋山港自动化码头采用的是带中转平台的自动化双小车岸桥，如图 8-7 所示。中转平台是主小车与门架小车交互衔接的区域，在主小车作业时，仅在船侧进行取放箱时需要人工介入，其余时段均可自动运行。依靠先进的船型扫描系统（SPSS），安装在主小车上的激光摄像头对船型进行实时扫描并建立轮廓地图，以便在自动化作业过程中获得智能减速和防撞保护功能。门架小车为全自动作业，具有良好的准确性和稳定性。图 8-8 所示为岸桥轨内正在进行岸桥双吊具装卸作业。

图 8-7 自动化双小车岸桥

图 8-8 岸桥轨内正在进行岸桥双吊具装卸作业

为了避免海损，集装箱在运输过程中都必须在箱体外部安装锁钮，并在船舶靠岸停泊后，由人工予以拆卸。洋山港自动化码头在岸桥中转平台上安装了拆钮机械臂来自动拆除锁钮，并且能够自行判断是否解锁成功，可有效避免因解锁失败而吊走集装箱所导致的"挂舱"损坏。因此，岸桥自动化拆钮装置的应用打通了自动化码头的"最后一公里"，进一步实现了码头的全自动化。

（2）远程健康诊断和状态评估 为了实现岸桥的远程健康诊断和状态评估，系统采用传感器对起重机关键位置的裂纹进行实时监测；采用机器学习及大数据分析等技术，实现起

重机关键部件故障预警及剩余寿命预估；采用多源传感器数据采集和融合，实现起重机设备全生命周期内关键部件的安全监管及健康评估。

（3）岸桥效率分析　以数据为驱动的岸桥效率分析系统实现了对岸桥作业流程的全面监控，支持 WEB 分析，技术人员可以通过系统自动生成或人工自定义生成的结果提取对应的效率分析报告，监控码头各个作业环节，观察其运行趋势，以及时发现作业瓶颈，制订优化策略，并将其导入仿真测试系统进行验证，验证完毕后再重新应用到码头作业系统中。通过不断的循环优化，达到持续提升码头作业效率的目的。

3. 自动化轨道起重机系统

轨道起重机主要用于堆场作业、与自动导引车（AGV）和集装箱货车进行作业交互。洋山港自动化码头采用了首次投入市场应用的双箱自动化轨道起重机，并配合自动化双小车岸桥作业，可尽快释放岸线空间，将码头使用率提升 50%。

针对运量结构和装卸特点，洋山港自动化码头堆场装卸设备采用无悬臂式、单悬臂式和双悬臂式三种轨道起重机，如图 8-9 所示。其中，无悬臂式轨道起重机可在箱区两端与 AGV 进行交互，悬臂式轨道起重机除了具备无悬臂式轨道起重机的全部功能外，还可以直接与位于自身悬臂下的 AGV 进行交互。

a)　　　　　　　　　　　b)　　　　　　　　　　　c)

图 8-9　三种自动化轨道起重机
a）无悬臂式　b）单悬臂式　c）双悬臂式

海侧无悬臂轨道起重机采用了世界首创的双箱作业工艺，即吊具可以一次自动抓取 2 个集装箱。由于双箱吊具无法根据单个集装箱进行吊具微调，系统采用了机器视觉和激光检测技术，实现吊具姿态、集装箱姿态及双箱间隙的精确检测，以实现准确抓箱。另外，借助于吊具位置检测系统，起重机可实现与目标 AGV 的自动对位，在 AGV 交互区及堆场自动抓取双箱，大幅度提高了作业效率。

为了减少人力成本、改善操作工人的作业环境及降低人工操作的安全风险，图 8-10 所示陆侧无悬臂式轨道起重机与外集装箱货车间的交互全部采用自动化作业方式，这项技术具有世界领先水平。为了解决外集装箱货车种类多、车身长度不一、车身污染严重、集装箱货车锁头太小难以识别、集装箱货车可能被吊起等问题，在轨道起重机移动过程中，采用激光器对陆侧集装箱货车交换区内的作业集装箱货车进行动态扫描，通过快速分析车辆激光

图 8-10　无悬臂式轨道起重机与外集装箱货车间的自动化交互作业

点云数据，区分出带箱集装箱货车和空车集装箱货车，对集装箱货车车身和集装箱进行精确定位，通过算法得出自动抓放箱作业所需的大小车位置、吊具旋转角度等关键数据，从而实现轨道起重机对集装箱货车进行自动抓放箱操作。

4. 自动导引车系统

自动导引车（AGV）是洋山港自动化码头船舶装卸作业中重要的水平运输载体，集装箱通过它由岸桥转运到堆场的海侧支架或悬臂轨道起重机的下方，如图8-11所示。通过采用独特的液压顶升机构，AGV与轨道起重机之间无需被动等待，很好地解决了水平运输与堆场作业间的解耦难题，有效提高了设备利用率。

通过感应埋设在面层上的61483枚AGV引导磁钉（图8-12），并结合无线通信设备、车辆管理系统，AGV能够在繁忙的码头作业现场自如平稳、安全可靠地自主行驶，并通过精确定位到达指定的停车位置。在具体应用中，行驶区域面层20cm以内不得有金属物，该区域面层、综合管沟上层均采用玻璃纤维筋，面层以下20cm内必须采用尼龙扎带绑扎。

除了自动驾驶、自动导航、路径优化、主动避障、自主故障诊断外，AGV还具备自主电量监控及自动更换电池等功能。

图8-11　自动导引车运输集装箱作业　　　　图8-12　AGV引导磁钉

为了保持续航能力，AGV采用了大容量的锂电池，电量从15%充至100%仅需2h，而AGV在充满电后可持续运行8h。依靠自动换电系统（BES），AGV换电也同样实现了自动化。设备控制系统实时监控AGV的车载电池电量。当剩余电量不足以维持继续运行时，AGV将自行前往换电站完成自动更换电池流程。当AGV到达换电站后，将被BES自动接管，于是换电机器人为AGV自动更换备用电池，并在换电完成后将控制权交还给AGV，使其重新投入正常作业。按照设计，更换电池全程只需6min。另外，系统还会根据作业场内各AGV的任务负载及交通状况，采用人工智能算法来控制AGV在合适的时间、以尽可能少影响其作业的路线驶向换电站，并按照优先级排队进站，整个换电流程高效而且有秩序。

洋山港自动化码头最终规划130台以上AGV同时运行，这将造成各种复杂的运行状况。设备控制系统采用高效算法进行大规模的路径规划和交通控制，保证AGV安全、稳定、高效地运行。在进行路径规划时，充分考虑路径长度、路径畅通度、转弯次数、能量消耗等指标，结合转弯、斜行等动作所需时间以及禁行区绕行等因素，选出最优路径。交通控制算法实时监控AGV的运行过程，通过避免死锁、解死锁等交通控制方案应对运行中各种不确定性所带来的意外状况。此外，还实现了AGV路径动态优化、动态避障、岸桥小循环路径等功能，使数量庞大的AGV可以同时在场内安全高效地进行作业。

以往的自动化码头水平运输系统大多使用传统的无线技术解决方案，对于 130 台体量的 AGV 数量，这将无法保证其可靠稳定地工作。洋山港自动化码头首次引入了蜂窝通信技术来进行 AGV 系统的无线通信，很好地解决了单位面积内大量车辆聚集、遮挡及同频干扰等问题，大大提升了无线网络数据安全性。

依靠智能系统和装备关键技术的应用，上海洋山深水港四期自动化码头于 2018 年突破 200 万 TEU 吞吐量，作业效率提升 30%，作业人员减少 70% 以上，实现了我国大型自动化集装箱码头生产管理系统的自主化和港口装备技术的升级迭代，为促进我国智慧港口、平安港口、绿色港口的建设做出了重要的贡献，并提供了强大的技术支撑。

8.3 "复兴号"动车组——以越来越快的中国速度领跑世界

关键词：
※ 工匠精神
※ 科技创新
※ 中国创造

与公路、航空等交通运输方式相比，高铁是最节能、最环保、最低碳的大众化交通工具。研究表明，在等量运输条件下，高铁 CO_2 排放量不及飞机的 1/10。高铁速度的提升使铁路运输具有更大的竞争优势，有利于进一步完善交通体系建设，实现绿色高效发展，为改善大气环境做出贡献。同时，高铁提速可以提升运力，加快沿线地区的人员和物资流动，对国家经济发展起到巨大的带动作用。

高铁是世界铁路运输发展的共同趋势，也是铁路技术现代化的主要标志。高铁已在世界各国得到广泛重视和蓬勃发展，我国也积极开展高铁研究和建设，并取得了举世瞩目的成就。其中，"复兴号"无疑是我国铁路装备制造技术发展的集大成者。

"复兴号"动车组（以下简称"复兴号"）是中国标准动车组的中文命名，是我国具有完全自主知识产权并达到世界先进水平的动车组列车，如图 8-13 所示，其英文代号 CR 为

图 8-13 "复兴号"中国标准动车组列车

"China Rail-way"的缩写。

"复兴号"于2012年启动研发，以"和谐号"为原型，通过消化、吸收、再创新模式，以增强互联互通、互为配件、降低运营和维修成本为目标，历经5年时间，实现了从中国制造到中国创造的跨越，2017年开始批量生产。近年来，"复兴号"已取代"和谐号"，并将全面占领中国高铁市场。

2017年6月26日，首对"复兴号"动车组从北京和上海双向对开，正式在京沪高铁上线运行。2017年9月21日，"复兴号"中国标准动车组在京沪高铁实现时速350km的商业运营，标志着我国成为世界上高铁商业运营速度最高的国家。这不仅使京沪之间的时空距离进一步缩短，更是彰显了中国高铁科技创新的领先地位，极大提升了中国高铁的核心竞争力。

"和谐号"动车组于2007年4月18日上线运营，在国内首次达到250km/h及以上的速度。它由很多不同型号的车型组成，如CRH1、CRH2、CRH3及CRH5等，这4种车型使用了4种不同的技术平台，最初由欧洲和日本引进。这些技术平台的标准不统一，没有做到标准化统型，不但司机的操作台不同，而且车厢内的定员座位也不一样（如CRH2型定员610个座位，而CRH3型只有556个）。如果在运行途中某节车厢突然发生故障而需要组织乘客换乘，临时调来的车可能出现无法挂连或座位数不足等问题，带来诸多不便。另外，车型之间没有做到简统化，零部件尚未统型，备品备件种类繁多，给备件管理及检修维护带来极大的不便。另外，尽管我国已掌握了"和谐号"动车组的技术，并且许多技术还是我国自主创新研发改进的，但始终在使用国外的技术平台，采用国外的技术标准，进一步发展受到极大的制约。

在"复兴号"的研制过程中，大量采用了中国国家标准、铁道行业标准及专门为新型标准化动车组制定的一批技术标准，在254项重要标准中，中国标准占到了84%。标准统一就意味着所有标准动车平台列车都能连挂运营、互联互通，因此首次实现了不同厂家生产的同速度动车组能重连运营，不同速度等级的动车也能相互救援，为提高运营效率、降低维护成本提供了技术保障。在"复兴号"中，11个系统的96项主要设备采用了统一的中国标准和统一的型号，实现了不同厂家零件之间具有互换性，也带动了国内相关企业和行业的发展。

动车组是当今世界制造业尖端技术高度集成的结果，涉及牵引、制动、网络控制、车体、转向架等9大关键技术，以及车钩、空调、风挡等10项主要配套技术。"复兴号"的整体设计和关键技术全部自主研发，具有完全自主知识产权，并在安全性、智能化、经济性、舒适性及节能环保等方面均有大幅度提升，达到世界先进水平。

当动车组以350km的时速运行时，90%左右的阻力来自空气，所以在高速状态下，动车组的动力输出几乎全部消耗在与空气的对抗上。因此，车头造型不仅是为了美观，更关键的是要降低空气阻力。在减小动车组阻力方面，车头采用了低阻力流线头型；车体采用了高强度、轻量化铝合金材料；车顶采用了平顺化设计，空调系统和受电弓设备均下沉安装到车顶下的风道系统中，而对于"和谐号"而言，空调和受电弓则安置在车顶的"鼓包"里。如此设计和改进使"复兴号"整车运行阻力降低12%，人均百公里能耗下降17%，意味着当它以时速350km运行时，人均百公里能耗仅为3.8kW·h。

列车网络控制系统负责完成动车组上的高压、牵引、制动、辅助供电、车门、空调等的监控以及车上所有控制信息和故障信息的传输、处理、存储和显示，是动车组最关键的核心技术之一，也是国外技术封锁的重点。中国标准动车组列车网络控制系统的软件和硬件全部自主研发，实现了完全自主化的突破，使动车组真正有了"中国脑"。

"复兴号"的转向架由中国自主设计和制造，承载能力提升 10%，满足 350km 及以上时速的持续高速运行，实验室安全稳定试验时速达 600km。动车组具有轮对轴温、齿轮箱轴温、转向架横向运行稳定性等安全系统全面监测功能，确保动车组既快又稳地运行。

在牵引方面，"复兴号"的牵引动力从 9600kW 提升到 10000kW 以上，牵引传动系统的软硬件全部实现自主设计、自主制造。至此，中国成为世界上少数全面掌握这一技术的国家之一。值得一提的是，设计牵引传动系统需要使用专业的图形化软件开发平台，以往国内没有这个开发平台，如果进口就必须绑定高价的牵引系统，而且还要接受外方的种种限制，为此，"复兴号"研发团队自主研发出图形化牵引系统软件开发平台，代码共计 100 多万行。

中国标准动车组设置了智能化传感系统，整车监测点达 2500 多个（比以往监测点最多的动车组车型还要多出 500 多个），能够采集 1500 多项车辆状态信息，对列车振动、走行部位状态、轴承温度、冷却系统温度、牵引制动系统状态、车厢环境进行全方位实时监测，为全方位、多维度故障诊断和维修提供支持。传感系统具有非常高的信息采集精度，在重要监控点，数据采集精度最高达到微秒级，即 1s 记录 100 万个数据。例如，"复兴号"从北京到上海的单程为 1318km，记录数据超过 300MB（73 万字的《红楼梦》所占数据空间仅有 1.7MB）。

"复兴号"建立了感知系统的传输通道和智能判识的网络，采用 TCN 和高速传输以太网双重冗余设计的网络控制系统，可收集各监测点信息，并根据预先设定的判据自动诊断故障。智能系统能实时感知列车的状态，并对各部件的运行工况进行记录，人工介入大大减少，列车自主判断、自主处理故障的能力增强。在出现异常情况（如大风、降雨或地震）时，动车组能够自动报警或预警，并根据安全策略自动采取紧急降速或停车措施，切实保障列车安全运行，最大限度地减少人员伤亡和财产损失。

在安全防护方面，"复兴号"有强大的安全监测系统，能够有效保障列车的运行安全。除了具备失稳检测、烟火报警、轴温监控、受电弓视频监视等安全防护功能外，"复兴号"还应用了被动安全技术，即在车体头部和车厢连接处增设碰撞吸能装置，提高动车组的被动防护能力。

被动安全防护是指当列车发生意外碰撞时，碰撞吸能装置通过有序变形来吸收碰撞能量，确保乘客区域不变形，且冲击减速度可控，最大限度地减小意外碰撞对车体造成的影响，为乘员提供安全保障。由于碰撞防护系统结构极为复杂，设计难度大，被动安全防护是世界高速列车领域的一项技术"制高点"。"复兴号"碰撞防护系统的设计吸能容量达 6.8MJ，这一指标达到国际领先水平。

除了碰撞吸能装置，"复兴号"还增设了防脱轨装置、防车厢与车架分离装置，确保在极端情况下有效起到缓冲保护作用。

中国地域辽阔，有些地区昼夜温差大，最高可达 40℃。随着 2021 年 1 月 22 日京哈高铁全线贯通，时速 350km 的"复兴号"高寒动车组正式上线。它拥有耐低温、抗冰雪等优良性能，可在 -40℃ 的极寒环境下正常运行，这都得益于采取了以下技术措施。

1）动车组控制系统采用低温型号的控制开关，确保在极寒天气下也能开闭自如。

2）配电柜骨架（图 8-14）上喷涂了新型微米级陶瓷多孔材料，冷凝水可以存储在孔隙中以避免滴落，确保了配电安全。

3）车下设备舱上边梁与底架边梁间等位置的螺栓和螺母（图 8-15）采用铬钼合金钢等低温材料，即使列车在极寒天气下运行，这些螺栓和螺母也不会出现脆断情况。另外，车下设备舱裙板与骨架间等位置采用硅橡胶作为密封胶条材料（图 8-16），可以更好地防冰雪。

图 8-14　配电柜骨架

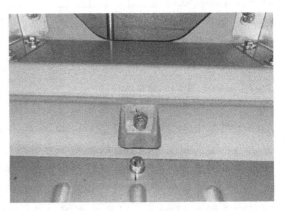

图 8-15　铬钼合金螺栓和螺母

4）首次批量使用自动化防冻结功能制动系统，在冰雪线路上行驶，冻结概率降低，保障制动系统正常使用。

5）列车上的水管路（图 8-17）由原来的铜管优化为不易冻损的不锈钢管。水管路、水箱和污物箱的外面都包覆防寒棉，并配备辅助加热装置，从而避免转向架附近区域低温薄弱点产生冻结，确保列车安全稳定运行。

图 8-16　硅橡胶密封胶条

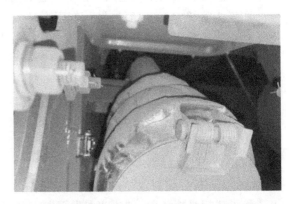

图 8-17　采取了保温措施的列车水管路

除了具有自主化和标准化的显著优势，"复兴号"中国标准动车组的系列化设计也一直在持续。据报道，持续时速 400km、可应用 5G 通信网络的 CR450 型"复兴号"动车组已于 2021 年启动研制。

8.4 一次性医用口罩机——疫情当前，给国人最安心的保护

关键词：
※ 中国力量
※ 社会责任
※ 名企担当

2020 年初，新冠疫情突然爆发，如何有效防范新冠肺炎病毒感染成为全国人民都非常关注的问题。除了勤洗手、少聚集外，戴口罩是最行之有效的手段。人佩戴口罩，借助于口罩的过滤作用，极大地降低被病毒感染的概率。

我国口罩的日产能在发生疫情前约为 2000 万只。2020 年疫情爆发时正值春节假期，春节后各地陆续复工复产，大量人员有出行的需要，导致口罩需求量进一步增长。口罩成为防疫的重要物资，各地的口罩生产厂被当地政府接管，再加上物流停运等因素，一度出现了"一罩难求"的局面。另外，由于口罩需求突然爆涨，传统口罩机的产能远远无法满足市场需求。在这危难时刻，国内许多具备开发能力的企业（涉及石化、造船、机床、轻纺、汽车、航空等领域）纷纷转型生产一次性医用口罩，充分彰显了国人同舟共济、共克时艰的精神，同时也显示出中国制造的灵活性。

根据使用范围的不同，常用的口罩主要分为 3 种，即医用口罩、颗粒物防护口罩（又称为防尘口罩、防霾口罩）和日常防护口罩，其中，只有符合医疗器械管理相关要求的医用口罩才对预防病毒感染有防护作用。

按口罩防护级别的高低进行排序，医用口罩又可分为医用防护口罩（如 N95、KN95 口罩）、医用外科口罩和一次性普通医用口罩。这些口罩的组成基本一致，包括口罩面体、鼻夹、耳带等。口罩面体主要采用三层结构：内层为亲肤材料，一般采用无纺布；外层为抑菌层，一般采用无纺布；中间为隔离过滤层，一般采用熔喷布。

根据外形的不同，口罩还可分为平面式、立体式（或折叠式）和杯状等。

以下将对全自动平面口罩机进行介绍。

1. 口罩机组成及工艺流程

平面口罩机一般由制片机、送片分流机和耳带机三大部分组成。对于立体口罩机，则还包括压印、压平机构、打标机构等部分。

全自动平面口罩机的生产工艺流程如图 8-18 所示，多层无纺布和鼻夹条通过制片机的折叠、超声波焊接、切片形成口罩胚片，胚片通过送片分流机被输送到两台完全相同的耳带机进行耳带焊接作业，再经过消毒、检测、包装等工序后就制成了成品口罩。

全自动平面口罩机的设备组成如图 8-19 所示。由于制片机的生产节拍较高，可达到 100 片/min 以上，而耳带机的生产节拍相对较慢，因此一套全自动平面口罩机设备一般配备两套耳带机。根据耳带的焊接方式和使用方法不同，口罩机可以分为内耳带口罩机和外耳带

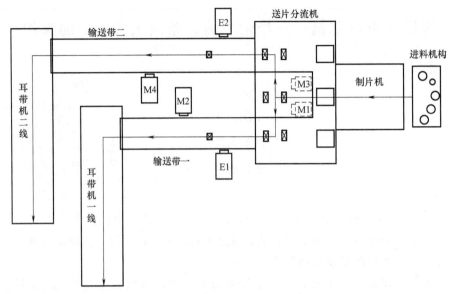

图 8-18 全自动平面口罩机的生产工艺流程

罩机。其中，外耳带机最为常见，其通过超声波将耳带焊接在口罩胚片上；内耳带机与之相比多了一道耳带包边的工序。

2. 制片机

制片机由本体、机架和进料机构等组成。其中，本体主要包括多层布料滚动压合机构、压褶机构、鼻夹条前滚动压合转轴及保持机构、鼻夹条剪切机构、耳带超声波焊接机构、剪切位置调整机构、口罩胚片剪切机构、出料压平机构等；机架包括 1 个鼻夹条支架、4 个布料张紧支架、主切片支持台架等；进料机构包括 4 套布料进料机构、4 套布料进料转轴锁止调整机构、1 套可调鼻夹条进料机构、1 组鼻夹条导向机构等。

制片机控制系统的主要功能是控制主驱电动机和超声波焊接控制器的起动和停止，控制逻辑比较简单，故采用继电接触器控制模式。

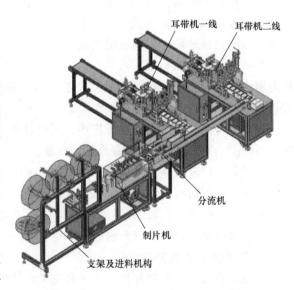

图 8-19 全自动平面口罩机的设备组成

作为制片机的主要控制对象，主驱电动机是拖动布料前进的唯一动力，所以主驱电动机运转是否稳定直接决定了布料输送的稳定性，故选用 1.5kW 的三菱 P-700 系列变频器来驱动主驱电动机。在布料输送过程中，如果发生缺料的情况，布料会被拉扯，则将影响口罩胚片生产的一致性，会出现胚片尺寸不一、应力不均等缺陷，故选用松下 CX442 光电开关作为检测开关。除了"检测到物料有输出"的传统检测方式外，该开关还具有"非检测到物料有输出"方式。将光电开关设置为"非检测到物料有输出"模式,可大大减少继电器的使用数量,控制回路得到简化。

如图 8-20 所示,外部 220V 交流电源通过断路器 QF1 后分流到断路器 QF2~QF4,为变频器、超声波控制器和直流电源模块供电。电源模块将 220V 交流电再转换成 24V 直流电,作为控制回路的电源。

在料架上装有 5 个光电式物料检测开关 SQ1~SQ5,分别用来检测口罩生产物料无纺布1~无纺布 4 及鼻夹条的有无,它们的常开触点并联接入继电器 KA1 的输入端。只要有一个开关没有检测到物料,KA1 线圈都会得电,其常闭触点断开。设备起动/停止选择开关 SA 与 KA1 的常闭触点串联,作为继电器 KA2 的输入端。当 SA 接通且所有开关都检测到有物料时,KA2 线圈得电,其常开触点闭合。KA2 常开触点是超声波控制器和变频器控制回路的输入条件,因此当 KA2 线圈得电时,超声波焊接设备和变频器同时起动,变频器控制回路接通,输出设定好的频率到主驱电动机,驱动口罩物料向前运动,而超声波设备焊接折叠好的物料,实现将口罩物料通过折叠、焊接、切片到成为口罩胚片的生产过程。

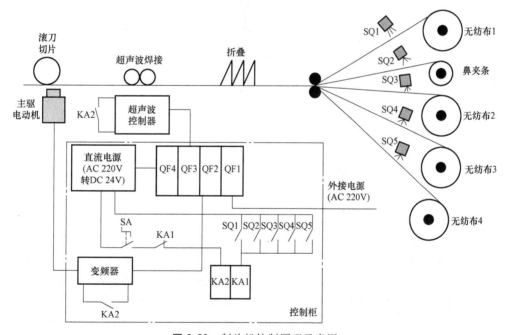

图 8-20　制片机控制原理示意图

3. 送片分流机

送片分流机的功能是对制片机生产出来的口罩胚片进行分流,并通过由定速电动机 E1、E2 驱动的 2 条输送带转运至下游的 2 台耳带机处,其控制组成如图 8-21 所示。整台设备共有 4 台分流翻片电动机 M1~M4。由于上游制片机的生产速度较快,为了避免输送不及时导致的口罩胚片堆积,造成输送卡滞而停线,影响口罩生产效率,分流翻片电动机必须响应迅速、定位准确,故 M1~M4 选用汉德保两相步进电动机,并装有相应的原点检测开关以确定电动机的原点位置。

由于控制逻辑较为复杂,故采用可编程序控制器(PLC)实现分流机控制。如图 8-21

所示，从制片机出来的口罩胚片在推料气缸 9 的推动下到达位置 A，在位置 A、B1、B2 处各设置 2 个来料感应开关。当来料感应开关 6、14 检测到位置 A 处有料时，结合 B1 或 B2 处是否是空位，横向翻料步进电动机 M1 或 M3 带动翻转机构，将口罩胚片运往空位，此时，口罩胚片外侧朝上。当口罩胚片输送至 C1 或 C2 位置时，纵向来料感应开关 16 或 2 被触发，PLC 控制纵向翻料步进电动机 M2 或 M4 动作，将口罩胚片翻转为内侧朝上的姿态送往耳带生产线，以便耳带机将耳带焊接到口罩胚片的内侧。

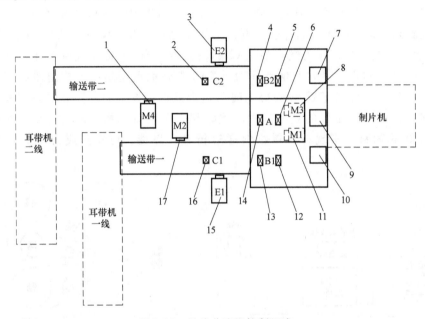

图 8-21　送片分流机控制组成

1、17—纵向翻料电动机　2、16—纵向来料感应开关　3、15—定速电动机　4、5、12、13—横向来料感应开关

6、14—来料感应开关　7、9、10—推料气缸　8、11—横向翻料电动机

4. 耳带机

耳带机是口罩机成套设备中的核心部分之一，是提高生产效率、取代耳带人工焊接的重要设备。其主要作用是通过伺服电动机驱动输送口罩的链盘将口罩胚片运到超声波焊接头的位置，并通过送耳带、夹耳带、转耳带、剪耳带等一系列操作，将耳带贴在胚片内侧的正确位置。此时，超声波焊接头压住耳带和胚片，起动超声波设备焊接，将耳带和口罩胚片焊接熔合在一起。然后通过后续的热压平整、二次包裹、出料等辅助工序，生产出一个口罩成品。

耳带机的构成主要包括设备台架、伺服输送系统、口罩运输系统、耳带上线系统、夹线系统、剪线系统、焊接头系统、超声波发生系统等。

耳带机控制按照功能可分为输送和焊接两个部分。输送的对象有口罩胚片和焊接耳带，只有将这两种原材料准确送到焊接工位，才能确保口罩耳带的焊接质量和焊接速度。由于耳带输送的位置精度更多依赖于工装安装精度，所以选用可以准确定位的信捷伺服电动机来输送口罩胚片，并辅以 U 形伺服原点开关以保证原点位置准确，从而实现口罩胚片的精确输送。对于口罩成品收集用的成品叠放与输送电动机，则采用要求不那么高的普通调速电动机。在焊接工位内，PLC 根据安装在执行气缸出点和原点的磁性开关，以及各光电式物料检测开关的信号状态，输出相应的开关信号，控制气缸电磁阀动作及超声波设备的焊接动作，确保耳带和口罩之间的焊点质量。

如图 8-22 所示，耳带机的气缸左右对称分布，两侧设备的动作完全相同。以左侧为例，当口罩胚片被运送到位置 A 时，前压缸下降将胚片压紧。拉耳带缸伸出到位将耳带拉出，夹耳带缸夹紧，将耳带压紧，拉耳带缸缩回到位。升降缸带动双夹耳带缸 1、2 下降，两个双夹耳带缸分别夹紧，耳带的两端，剪耳带缸伸出并将耳带剪断后缩回，旋转缸带动双夹耳带缸 1、2 旋转，将耳带弯曲成 U 形，并且耳带两端贴在胚片内侧，焊耳带缸带动焊接头下降并压紧，超声波焊接设备起动，将耳带焊接熔合在口罩胚片上。然后双夹耳带缸打开，同时旋转缸和焊耳缸同时打开并升起，完成一个口罩单侧的耳带焊接工作循环，然后进入下一个循环。另一侧的耳带焊接动作流程与此相同。焊好两侧耳带的口罩被伺服驱动输送链盘继续运送到位置 B，后压缸伸出压紧口罩，热压缸下压将口罩整压平整，推耳带缸 1、2 伸出，将耳带向口罩内侧推送。口罩被继续运送到位置 C 时，出料缸下压，将口罩向下压出耳带机。

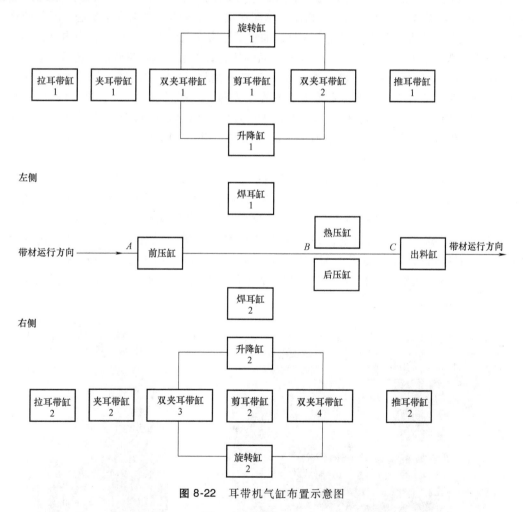

图 8-22　耳带机气缸布置示意图

这种"一拖二"式全自动平面口罩机能够保证口罩的一致性和口罩的焊接质量，并且大大减少人员投入，降低生产成本和工人劳动强度，自动化水平高，并且极大地提升了口罩生产速度，每分钟可以达到 300~400 只的产能输出。

8.5 自动送货机器人——打通快递业的"最后一公里"

关键词：
※ 夯实基础
※ 服务社会
※ 科技报国

　　社会与科技的不断进步使电子商务得到空前的发展，网络购物给人们带来更加便捷的生活，并带动快递业井喷式增长，随之而来的是诸多问题日益凸显。其中，物流末端配送即"最后一公里"问题尤为突出。目前，物流末端配送最为普遍的方式是人车配送，不仅快递员工作繁重，运输效率低，配送成本高，而且也加重了城市交通的拥堵。目前，国内外许多企业和高校都在积极寻求真正解决"最后一公里"问题的有效方案，以促进快递业的良性发展。

　　2017 年 6 月 18 日，京东快递机器人（图 8-23）在北京进行首次试运行。该机器人顶部装有一个 16 线激光雷达，四周各安装 1 个单线激光雷达和数个摄像头，用来检测周围环境状况。其主要特点为避障性能良好、场景适应能力强（如遵守道路交通规则、自主停靠配送点等）、取货方式多样化（人脸识别、验证码扫描、手机 APP 链接等）、一次最多能配送几十个包裹等。

　　2018 年上半年，阿里巴巴自主研发了送货机器人——菜鸟小 G（图 8-24）。菜鸟小 G 拥有超大容量，身高 1.2m，持久耐航，充电一次可持续运载 8h，具有动态识别、及时避让等功能。其障碍物检测系统采用 SLAM 方案，即激光与视觉共同使用，通过智能算法对道路环境中的各种障碍物进行自动识别，并对动态障碍物实时进行动作预测。用户可通过手机APP 实时查看物流信息，并选择在货物送达后机器人自动将货物放入储物柜还是用户凭 PIN码取货。菜鸟小 G 机器人不仅货箱尺寸可随货物大小而改变，而且配备了具有保温功能的储物箱，可用来配送生鲜食品。

图 8-23　京东快递机器人

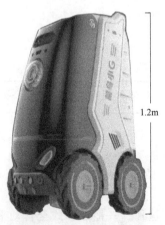

图 8-24　阿里巴巴菜鸟小 G

苏宁"卧龙一号"是国内首个可以自主乘坐电梯的快递机器人。图 8-25 所示为六轮驱动的"卧龙一号",其高度为 1m 左右,一次可接受 30kg 以内的货物,最高行驶速度可达 12km/h,充一次电最多可持续运行 8h。该机器人可在室、内外同时使用,无需切换模式,有效缓解了大型住宅小区内配送难的问题。"卧龙一号"以激光雷达检测为主,可完成全天候及复杂环境下的配送任务。

图 8-26 所示为英国 Starship Technologies 公司研发的 Starship 自动送货机器人,其特点为避障系统完整,自动化程度高;行驶速度为 6.4km/h,载重量为 9kg;配备多个摄像头进行路线辨识,并通过机器学习实现自主导航功能;所有 Starship 机器人之间可信息共享,大大降低了机器人的学习成本。

图 8-25　苏宁"卧龙一号"快递机器人

图 8-26　Starship 自动送货机器人

图 8-27 所示为 2015 年美国机器人公司 Robby Technologies 推出的 Robby 2 无人配送机器人。它配备一套红外热像仪,可以在夜间完成配送任务。Robby 2 有很好的路面通过性,可以爬上路肩并通过较粗糙的路面。在行进过程中,Robby2 可以自动躲避行人,在遇到红绿灯或障碍物时,能够自动减速、改变行驶方向甚至停止。其内置电池的续航能力强,可以连续行驶 30km,运送范围约为方圆 15km,无需担心配送过程中出现电量不足的问题。当送货机器人到达配送地点后,用户只需在手机配套软件上单击取货所对应的按钮,货箱盖便可自动打开;待用户取出包裹后,货箱盖自动关闭,Robby2 继续前往下一个配送点。

图 8-27　Robby2 无人配送机器人

自动送货机器人涉及很多相关技术,其关键技术主要包括以下几个方面。

1. 环境感知技术

环境感知技术在自动送货机器人中起到实时监测外界状况的作用。通过多种传感器的共同使用,对送货机器人周围路况信息进行实时检测,判断并控制送货机器人在道路上的状态。环境感知技术对送货机器人的决策行为有直接影响,因此检测的准确性极其重要。目前,自动送货机器人环境感知系统中常用的检测传感器有激光雷达、毫米波雷达、视觉传感器、超声波传感器和红外传感器等。

2. 路径规划技术

路径规划技术是对送货机器人行驶路线进行分析和选择的技术，是机器人实现自主导航的基础。路径规划可分为全局路径规划和局部路径规划。

全局路径规划是在出发地和目的地之间寻找一条最优行驶路线，以事先完成的精细地图为基础进行相关算法的计算后得出最优结果。在实施全局路径规划时，首先研究全局路径规划算法模型，然后建立以送货机器人为中心的搜索空间，最后对该空间不断进行搜寻，直至获得最优路线。

局部路径规划应用于事先规划好的整体路线中，主要表现为避障、换道等行为。当送货机器人在陌生环境中行驶时，一般通过主动传感器获得实时路况信息，以智能局部路径规划算法为基础引导其完成避障等行为。

3. 定位技术

定位技术按定位方式分类包括相对、绝对和组合定位技术等。基于北斗或 GPS 的绝对定位方式最为常见，直接通过卫星获取送货机器人的实时位置信息。相对定位通常利用陀螺仪、里程计等信息检测设备去获取机器人的位置变化信息，从而得出机器人的当前位置。绝对定位虽然精确度高，但容易受到恶劣天气的影响，从而降低定位的准确性，而相对定位更适用于局部环境内，因为长时间不间断地定位将产生累计误差。目前，在自动送货机器人中通常采用将这两种方式结合在一起的组合定位方式，如北斗-航位推算法、北斗-地图匹配法等。

4. 行为决策及运动控制技术

决策控制技术在自动送货机器人中主要起向各个执行装置发出决策命令的作用，它对环境感知系统获取到的道路信息进行分析，并对机器人当前状态进行控制。运动控制包括横向控制和纵向控制。横向行驶控制用来改变两个驱动轮的速度差来改变车辆方向，可用于路径规划、过弯控制及障碍物躲避等方面；纵向控制表现为对机器人的速度控制，是机器人的行驶动力系统。

决策技术还需要参考机器人的机械机构、动力特点等来做出合理的控制决策。根据不同的决策方式，可采取反射式、反应式和综合式等控制方式。反射式控制是最简单的控制方式，只需通过硬件电路即可实现；反应式控制是通过一个闭环反馈环节不断获取外界信息，进而控制机器人的自身状态；综合式控制则是通过对系统进行层次划分，从而对数据进行逐层处理。

5. 远程监控技术

送货机器人远程监控系统由机器人自携带监控终端和远程监控中心两部分组成。远程监控中心对机器人监控终端上传的数据进行分析、整理、压缩、存储，并综合实际情况，在必要时对监控终端下达特定数据或控制指令，远程监控系统必须为送货机器人量身定做。与远程监控技术相关的关键技术主要有车载总线技术、卫星定位技术和移动通信技术等。

自动送货机器人是以自动驾驶技术为核心，替代人工实现快递件自动配送的一种机器人，可大大提升配送效率，降低从业人员的劳动强度，满足人们对快捷、安全、专业的末端配送服务的要求，真正解决"最后一公里"问题这一快递业的"顽疾"，使快递业末端配送更趋规范化、科学化、智能化，从而给快递业带来深刻的变革。

习题与思考题

8.1　2020 年 5 月 27 日 11 时，我国 2020 珠峰高程测量登山队的 8 名攻顶队员克服重重困难，成功从北坡登上珠穆朗玛峰峰顶，圆满完成了峰顶测量任务。试问在这次测量中我国取得了哪些技术突破？其中北斗三号发挥了怎样的作用？

8.2　2020 年 9 月 28 日，振华重工与上港集团签订洋山深水港四期自动化码头合同，包括 5 台双小车岸边集装箱起重机、11 台自动化轨道起重机及 25 台自动导引小车（AGV）。按照设计规划，上海洋山深水港四期自动化码头最终将有 130 台以上的 AGV 同时运行。试述 AGV 如何实现自动行驶及自至规划路径？这么大体量的 AGV 如何确保正常高效地运行？

8.3　截至 2021 年底，中国高铁运营总里程突破 4 万 km，稳居世界第一。除了国内的不断发展，中国高铁正大踏步地走出国门，其触角已遍及四大洲 20 余国，为布局"一带一路"倡议提供建设基础。试述在打破国外技术封锁方面，"复兴号"中国标准动车组列车取得了哪些成就？

8.4　2021 年 3 月，两列 8 辆编组高速动车组列车在中车长春轨道客车股份有限公司完成碰撞试验，这是世界首次在符合实际工况的线路上进行的整列车被动安全碰撞试验，试验结果符合并超过欧洲耐撞标准（EN 15227）和中国铁路标准（TB 3500），标志着我国轨道客车被动安全技术研究达到世界领先水平。试述高速铁路列车采用被动安全技术的重要意义。

8.5　2021 年 3 月 6 日，习近平总书记看望参加全国政协十三届四次会议的医药卫生界、教育界委员，在谈及 2020 年抗击新冠疫情时感慨万千。林忠钦委员在发言中建议应向广大青年学子讲好抗疫这堂"大思政课"，习近平总书记颔首赞许："思政课不仅应该在课堂上讲，也应该在社会生活中来讲"。试述机电一体化技术在全球抗击新冠疫情中发挥了怎样的作用？

8.6　在 2020 年双 11 大促中，浙江大学全校师生的快递全部由阿里物流配送机器人（图 1-9）送货上门，浙江大学也因此成为全球首个完全由机器人配送快递的高等院校。试问自动送货机器人的关键技术主要有哪些？

附录　MCS-51单片机常用扩展芯片引脚排列图及引脚说明

1. EPROM 芯片

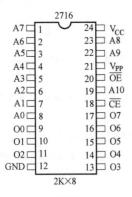

2716
2K×8

引脚	说　　明
A0 ~ A10	地址端
O0 ~ O7	数据端
$\overline{CE}$	片选端,低电平有效
$\overline{OE}$	数据输出选通端
V_{PP}	编程电源端
V_{CC}	主电源端
GND	接地端

2732A
4K×8

引脚	说　　明
A0 ~ A11	地址端
O0 ~ O7	数据输出端
$\overline{CE}$	片选端
$\overline{OE}$	数据输出选通端
V_{PP}	编程电源端
V_{CC}	主电源端
GND	接地端

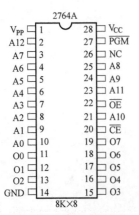

2764A
8K×8

引脚	说　　明
A0 ~ A12	地址端
O0 ~ O7	数据输出端
$\overline{CE}$	片选端
$\overline{OE}$	数据输出选通端
$\overline{PGM}$	编程脉冲输入端
V_{PP}	编程电源端
V_{CC}	主电源端
GND	接地端

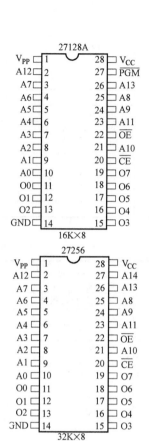

27128A

16K×8

引脚	说明
A0~A13	地址端
O0~O7	数据输出端
$\overline{CE}$	片选端
$\overline{OE}$	数据输出选通端
$\overline{PGM}$	编程脉冲输入端
V_{PP}	编程电源端
V_{CC}	主电源端
GND	接地端

27256

32K×8

引脚	说明
A0~A14	地址端
O0~O7	数据输出端
$\overline{CE}$	片选端
$\overline{OE}$	数据输出选通端
V_{PP}	编程电源端
V_{CC}	主电源端
GND	接地端

27512

64K×8

引脚	说明
A0~A15	地址端
O0~O7	数据输出端
$\overline{CE}$	片选端
$\overline{OE}/V_{PP}$	数据输出选通端/编程电源端
V_{CC}	主电源端
GND	接地端

2. EEPROM 芯片

2817A

引脚	说明
A0~A10	地址端
I/O0~I/O7	输入、输出数据端
$\overline{CE}$	片选端
$\overline{OE}$	数据输出选通端,低电平有效
$\overline{WE}$	写选通端,低电平有效
RDY/$\overline{BUSY}$	低电平时,表示芯片正在进行写操作;高电平时,表示写操作完毕
V_{CC}	主电源端
GND	接地端
NC	空引脚

3. 静态 RAM 芯片

6116

左侧	引脚		引脚	右侧
A7	1		24	V$_{CC}$
A6	2		23	A8
A5	3		22	A9
A4	4		21	$\overline{WE}$
A3	5		20	$\overline{OE}$
A2	6		19	A10
A1	7		18	$\overline{CE}$
A0	8		17	I/O7
I/O0	9		16	I/O6
I/O1	10		15	I/O5
I/O2	11		14	I/O4
GND	12		13	I/O3

引脚	说　明
A0 ~ A10	地址端
I/O0 ~ I/O7	输入、输出数据端
$\overline{CE}$	片选端
$\overline{WE}$	写选通端
$\overline{OE}$	数据输出选通端
V$_{CC}$	主电源端
GND	接地端

6264

左侧	引脚		引脚	右侧
NC	1		28	V$_{CC}$
A12	2		27	$\overline{WE}$
A7	3		26	CE2
A6	4		25	A8
A5	5		24	A9
A4	6		23	A11
A3	7		22	$\overline{OE}$
A2	8		21	A10
A1	9		20	$\overline{CE1}$
A0	10		19	I/O7
I/O0	11		18	I/O6
I/O1	12		17	I/O5
I/O2	13		16	I/O4
GND	14		15	I/O3

引脚	说　明
A0 ~ A12	地址端
I/O0 ~ I/O7	输入、输出数据端
$\overline{CE1}$	片选端
CE2	第二片选端
$\overline{WE}$	写选通端
$\overline{OE}$	数据输出选通端
V$_{CC}$	主电源端
GND	接地端
NC	空引脚

4. I/O 芯片

8255A

左侧	引脚		引脚	右侧
PA3	1		40	PA4
PA2	2		39	PA5
PA1	3		38	PA6
PA0	4		37	PA7
$\overline{RD}$	5		36	$\overline{WR}$
$\overline{CS}$	6		35	RESET
GND	7		34	D0
A1	8		33	D1
A0	9		32	D2
PC7	10		31	D3
PC6	11		30	D4
PC5	12		29	D5
PC4	13		28	D6
PC0	14		27	D7
PC1	15		26	V$_{CC}$
PC2	16		25	PB7
PC3	17		24	PB6
PB0	18		23	PB5
PB1	19		22	PB4
PB2	20		21	PB3

引脚	说　明
A0、A1	地址端
D0 ~ D7	三态双向数据端
$\overline{CS}$	片选端
$\overline{WR}$	写入端
$\overline{RD}$	读出端
PA0 ~ PA7	A 口输入、输出端
PB0 ~ PB7	B 口输入、输出端
PC0 ~ PC7	C 口输入、输出端
RESET	复位端
V$_{CC}$	主电源端
GND	接地端

参 考 文 献

[1] 王丰，王志军，杨杰，等. 机电一体化系统 [M]. 北京：清华大学出版社，2017.

[2] 张建民. 机电一体化系统设计 [M]. 5 版. 北京：高等教育出版社，2020.

[3] 梁景凯，刘会英. 机电一体化技术与系统 [M]. 2 版. 北京：机械工业出版社，2020.

[4] 李建勇. 机电一体化技术 [M]. 北京：科学出版社，2004.

[5] 张立勋，黄筱调，王亮. 机电一体化系统设计 [M]. 北京：高等教育出版社，2007.

[6] 徐航，徐九南，熊威. 机电一体化技术基础 [M]. 北京：北京理工大学出版社，2010.

[7] 石祥钟. 机电一体化系统设计 [M]. 北京：化学工业出版社，2009.

[8] 周祖德，陈幼平. 机电一体化控制技术与系统 [M]. 2 版. 武汉：华中科技大学出版社，2003.

[9] 刘龙江. 机电一体化技术 [M]. 3 版. 北京：北京理工大学出版社，2019.

[10] 李颖卓，张波，王苗. 机电一体化系统设计 [M]. 2 版. 北京：化学工业出版社，2010.

[11] 计时鸣. 机电一体化控制技术与系统 [M]. 西安：西安电子科技大学出版社，2009.

[12] 朱喜林，张代治. 机电一体化设计基础 [M]. 北京：科学出版社，2004.

[13] 姜培刚. 机电一体化系统设计 [M]. 北京：机械工业出版社，2021.

[14] 于爱兵，马廉洁，李雪梅. 机电一体化概论 [M]. 北京：机械工业出版社，2013.

[15] 王孙安. 机械电子工程原理 [M]. 北京：机械工业出版社，2010.

[16] 徐元昌. 机电系统设计 [M]. 北京：化学工业出版社，2005.

[17] 谢蒂，科尔克. 机电一体化系统设计 [M]. 薛建彬，朱如鹏，译. 北京：机械工业出版社，2016.

[18] 梅杰，珀提斯，马金瓦，等. 智能传感器系统：新兴技术及其应用 [M]. 靖向萌，等译. 北京：机械工业出版社，2018.

[19] 杨圣，张韶宇，蒋依泰，等. 先进传感技术 [M]. 合肥：中国科学技术大学出版社，2014.

[20] 何金田，刘晓旻. 智能传感器原理、设计与应用 [M]. 北京：电子工业出版社，2012.

[21] 刘君华. 智能传感器系统 [M]. 2 版. 西安：西安电子科技大学出版社，2010.

[22] 刘少强，张靖. 现代传感器技术：面向物联网应用 [M]. 2 版. 北京：电子工业出版社，2016.

[23] 高国富，罗均，谢少荣，等. 智能传感器及其应用 [M]. 北京：化学工业出版社，2005.

[24] 吴开拓，张继华，张万里. 基于 Si 基集成技术的智能传感器应用 [J]. 科技资讯，2018 (11)：106-107.

[25] 蒋蓁，罗均，谢少荣. 微型传感器及其应用 [M]. 北京：化学工业出版社，2005.

[26] 李科杰. 现代传感技术 [M]. 北京：电子工业出版社，2005.

[27] 王友钊，黄静，戴燕云. 现代传感器技术、网络及应用 [M]. 北京：清华大学出版社，2015.

[28] 钱平. 伺服系统 [M]. 3 版. 北京：机械工业出版社，2021.

[29] 金钰，胡祐德，李向春. 伺服系统设计指导 [M]. 北京：北京理工大学出版社，2000.

[30] 谢宜仁，谢炜，谢东辰. 单片机实用技术问答 [M]. 北京：人民邮电出版社，2003.

[31] 张国勋，孙海. 单片机原理及应用 [M]. 2 版. 北京：中国电力出版社，2007.

[32] 王玉琳，尹志强. 机电一体化系统设计课程设计指导书 [M]. 2 版. 北京：机械工业出版社，2019.

[33] 高安邦，俞宁，姜福祥，等. 机电一体化系统设计禁忌 [M]. 北京：机械工业出版社，2008.

[34] 赵丁选. 光机电一体化设计使用手册：上册 [M]. 北京：化学工业出版社，2003.

[35] 贾璇. 北斗如何弯道超车 GPS？[J]. 中国经济周刊，2020 (19)：21-24.

[36] 庞之浩，王东. 艰苦卓绝的"北斗"发展历程 [J]. 国际太空，2020 (8)：13-18.

［37］ 刘健，曹冲. 全球卫星导航系统发展现状与趋势［J］. 导航定位学报，2020，8（1）：1-8.

［38］ 宋杰. 全球最大单体全自动化码头上海洋山港四期开港［J］. 中国经济周刊，2017（49）：58-60.

［39］ 贾远琨. 洋山深水港四期自动化码头［J］. 百科探秘：海底世界，2019（7）：12-15.

［40］ 张健，王岩. 洋山深水港四期自动化码头装备系统创新［J］. 港口装卸，2019（5）：1-5.

［41］ 辛华. 走进中国"无人港"：能用集装箱精准"打"高尔夫［J］. 中国中小企业，2018（10）：44-47.

［42］ 杜壮. "复兴号"中国标准动车组究竟改变了什么？［J］. 中国战略新兴产业，2017（17）：41-43.

［43］ 中车青岛四方机车车辆股份有限公司企业文化部. 创新设计："复兴号"演绎中国速度与激情［J］. 科技创新与品牌，2018（3）：34-39.

［44］ 宗和. 从"和谐号"到"复兴号"：中国高铁跑出速度与质量：拥有自主知识产权的中国标准动车组首次在京沪线投入运营［J］. 上海质量，2017（7）：6-8.

［45］ 王丽莉，宋彬. 全自动平面口罩机控制系统的设计［J］. 装备制造技术，2020（11）：128-131.

［46］ 王宁. 自动送货机器人控制研究［D］. 唐山：华北理工大学，2020.